模具特种加工技术

主　编　汤家荣　傅　田　杨璐铨
副主编　王　华　岳学庆

北京理工大学出版社
BEIJING INSTITUTE OF TECHNOLOGY PRESS

内容简介

本书讲述在模具加工中除传统切削、磨削加工技术以外的特种加工技术。本书共有 6 个项目，每个项目中有不同的任务。通过不同任务的学习，可以使读者理解相应的特种加工技术的理论知识；同时通过不同任务的实施，可以提高读者的动手操作能力。

全书以典型模具零件为项目，具有广泛的代表性。其取材新颖，采用理论与实际相结合的方式，具有较强的指导性和实用性。

本书内容非常实用，可供高职高专模具专业的学生使用，同时也可供从事模具制造行业的工程技术人员、技术工人参考，还可作为模具专业的职业培训用书及中职中专模具、机械等专业的培训教材。

图书在版编目（CIP）数据

模具特种加工技术/汤家荣，傅田，杨璐铨主编. —北京：北京理工大学出版社，2016.9（2020.1重印）

ISBN 978 - 7 - 5682 - 3153 - 4

Ⅰ.①模…　Ⅱ.①汤…　②傅…　③杨…　Ⅲ.①模具 - 特种加工 - 高等学校 - 教材　Ⅳ.①TG76

中国版本图书馆 CIP 数据核字（2016）第 228351 号

出版发行 / 北京理工大学出版社有限责任公司
社　　址 / 北京市海淀区中关村南大街 5 号
邮　　编 / 100081
电　　话 / （010）68914775（总编室）
　　　　　（010）82562903（教材售后服务热线）
　　　　　（010）68948351（其他图书服务热线）
网　　址 / http://www.bitpress.com.cn
经　　销 / 全国各地新华书店
印　　刷 / 三河市华骏印务包装有限公司
开　　本 / 787 毫米 × 1092 毫米　1/16
印　　张 / 14　　　　　　　　　　　　　责任编辑 / 赵　岩
字　　数 / 330 千字　　　　　　　　　　文案编辑 / 赵　岩
版　　次 / 2016 年 9 月第 1 版　2020 年 1 月第 3 次印刷　　责任校对 / 周瑞红
定　　价 / 38.00 元　　　　　　　　　　责任印制 / 李志强

前　　言

特种加工是指与传统切削加工方法不同的新的加工方法。特种加工主要不是依靠机械能、切削力进行加工，而是用软的工具（甚至不用工具）加工硬的工件，即将电、磁、声、光、化学等能量或其组合施加在工件的被加工部位上，从而实现材料被去除、变形、改性或表面处理等的非传统加工方法。特种加工可以加工各种用传统工艺难以加工的材料、复杂表面和某些模具制造企业有特殊要求的零件。

随着新一轮职业教育教学改革的不断深化，为提高学生的职业能力，培养高素质的技能型人才，本教材以就业为导向，能力为本位，紧扣专业的特点，优化理论知识，增强实用性，采用理论与实践相结合的项目教学，使理论和技能统一。其具体体现在以下几个方面。

（1）根据专业的职业技能要求，以实用、够用为原则组织教材。删除了烦琐深奥的理论知识，简化特种加工工作原理，降低理论难度，加强了特种加工不同方法的实训能力。

（2）与专业和企业生产实际相结合。本教材采用的项目是在模具企业中经常加工的常用零件，以取得学以致用的效果。

（3）体现"以生为本"。本教材在每个项目、任务开始指出学完本项目、任务后应达到的知识和技能目标，这样可使学生在学习过程中目标明确，少走弯路。

（4）打破原有学科体系框架，以项目为载体，将知识和技能整合。本教材分电火花加工两个项目、电火花线切割3个项目、其他特种加工方法一个项目，这样有利于知识的讲授和技能训练的实施，以达到理论知识和技能训练相统一。

本书由常州铁道高等职业技术学校汤家荣、重庆工业职业技术学院傅田、天津市劳动经济学校杨璐铨担任主编，秦皇岛职业技术学院王华、岳学庆为副主编，常州铁道高等职业技术学校陈秋一、杨海荣、吴一虎参编。其中，汤家荣编写项目一，傅田编写项目三、项目四，陈秋一编写项目二，杨海荣、王华、岳学庆编写项目五，杨璐铨、吴一虎编写项目六。在本教材的编写中赵太平老师提出了许多宝贵的修改意见和建议，提高了本书的质量，在此表示衷心的感谢。

本书作为高职模具专业课程改革成果系列教材之一，在推广使用中，非常希望得到教学适用性的反馈意见，以便不断改进与完善。由于编者水平有限，书中错漏之处在所难免，敬请读者批评指正。

编　者

目　录

项目一	**方孔冲模的加工**

方孔冲模（图1-1）是生产上应用较多的一种模具，由于形状比较复杂和尺寸精度要求较高，所以它的制造已成为生产上的关键技术之一。特别是零件中的方孔，应用一般的机械加工是困难的，在某些情况下甚至不可能，而靠钳工加工则劳动量大，质量不易保证，还常因淬火变形而报废，然而采用电火花加工能较好地解决这些问题。

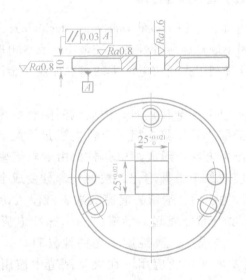

图1-1　方孔冲模

预期目标

（1）理解电火花加工的基本概念和特点。

（2）理解电火花加工的工作原理和加工本质。

（3）了解电火花加工中脉冲电源的工作原理和分类。

（4）了解常用电火花加工设备的使用情况。

（5）具有正确使用电火花机床的能力。

（6）能根据所给定的方孔冲模零件图，利用电火花机床加工出零件。

任务1.1　学习电火花加工的基本知识

任务描述

本任务主要描述电火花加工的基本原理、电火花加工机床的使用方法。

任务分析

如果方孔冲模零件采用机械加工的方法加工，它的生产效率很低，表面质量也很难满足零件的需要，而采用电火花加工，可以加工出合格的零件。但在电火花加工前，必须要掌握电火花加工的基本知识、工作原理、电火花加工机床的使用方法等。

知识准备

一、电火花加工的基本概念

电火花加工又称放电加工（Electrical Discharge Machining，EDM），它是在加工过程中，使工具和电极之间不断产生脉冲性的火花放电，靠放电时产生的局部、瞬时的高温将金属蚀除下来。这种利用火花放电产生的腐蚀作用对金属材料进行加工的方法叫电火花加工。

当工具电极与被加工电极逐渐接近时，因放电间隙有绝缘液存在，加工电流无法通过，但是当间隙逐渐缩小到工具电极与工件电极最短距离时，因电场效应形成一个导电的电离通道而产生火花，形成细电弧柱，由于电流密度极高，打击被加工工件时产生很高的热能使被加工工件熔化，被熔化部分变成金属熔滴和碎屑散布于加工液中，熔化的金属被抛出后，遗留的痕迹被加工液浸入冷却，使放电间隙恢复绝缘，而放电周围未被除去部分隆起，形成下一个脉冲电流的放电点。它可以加工各种高熔点、高硬度、高强度、高纯度、高韧性材料，并在生产中显示出很多优越性，因此得到迅速发展和广泛应用。在模具制造中被用于凹模型孔和型腔的加工。

二、电火花加工的特点

电火花加工是与机械加工完全不同的一种新工艺，它不用机械能量，不靠切削力去除金属，而是直接利用电能和热能来去除金属，已成为常规切削、磨削加工的重要补充。相对于机械切削加工而言，电火花加工具有以下特点。

（1）适用于传统机械加工方法难以加工或无法加工的材料。如淬火钢、硬质合金、耐热合金钢等。因为材料的去除是靠放电热蚀作用实现的，材料的加工性主要取决于材料的热学性能，如熔点、比热容、热导率等，几乎与其硬度、韧性等力学性能无关。工具电极材料不需要比工件硬，所以电极制造比较容易。

（2）可加工特殊及复杂形状的零件。由于在加工过程中，电极和工件不接触，两者间的宏观作用力很小，所以便于加工各种型孔、立体曲面、小孔、深孔、窄缝零件，而不受电极和工件刚度的限制；由于可以简单地将工具电极的形状反向复制到工件上，因此特别适用于薄壁、低刚性、弹性、微细及复杂形状表面的加工；由于其脉冲放电时间短，材料表面加工受热影响范围比较小，所以适宜于热敏性材料的加工。

（3）电火花加工可以改变机械零件的加工工艺路线，由于电火花加工不受材料硬度、脆性等的影响，所以可以在零件淬火后进行加工，这样可以避免淬火过程中产生的热处理变形。如在模具零件加工制造中，可以将模具零件淬火到 56 HRC 的硬度，再进行电火花加工零件。

（4）随着数控技术的发展，电火花加工容易实现加工过程自动化。加工过程中的电参数较机械量易于实现数字控制，所以能进行零件加工中的粗加工、半精加工、精加工等各工序，从而简化加工工艺过程。

基于上述特点，电火花加工的主要用途有以下几项。

（1）制造冲模、塑料模、锻模和压铸模。

（2）加工小孔、畸形孔以及在硬质合金上加工螺纹、螺孔。

（3）在金属板材上切割出零件。

（4）加工窄缝。

（5）磨削平面和圆面。

（6）其他（如强化金属表面，取出折断的工具，在淬火件上穿孔，直接加工型面复杂的零件等）。

三、电火花加工的局限性

（1）电火花加工生产效率低。

（2）被加工的工件只能是导体。

（3）存在电极损耗，影响了成型精度。

（4）加工表面有变质层。

（5）加工过程必须在工作液中进行。电火花加工时放电部位必须在工作液中，否则将引起异常放电。

（6）线切割加工有厚度极限。

四、电火花加工的工作原理

电火花加工的原理是基于工具和工件（正、负电极）之间脉冲性火花放电时的电腐蚀现象来蚀除多余的金属，以达到对零件的尺寸、形状及表面质量预定的加工要求。其工作原理如图 1-2（a）所示。工件 1 与工具 4 分别与脉冲电源 2 的两输出端相连接。自动进给调节装置 3 使工具和工件间经常保持一很小的放电间隙，这个间隙的大小与加工电压、加工介质等因素有关，一般为 0.01~0.1mm。在加工过程中还必须用工具电极的进给和调节装置来保持这个放电间隙，使脉冲放电能连续进行。若脉冲电压加到两极之间，便在当时条件下相对某一间隙最小处或绝缘强度最低处击穿介质，在该局部产生火花放电，瞬时高温使工具和工件表面都蚀除掉一小部分金属，各自形成一个小凹坑。从加工原理来看，电火花加工是将电极形状复制到工件上的一种工艺方法。在实际中可以加工通孔（穿孔加工）和盲孔（成型加工），如图1－2（b）和图1－2（c）所示。

电火花加工的主要原理是：电火花放电时火花通道中瞬时产生大量的热量，能达到3 000 ℃以上的温度，此温度足以使任何金属材料局部熔化、汽化而被腐蚀掉，从而形成放电凹坑。随着比较高的频率连续不断地重复放电，工具电极就会不断地向工件进给，从而可将工具的形状复制在工件上，这样就可以加工出想要加工的零件。

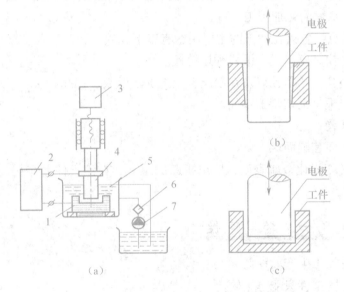

图1－2　电火花加工原理

（a）电火花加工原理示意图；（b）穿孔加工；（c）成型加工

1—工件；2—脉冲电源；3—自动进给调节装置；4—工具；5—工作液；6—过滤器；7—工作液泵

五、电火花加工的物理本质

电火花加工基于电火花腐蚀原理，是在工具电极与工件电极相互靠近时，极间形成脉冲性火花放电，在电火花通道中产生瞬时高温，使金属局部熔化，甚至气化，从而将金属蚀除下来。那么两电极表面的金属材料是如何被蚀除下来的呢？这一过程大致分为以下几个阶段，如图1－3所示。

（1）极间介质的电离、击穿，形成放电通道，如图1－3（a）所示。工具电极与工件电极缓缓靠近，极间的电场强度增大，由于两电极的微观表面是凹凸不平的，因此在两极间距离最近的A、B处电场强度最大。

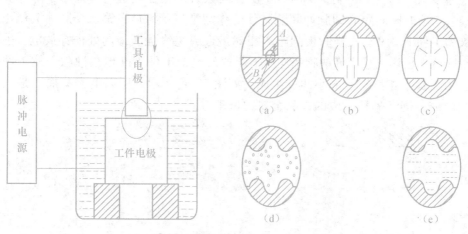

图 1-3 电火花加工机理

　　工具电极与工件电极之间充满着液体介质，液体介质中不可避免地含有杂质及自由电子，它们在强大的电场作用下，形成了带负电的粒子和带正电的粒子，电场强度越大，带电粒子就越多，最终导致液体介质电离、击穿，形成放电通道。放电通道是由大量高速运动的带正电和带负电的粒子及中性粒子组成的。由于通道截面很小，通道内因高温热膨胀形成的压力高达数十兆帕，高温、高压的放电通道急速扩展，产生一个强烈的冲击波向四周传播。在放电的同时还伴随着光效应和声效应，这就形成了肉眼所能看到的电火花。

　　（2）电极材料的熔化、气化热膨胀，如图 1-3 （b）和图 1-3 （c）所示。液体介质被电离、击穿，形成放电通道后，通道间带负电的粒子奔向正极，带正电的粒子奔向负极，粒子间相互撞击，产生大量的热能，使通道瞬间达到很高的温度。通道高温首先使工作液汽化，进而气化，然后高温向四周扩散，使两电极表面的金属材料开始熔化直至沸腾气化。气化后的工作液和金属蒸气瞬间体积猛增，形成了爆炸的特性。所以在观察电火花加工时，可以看到工件与工具电极间有冒烟现象，并听到轻微的爆炸声。

　　（3）电极材料的抛出，如图 1-3 （d）所示。正、负电极间产生的电火花现象，使放电通道产生高温、高压。通道中心的压力最高，工作液和金属气化后不断向外膨胀，形成内外瞬间压力差，高压力处的熔融金属液体和蒸气被排挤，抛出放电通道，大部分被抛入到工作液中。仔细观察电火花加工，可以看到橘红色的火花四溅，这就是被抛出的高温金属熔滴和碎屑。

　　（4）极间介质的消电离，如图 1-3 （e）所示。加工液流入放电间隙，将电蚀产物及残余的热量带走，并恢复绝缘状态。若电火花放电过程中产生的电蚀产物来不及排除和扩散，产生的热量将不能及时传出，使该处介质局部过热，局部过热的工作液高温分解、积炭，使加工无法继续进行，并烧坏电极。因此，为了保证电火花加工过程的正常进行，在两次放电之间必须有足够的时间间隔让电蚀产物充分排出，恢复放电通道的绝缘性，使工作液介质消电离。

上述步骤（1）～（4）在 1 s 内数千次甚至数万次地往复进行，即单个脉冲放电结束，经过一段时间间隔（即脉冲间隔）使工作液恢复绝缘后，第二个脉冲又作用到工具电极和工件上，又会在当时极间距离相对最近或绝缘强度最弱处击穿放电，蚀出另一个小凹坑。这样以相当高的频率连续不断地放电，工件不断地被蚀除，故工件加工表面将由无数个相互重叠的小凹坑组成，如图 1－4 所示。所以电火花加工是大量的微小放电痕迹逐渐累积而成的去除金属的加工方式。

（a）　　　　　　　　　　　　（b）

图 1－4　电火花表面局部放大图

（a）单脉冲的放电凹坑；（b）多脉冲的放电凹坑

六、电火花加工的必要条件

经过多年生产实际的总结，要想充分利用好电火花放电的现象来完成对机械零件的加工，必须满足以下 3 个条件。

（1）电火花放电时必须使工具电极和工件被加工表面之间经常保持一定的小的放电间隙，这一间隙随加工条件而定，通常约为几微米至几百微米。如果间隙过小，很容易形成电极间的短路，从而不能产生火花放电现象；如果间隙过大，两极间电压不能击穿极间介质，同样也不能产生火花放电现象。

（2）电火花放电时必须在有一定绝缘性能的液体介质（工作液）中进行，如煤油、皂化液或去离子水等。在电火花生产过程中，液体介质一方面具有很高的绝缘强度，以有利于产生脉冲性的火花放电；另一方面形成火花放电通道，并在放电结束后迅速恢复间隙的绝缘状态，同时能对在电火花加工过程中产生的电蚀产物清洗和排出，并能对工具、工件产生冷却作用。

（3）电火花放电时必须是瞬时的脉冲性放电，放电延续一段时间后，需休息一段时间，这样才能使放电所产生的热量来不及传导扩散到其他部分。为此，在电火花加工中必须采用脉冲电源。

七、电火花加工用的脉冲电源

电火花加工用的脉冲电源是把工频交流电压和电流转换成一定频率的单向脉冲电压和电流，以供给两电极放电间隙所需要的能量来进行金属加工。脉冲电源对电火花加工的生产率、表面质量、加工精度、加工过程的稳定性和工具电极损耗等技术经济指标有很大的影响。因此，脉冲电源性能的好坏，在电火花加工设备和电火花加工工艺技术中，都具有十分重要的意义。

图 1-5 所示为电火花脉冲电源工作原理，脉冲电源主要由脉冲信号发生器和模拟功率开关电路等部分组成，由交流电通过降压整流后达到约 100 V 的直流电源，然后通过由高频脉冲发生器和功率开关电路组成的变换电路，转换成为音频、超音频高频脉冲直流电，再通过电极与工件之间的间隙放电，利用放电时产生的火花蚀除工件进行加工。

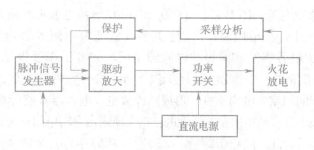

图 1-5　电火花脉冲电源工作原理

图 1-6 所示为脉冲电源的电压波形。脉冲电源的性能直接关系到电火花加工的加工速度、表面质量、加工精度、工具电极损耗等工艺指标。因此脉冲电源的好坏，在电火花加工设备结合电火花加工工艺技术中，都具有十分重要的意义和影响。

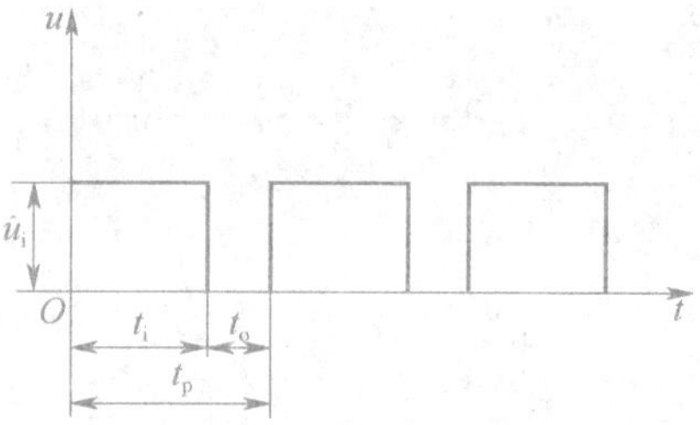

为满足电火花加工的需要，对电火花成型加工脉冲电源有以下要求。

图 1-6　脉冲电源电压波形

（1）要有一定的脉冲放电能量，单位时间输出能量的大小可以在一定范围内调节，否则不能使工件金属气化。

（2）火花放电必须是短时间的脉冲性放电，这样才能使放电产生的热量来不及扩散到其他部分，从而有效地蚀除金属，提高成型性和加工精度。

（3）脉冲波形是单向的，以便充分利用极性效应，提高加工速度和降低工具电极损耗。

（4）脉冲波形的主要参数（峰值电流、脉冲宽度、脉冲间歇等）有较宽的调节范围，以满足粗、中、精加工的要求。

（5）有适当的脉冲间隔时间，使放电介质有足够时间消除电离并冲去金属颗粒，以免引起电弧而烧伤工件。

（6）脉冲电源的性能应稳定可靠，力求结构简单，操作维修方便。

脉冲电源的好坏直接关系到电火花加工机床的性能，所以脉冲电源往往是电火花机床制造厂商的核心机密之一。从理论上讲，脉冲电源一般有以下几种。

1）弛张式脉冲电源

弛张式脉冲电源是最早使用的电源，它是利用电容器充电储存电能，然后瞬时放出，形成火花放电来蚀除金属的。因为电容器时而充电，时而放电，一弛一张，故又称"弛张式"脉冲电源。弛张式脉冲电源的基本形式是 RC 电路，后又逐步改进为 $RLC \backslash$ $RLCL \backslash RLC-LC$ 电路，其优点是加工精度较高、表面粗糙度好、工作可靠、装备简单、易于制造、操作维修方便；缺点是加工速度低、电极损耗大。因此，随着可控硅、晶体管脉冲电源的出现，这种电源的应用逐渐减少，目前多用于特殊材料加工和精密微细加工。

（1）RC 型脉冲电源。图 1-7（a）所示为 RC 脉冲电源工作原理，RC 脉冲电路由两个回路组成：一个是充电回路，由直流电源 E、充电电阻 R 和电容器 C 组成；另一个是放电电路，由电容器 C 和两极放电间隙组成。它的工作过程是：由直流电源 E 经电阻 R 给电容器 C 充电，电容器 C 的两端电压 u_C 按指数曲线升高，当升高到一定电压时，电极与工件间的间隙被电离击穿，形成脉冲放电。电容器 C 将能量瞬时放出，工件材料被腐蚀掉。间隙中介质的电阻是非线性的，当介质未击穿时电阻很大，击穿后，它的电阻迅速减小到接近零。因此，间隙击穿后，电容器 C 所储存的电能瞬时放完，电压降到接近于零，间隙中的介质迅速恢复绝缘，把电离切断。以后电容器再次充电，又重复上述放电过程。图 1-7（b）是 RC 脉冲电源电压波形。

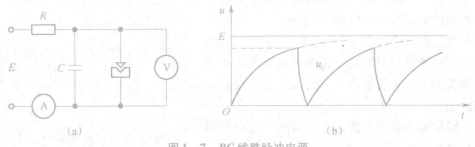

图 1-7　RC 线路脉冲电源
（a）原理；（b）波形

由于这种电源是靠电极和工件间隙中的工作液的击穿作用来恢复绝缘和切断脉冲电流的，因此间隙大小、电蚀产物的排出情况等都影响脉冲参数，使脉冲参数不稳定，所以这种电源又称为非独立式电源。RC 脉冲电源的主要优点是结构简单、工作可靠、成本低；主要不足是电利用率低、生产效率低、工艺参数不稳定、工具电极损耗较大等。

（2）RLC 型脉冲电源。图 1-8 所示为 RLC 脉冲电源工作原理，在 RC 脉冲电源电路中，附加一个电感 L 组成工作性能较好的 RLC 型脉冲电源。RLC 型脉冲电源是非独立式的，即脉冲频率、单个脉冲能量和输出功率等电参数仍取决于放电间隙的物理状态，因此它和 RC 型脉冲电源类似，也会对加工的工艺指标产生不利的影响。由于 RLC 型脉冲电源的充电回路中电感 L 的作用，在电火花加工过程中经常会在电容器两端出现电压，因此须对储能电容器提出耐压较高的要求，通常应为直流电源电压 E 值的 4～5 倍。

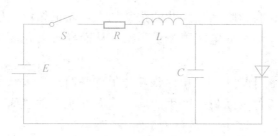

图 1-8　*RLC* 型脉冲电源电路

2）闸流管脉冲电源

闸流管是一种特殊的电子管，当对其栅极通入一脉冲信号时，便可控制管子的导通或截止，输出脉冲电流。由于这种电源的电参数与加工间隙无关，故又称为独立式电源。闸流管脉冲电源的生产率较高，加工稳定，但脉冲宽度较窄，电极损耗较大。

3）晶体管和晶闸管脉冲电源

晶体管和晶闸管脉冲电源都能输出各种不同的脉冲宽度、峰值电流、脉冲停歇时间的脉冲波，能较好地满足各种工业条件，尤其适用于型腔电火花加工。晶体管脉冲电源是近年发展起来的以晶体元件作为开关元件的、用途广泛的电火花脉冲电源，其输出功率大，电规准调节范围广，电极损耗小，故适应于型孔、型腔、磨削等各种不同用途的加工。晶体管脉冲电源已越来越广泛地应用在电火花加工机床上。

目前普及型（经济型）的电火花加工机床都采用高低压复合的晶体管脉冲电源，中、高档电火花加工机床都采用微机数字化控制的脉冲电源，而且内部存有电火花加工规准的数据库，可以通过微机设置和调用各挡粗、中、精加工规准参数。例如，汉川机床厂、日本沙迪克公司的电火花加工机床，这些加工规准用 C 代码（如 C320）表示和调用，三菱公司则用 E 代码表示。通常情况下，晶体管脉冲电源主要用于纯铜电极的加工，晶闸管脉冲电源则主要用于石墨电极的加工。两种脉冲电源都能在脉冲宽度、间隔度、峰值电流等参数上做较大范围的变动，因此都能做粗、中、精加工，且如果选择合理，在粗加工时可以使电极损耗小于 1%。

八、电火花工作液

电火花加工必须在有一定绝缘性能的液体介质中进行，该液体介质通常称为电火花工作液（或称为加工液）。电火花工作液是参与放电蚀除过程的重要因素，它的各种性能均会影响加工的工艺指标，所以要正确地选择和使用电火花工作液。

1. 电火花工作液的作用

电火花加工时，工作液有以下几方面的作用。

（1）消电离作用。在脉冲间隔火花放电结束后，尽快恢复放电间隙的绝缘状态（消电离），以便下一个脉冲电压再次形成电火花放电。工作液有一定的绝缘强度，电阻率较高，放电间隙消电离、恢复绝缘时间短。

（2）排除电蚀产物作用。电火花加工过程中会产生大量的电蚀产物，如果这些电蚀产物不能及时排除，会影响到电火花的正常加工。而工作液可以使电蚀产物较易从放电间隙中排除出去，免得放电间隙严重污染，从而导致火花放电点不分散而形成有害的电弧放电。

（3）冷却作用。由于电火花放电时火花通道中瞬时产生大量的热量，工作液可以冷却工具电极和降低工件表面瞬时产生的局部高温，使工件表面不会因局部过热而产生积炭、烧伤现象。

（4）增加电蚀量。工作液可以压缩火花放电通道，增加通道中被压缩气体、等离子体的膨胀及爆炸力，从而抛出更多熔化和气化的金属。

2. 电火花工作液的要求

电火花工作液与脉冲电源及控制系统一样，也是实现正常电火花加工不可缺少的条件。工作液不仅对加工效率、精度、电极损耗等工艺指标有直接的影响，也对环保、安全、使用寿命有直接的影响，因此对工作液提出了更高的要求。

（1）闪点。闪点是指当工作液暴露在空气中时，工作液表面分子蒸发，形成工作液蒸气，当工作液蒸气和空气的比例达到某一数值并与外界火源接触时，其混合物会产生瞬时爆炸，此时的温度就是该工作液的闪点。一般来说，工作液的闪点越高，成分稳定性越好，使用寿命也越长。闪点高，不易起火，不易汽化、损耗。闪点一般应大于 70 ℃。

（2）黏度。黏度是指液体流动阻力大小的一种量度。黏度值较高的液体其流动性差，黏度值较低的液体其黏性差，低黏度有利于加工间隙中工作液的流动，将电蚀产物及加工产生的热量带走。黏度随温度的上升而降低，随温度的降低而上升。常用的电火花工作液的黏度为 $2.2 \sim 3.6 \ \mathrm{mm}^2/\mathrm{s}$（40 ℃）。

（3）密度。工作液的密度是指单位体积液体的质量。工作液的密度过大，则工作液较稠密，电火花加工时产生的金属颗粒就会悬浮于工作液中，使工作液呈混浊状态，从而导致火花放电时产生拉弧现象，或者"二次放电"（是指已加工表面上由于电蚀产物等的介入而再次进行的非正常放电，集中反映在加工深度方向产生斜度和加工棱角棱边变钝方面），严重影响加工温度。一般情况下，电火花加工工作液的密度应在 $0.65 \ \mathrm{g/mL}$ 左右。

（4）氧化稳定性。工作液的氧化稳定性是指工作液中的成分是否容易与氧气发生化学反应而变质的性质。氧化作用随温度的升高或某些金属的催化作用而加速，也随时间而增强，同时使工作液的黏度增大。因此，氧化稳定性是工作液性能的重要标志。

（5）对加工件不污染、不腐蚀。

（6）臭味小。电火花加工过程中分解出的气体烟雾必须是无毒的，对人体无伤害，但对大气环境会造成影响。如果工作液带有类似燃料油之类的气味或其他溶剂的气味，则表明该工作液质量差，或已变质，不能使用。

3. 电火花工作液的种类

早期的电火花工作液基本上都是使用水和一般矿物油（如煤油、变压器油等）。但近年来，随着环保要求的提高、机床升级换代以及引进国外不同类型的电火花工作液等，开始出现了合成型、高速型和混合型的电火花工作液。目前，在我国市场上，常见的电火花工作液有以下几种。

（1）煤油。我国过去一直普遍采用煤油。它的性能比较稳定，其黏度、密度、表面张力等也全面符合电火花加工的要求，但煤油的缺点显而易见，主要是因为闪点低（46 ℃左右），使用中会因意外疏忽导致火灾，而且其芳烃含量高、易挥发，加工分解出有害气体多。另外，其加工附加值差，易造成加工环境污染，过滤芯需频繁更换。

（2）水基及一般矿物油型。这是第一代产品水基工作液，仅局限于电火花高速穿孔加工等极少数类型使用，绝缘性、电极消耗、防锈性等都很差，成型加工基本不用。矿物油的黏度一般较低，具有良好的排屑功能，但闪点较低。然而，矿物油型产品价格低廉，且有一定的芳烃含量，对提高加工速度有利。

（3）合成型（或半合成型）。由于矿物油放电加工时，对人体健康有影响，随着数控成型机械数量的增多，加工对象的精度、表面粗糙度、加工生产率都在提高，因此，对工作液的要求也日益提高。到了20世纪80年代，开始有了合成型油，主要指正构烷烃和异构烷烃。由于不加酚类抗氧化剂，因此，油颜色水白透亮，几乎不含芳烃，没有异味。

（4）高速合成型电火花加工液。高速合成型在合成型的基础上，加入聚丁烯等类似添加剂，旨在提高电蚀速度和效率。很多石油公司研制加入了聚丁烯、乙烯、乙烯烃的聚合物和环苯类芳烃化合物等。电火花加工过程中，被熔融金属的温度常常达到10 000 ℃以上，因此，工作液必须有良好的冷却性，以便迅速将其冷却。工作液闪点、沸点低，则因熔融金属温度高而蒸发的蒸气膜，冷却金属熔融物的时间会变长。加入聚合物后，沸点高的聚合物将迅速破坏蒸气膜，提高了冷却效率，从而也提高了加工速度。这种添加剂成本高，工艺不易掌握，通常脂肪烃类聚合物加多了，容易引起电弧现象，并不是很适用。

4. 工作液的使用注意事项

随着电火花加工技术的不断完善与发展，要求对配套的电火花工作液进行正确的使用。在工作中只有正确使用电火花工作液，才能延长工作液的使用寿命，才能使电火花设备安全正常地生产，才能保证加工人员的人身安全。

（1）防止溶解水带入。当空气的温度和湿度较高时，空气中的水分一部分被吸附在油中而成为溶解水，溶解水的出现引起工作台的锈蚀和油品混浊，也影响油品的介电性能。防止油品带溶解水的措施有以下几种。

a. 加注工作液后，必须使工作液在工作液箱中静置8 h以上，使带入其中的微量溶解水沉降到工作液箱底部，从放油口放掉。

b. 当机床长时间停用而再次使用时，必须从放油口排水以防止溶解水存积。

c. 机床安装在恒温干燥的空间及减少工作液外露面积，均可减少溶解水的出现。

（2）预防工作液溅到加工人员身上。根据实验可知，当人体皮肤长时间接触工作液时，会引起皮肤干燥、开裂及过敏。因此，当皮肤接触到工作液时应及时用水加洗涤液洗净；当衣服沾染较多时应及时换下，并将身上沾的油洗净。

九、电火花机床

电火花成型机床主要包括主机、电源箱、工作液循环过滤系统及附件等。主机用于支承、固定工具电极及工件，实现电极在加工过程中稳定的伺服进给运动。图1-9所示为一种典型的电火花成型加工机床。

电火花加工机床既可用于穿孔加工，又可用于成型加工。因此，我国国标规定，电火花成型机床均用D71加上机床工作台面宽度的1/10表示。其型号表示方法如下：

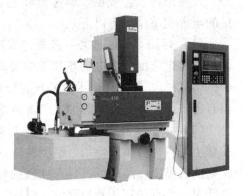

图1-9　典型电火花加工机床

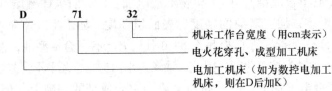

1. 电火花加工机床结构

电火花加工机床主要由机床本体、脉冲电源、自动进给调节系统、工作液过滤和循环系统、数控系统等部分组成。

2. 电火花加工机床的分类

电火花加工机床按其大小可分为小型（D7125以下）、中型（D7125～D7163）和大型（D7163以上）；按数控程度分为非数控、单轴数控和三轴数控。随着科学技术的进步，国外已经大批量生产三坐标数控电火花机床，以及带有工具电极库、能按程序自动更换电极的电火花加工中心，我国的大部分电加工机床厂现在也正开始研制生产三坐标数控电火花加工机床。

电火花成型加工机床已形成系列产品，按不同的定义其分类方法也不同，大致分类如表1-1所示。

表1-1　电火花成型加工机床的分类

按国家标准	按机床主要参数	按数控程度	按精度等级	按应用范围
1. 单立柱机床（十字工作台型和固定工作台型） 2. 双立柱机床（移动主轴头型和十字工作台型）	1. 小型机床——工作台宽度不大于250 mm（D7125以下） 2. 中型机床——工作台宽度为250～630 mm（D7125～D7163） 3. 大型机床——工作台宽度为630～1 250 mm（D7163～D71125） 4. 特大型机床——工作台宽度大于1 250 mm（D71125以上）	1. 普通手动机床 2. 单轴数控机床 3. 多轴数控机床	1. 标准精度机床 2. 高精度机床 3. 超精度机床	1. 通用机床 2. 专用机床（螺纹加工机床、轮胎橡胶模加工机床、航空叶片零件加工机床）

3. 机床本体

机床本体主要由床身、立柱、主轴头及附件、工作台等部分组成，是用以实现工件和工具电极的装夹固定和运动的机械系统。床身、立柱、坐标工作台是电火花机床的骨架，起着支承、定位和便于操作的作用。因为电火花加工宏观作用力极小，所以对机械系统的强度无严格要求，但为了避免变形和保证精度，要求具有必要的刚度。

1）床身、立柱

床身、立柱是基础结构件，其作用是保证电极与工作台、工件之间的相互位置。立柱与纵横拖板安装于床身上，变速箱位于立柱顶部，主轴头安装在立柱的导轨上。由于主轴挂上具有一定重量的电极后将引起立柱的倾斜，且在放电加工时电极做频繁的抬起而使立柱发生强迫振动，因此床身和立柱要有很好的刚度和抗振性以尽可能减少床身和立柱的变形，才能保证电极和工件在加工过程中的相对位置，保证加工精度。

2）工作台

工作台主要用来支承和装夹工件，可实现横向（X）、纵向（Y）两轴的运动。工作台一般由中滑板、上滑板和工作台 3 部分组成。其中中滑板安装在床身导轨上实现 X 轴方向运动，其传动系统原理如图 1 - 10 所示；上滑板安装在中滑板的导轨上实现 Y 轴方向运动；工作台一般与上滑板做成一体，上面有 T 形槽或螺孔用于固定工件。在实际加工中，通过两个手轮（或电动机）来移动上、下滑板，改变纵、横向位置，从而达到改变电极和工件的相对位置。工作台上装有工作液箱，用以容纳工作液，使电极和被加工件浸泡在工作液中，起到冷却、排屑作用。工作液箱应有很好的密封性能，保证不会污染工作环境。

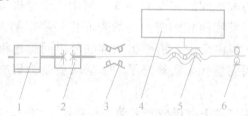

图 1 - 10　X、Y 轴方向的传动系统原理

1—伺服电动机；2—联轴器；3—双向推力球轴承；4—中滑板（Y 向上为上滑板）；
5—丝杠副；6—单列向心球轴承

3）主轴头

主轴头是电火花成型机床中最关键的部件，是自动调节系统中的执行机构，可实现上、下方向的 Z 轴运动，其传动系统原理如图 1 - 11 所示，是电火花成型加工的主要加工轴，它的伺服运动好坏，对加工工艺指标的影响极大。对主轴头的要求是：结构简单、传动链短、传递间隙小、热变形小、具有足够的刚度和精度，以适应自动调节系统惯性小、灵敏度好、能承受一定负载的要求。主轴头主要由进给系统、上下移动导向和水平面内防扭机构、电极装夹及其调节环节组成。

4）主轴头和工作台的主要附件

机床主轴头和工作台常有一些附件，如可调节工具电极角度的夹头、平动头、油杯等。这些附件的质量对主轴头和工作台的使用有很大的影响。

（1）可调节工具电极角度的夹头。装夹在主轴下的工具电极，在加工前需要调节到与工件基准面垂直，在加工型孔或型腔时，还需在水平面内调节、转动一个角度，使工具电极的截面形状与加工出的工件型孔或型腔位置一致。这一功能主要靠主轴与工具电极安装面的相对转动机构来调节，垂直度与水平转角调节正确后，采用螺钉拧紧。

（2）平动头。平动头是一个使装在其上的电极能产生向外机械补偿动作的工艺附件。当用单电极加工型腔时，使用平动头可以补偿上一个加工规准和下一个加工规准之间的放电间隙差。

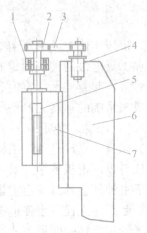

图 1 − 11　Z 轴方向的传动
系统结构示意图

1—双向推力球轴承；2—带轮；
3—同步齿形带；4—伺服电动机；
5—丝杠副；6—立柱；7—主轴头

平动头的动作原理是：利用偏心机构将伺服电动机的旋转运动通过平动轨迹保持机构转化成电极上每一个质点围绕其原始位置在水平面内做平面小圆周的运动，许多小圆的外包络线面积就形成加工横截面积，其中每个质点运动轨迹的半径就称为平动量，其大小可以由零逐渐调大，以补偿粗、中、精加工的电火花放电间隙 δ 之差，从而达到修光型腔的目的。

电火花加工时粗加工的电火花放电间隙比中加工的放电间隙要大，而中加工的电火花放电间隙比精加工的放电间隙又要大一些。当用一个电极进行粗加工时，将工件的大部分余量蚀除掉后，其底面和侧壁四周的表面粗糙度很差，为了将其修光，就得转换规准逐挡进行修整。但由于中、精加工规准的放电间隙比粗加工规准的放电间隙小，若不采取措施则四周侧壁就无法修光了。平动头就是为解决修光侧壁和提高其尺寸精度而设计的。

目前，机床上安装的平动头有机械式平动头和数控平动头，其运动轨迹如图 1−12 所示。机械式平动头由于有平动轨迹半径的存在，它无法加工有清角要求的型腔；而数控平动头可以两轴联动，能加工出清棱、清角的型孔和型腔。

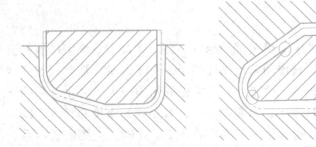

图 1−12　平动头运动轨迹

（3）油杯。油杯在电火花加工中是实现工作液冲油或抽油强迫循环的一个主要附件，其侧壁和底边上开有冲油和抽油孔。电蚀产物在放电间隙通过冲油和抽油排出，因此油杯结构的好坏对电火花加工的效果有很大的影响。图 1-13 所示为油杯的结构示意图，在进行电火花机床设计时，对油杯的要求有两点：一是要有适合的高度，能满足加工较厚工件的电极，在结构上应满足加工型孔的形状和尺寸要求；二是要有较好的刚度和精度，根据实际加工的需要，油杯两端平面度误差一定不能超过 0.01 mm，同时还要有很好的密封性，防止出现漏油现象。

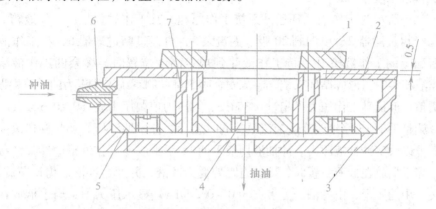

图 1-13　油杯结构

1—工件；2—油杯盖；3—油杯体；4—油塞；5—底板；6—管接头；7—抽油抽气管

5）电火花工作液循环过滤系统

电火花加工机床的工作液过滤系统是整机的重要组成部分。其作用是：向加工区域输送干净的工作液，以满足电火花加工对液体介质的要求；使放电能量集中，强化加工过程，能带走放电时所产生的热量和电蚀产物；能根据电火花加工工艺的要求，实现各种冲抽液的方式。循环过滤系统由工作液箱、液压泵、电动机、过滤器、工作分配器和阀门等组成，如图 1-14 所示。

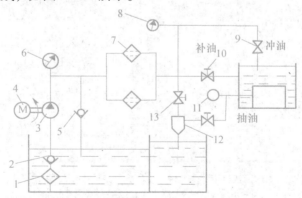

图 1-14　工作液循环过滤系统油路

1—粗过滤器；2—单向阀；3—液压泵；4—电动机；5—安全阀；6—压力表；
7—精过滤器；8—冲油压力表；9—压力调节阀；10—快速进油控制；
11—抽油压力表；12—射流抽吸管；13—冲油选择阀

电火花加工机床的工作液槽安装在工作台上，工作液槽上设有与循环泵连接的进出液管。利用工作液循环过滤系统装置滤除工作液中的加工残渣，并使工作液槽中的工作液不断循环而清除工件表面上的加工碎屑。有时也用喷油嘴向工件表面喷射高压油液，以强化对工件表面的清洗效果。混粉电火花机床的工作台是在普通电火花机床工作液槽内增加了搅拌盒，利用工作液循环过滤装置使工作液槽中的工作液不断循环而清除工件表面的加工碎屑，同时通过平行射流多孔底部冲油搅拌方式粉末沉淀，保持混粉工作液浓度均匀。

图 1 - 15 所示为工作液循环过滤系统工作原理，其工作过程是：工作液箱 1 中的工作液首先经粗过滤器 2、单向阀 20 吸入涡流泵 3，再经过精过滤器 6，将工作液输向机床工作台面上的工作液槽 19，待工作液注到规定高度位置时，多余的工作液从溢流口回到工作液箱 1 中，形成循环系统。溢流安全阀 5 是控制系统工作压力的，可根据实际需要进行调整，但最高工作压力不超过 0.3 MPa，其压力值由压力表（0～0.6 MPa）4 显示。快速进液调整手柄 13 用来改变进液流量，同时还可配合冲抽液压力调整旋钮改变系统压力，从而可以改变冲抽液压力。冲抽液切换手柄 14 用来改变工作液槽中冲抽液接口的工作方式。当手柄放在冲液位置时，接口也跟着变为冲液，并通过冲液压力调节旋钮 10 调节冲液接口中的压力，由冲液压力表 15（0～0.2 MPa）显示压力值；当手柄放在抽液位置时，接口也跟着变为抽液，真空阀 12 与抽液接口接通，压力工作液穿过真空阀 12，利用流体速度产生负压，实现抽液的目的，此时调节进液调整手柄 13 加大系统压力，同时旋转抽液压力调节旋钮 11 改变抽液负压的大小，由抽液压力表（-0.1～0 MPa）18 显示压力值。

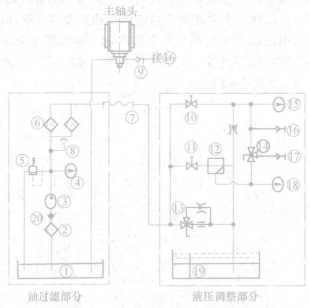

图 1 - 15　工作液循环过滤系统工作原理

1—工作液箱；2—粗过滤器；3—涡流泵；4—进液压力表；5—溢流安全阀；6—精过滤器；
7—管接头；8—放气阀；9—冲液快换接头；10—冲液压力调节旋钮；11—抽液压力调节旋钮；
12—真空阀；13—进液调整手柄；14—冲抽液切换手柄；15—冲液压力表；16—冲液快换接头；
17—抽液快换接头；18—抽液压力表；19—工作液槽；20—单向阀

随着数字控制技术的发展，电火花加工机床已数控化，并采用微型电子计算机进行控制。机床功能更加完善，自动化程度大为提高，实现了电极和工件的自动定位、加工条件的自动转换、电极的自动交换、工作台的自动进给、平动头的多方向伺服控制等。低损耗电源、微精加工电源、适应控制技术和完善的夹具系统的采用，显著提高了加工速度、加工精度和加工稳定性，扩大了应用范围。电火花加工机床不仅向小型、精密和专用方向发展，而且向能加工汽车车身、大型冲压模的超大型方向发展。

任务实施

现场参观、加工演示。

（1）参观电火花加工车间，分析电火花加工和其他金属切削加工的异同点。

（2）对电火花加工机床的结构及分布进行分析讲解，强调电火花加工机床的安全操作规程。

（3）演示电火花加工机床的操作步骤。

归纳总结

一、总结

电火花加工是在一定介质中，通过工具电极和工件电极之间脉冲放电的腐蚀作用，达到对零件尺寸、形状及表面质量预定的加工要求。

电火花加工中工具电极不断地向工件进给，可以将工具的形状复制在工件上，从而加工出所需要的零件。

电火花加工过程大致可分为以下 4 个连续的阶段。

（1）极间介质的电离、击穿，形成放电通道。

（2）介质热分解、电极材料熔化、气化热膨胀。

（3）电极材料的抛出。

（4）极间介质的消电离。

电火花加工机床主要用于加工各种高硬度的材料（如硬质合金和淬火钢等）和复杂形状的模具、零件，以及切割、开槽和去除折断在工件孔内的工具（如钻头和丝锥）等。

二、习题与思考

（1）什么是电火花加工？

（2）简述电火花加工的特点、应用及局限性。

（3）怎样认识电火花加工的物理过程？

（4）电火花加工的脉冲电源的功能是什么？

（5）电火花脉冲电源有哪些分类？试概述其应用情况。

（6）简述晶体管脉冲电源的基本工作原理。

（7）电火花工作液的作用有哪些？一般工作液有哪些特点？

拓展提高

一、电火花加工的发展史

电火花加工是利用浸在工作液中的两极间脉冲放电时产生的电蚀作用蚀除导电材料的特种加工方法，又称放电加工或电蚀加工，简称 EDM。

1943 年，苏联学者拉扎连科夫妇研究发明电火花加工，之后随着脉冲电源和控制系统的改进而迅速发展起来。最初使用的脉冲电源是简单的 RC 回路。20 世纪 50 年代初，改进为 RLC 等回路。同时，还采用脉冲发电机之类的所谓长脉冲电源，使蚀除效率提高，工具电极相对损耗降低。

随后又出现了大功率电子管、闸流管等高频脉冲电源，使在同样表面粗糙度条件下的生产率得以提高。20 世纪 60 年代中期，出现了晶体管和可控硅脉冲电源，提高了能源利用效率和降低了工具电极损耗，并扩大了粗、精加工的可调范围。

到 20 世纪 70 年代，出现了高低压复合脉冲、多回路脉冲、等幅脉冲和可调波形脉冲等电源，在加工表面粗糙度、加工精度和降低工具电极损耗等方面又有了新的进展。在控制系统方面，从最初简单地保持放电间隙、控制工具电极的进退，逐步发展到利用微型计算机，对电参数和非电参数等各种因素进行适时控制。

进行电火花加工时，工具电极和工件分别接脉冲电源的两极，并浸入工作液中，或将工作液充入放电间隙。通过间隙自动控制系统控制工具电极向工件进给，当两电极间的间隙达到一定距离时，两电极上施加的脉冲电压将工作液击穿，产生火花放电。

在放电的微细通道中瞬时集中大量的热能，温度可高达一万摄氏度以上，压力也有急剧变化，从而使这一点工作表面局部微量的金属材料立刻熔化、气化，并爆炸式地飞溅到工作液中，迅速冷凝，形成固体的金属微粒，被工作液带走。这时在工件表面便留下一个微小的凹坑痕迹，放电短暂停歇，两电极间工作液恢复绝缘状态。紧接着，下一个脉冲电压又在两电极相对接近的另一点处击穿，产生火花放电，重复上述过程。这样，虽然每个脉冲放电蚀除的金属量极少，但因每秒有成千上万次脉冲放电作用，就能蚀除较多的金属，具有一定的生产率。

在保持工具电极与工件之间恒定放电间隙的条件下，一边蚀除工件金属，一边使工具电极不断地向工件进给，最后便加工出与工具电极形状相对应的形状。因此，只要改变工具电极的形状和工具电极与工件之间的相对运动方式，就能加工出各种复杂的型面。

工具电极常用导电性良好、熔点较高、易加工的耐电蚀材料，如铜、石墨、铜钨合金和钼等。在加工过程中，工具电极也有损耗，但小于工件金属的蚀除量，甚至接近于无损耗。

工作液作为放电介质，在加工过程中还起着冷却、排屑等作用。常用的工作液是黏度较低、闪点较高、性能稳定的介质，如煤油、去离子水和乳化液等。

按照工具电极的形式及其与工件之间相对运动的特征，可将电火花加工方式分为五类：利用成型工具电极，相对工件做简单进给运动的电火花成型加工；利用轴向移动的金属丝作工具电极，工件按所需形状和尺寸做轨迹运动，以切割导电材料的电火花线切割加工；利用金属丝或成型导电磨轮作工具电极，进行小孔磨削或成型磨削的电火花磨削；用于加工螺纹环规、螺纹塞规、齿轮等的电火花共轭回转加工；小孔加工、刻印、表面合金化、表面强化等其他种类的加工。

电火花加工能加工普通切削加工方法难以切削的材料和复杂形状工件；加工时无切削力；不产生毛刺和刀痕沟纹等缺陷；工具电极材料无须比工件材料硬；直接使用电能加工，便于实现自动化；加工后表面产生变质层，在某些应用中需进一步去除；工作液的净化和加工中产生的烟雾污染处理比较麻烦。电火花加工主要用于加工具有复杂形状的型孔和型腔的模具和零件；加工各种硬、脆材料，如硬质合金和淬火钢等；加工深细孔、异形孔、深槽、窄缝和切割薄片等；加工各种成型刀具、样板和螺纹环规等工具和量具。

二、电火花成型加工技术的发展现状

目前，在电火花加工基础理论研究领域，由于放电过程本身的复杂性、随机性以及研究手段缺乏创新性，迄今尚未取得突破性进展。但在加工工艺和控制理论研究领域，由于研究成果可直接应用于生产实践，因此已成为目前电火花成型加工技术研究中较为活跃的领域，其研究热点主要集中在高效加工技术、高精密加工技术（如镜面加工技术）、低损耗加工技术、微细加工技术、非导电材料加工技术、电火花表面处理技术、智能控制技术（如人工神经网络技术、模糊控制技术、专家系统等）以及操作安全、环境保护等方面。在工艺设备开发方面，目前的新型电火花成型加工机床在加工功能、加工精度、自动化程度、可靠性等方面已全面改善，许多机床已具备了在线检测、智能控制、模块化等功能，已不再是传统意义上的特种加工机床，而更像切削加工中的数控机床甚至加工中心。

三、电火花成型加工技术的发展趋势

先进制造技术的快速发展和制造业市场竞争的加剧对电火花成型加工技术提出了更高要求，同时也为电火花成型加工技术、加工理论的研究和工艺开发、设备更新提供了新的动力。今后电火花成型加工的加工对象应主要面向传统切削加工不易实现的难加工材料、复杂型面等加工，其中精细加工、精密加工、窄槽加工、深腔加工等将成为发展重点。同时，还应注意与其他特种加工技术或传统切削加工技术的复合应用，充分发挥各种加工方法在难加工材料加工中的优势，取得联合增值效应。相对于切削加工技术而言，电火花成型加工技术仍是一门较年轻的技术，因此在今后的发展中，应借鉴切削加工技术发展过程中取得的经验与成果，根据电火花成型加工自身的技术特点，选用适当的加工理论、控制原理和工艺方法，并在已有成果的基础上不断完善、创新。电火花成型加工机床向数控化方向发展的趋势已不可逆转，但应注意不可盲目追求"大而全"，应以市场为导向，建立具有开放性的数控体系。总体而言，电火花成型加工技术今后的发展趋势应是高效率、高精度、低损耗、微细化、自动化、安全、环保等。

四、电火花成型加工理论的发展趋势

近年来一些学者对加工过程的放电痕迹、材料蚀除原理等提出了一些新看法，主要集中在加工工艺理论和控制理论方面。

在加工工艺理论研究方面，研究热点主要是如何提高电火花成型加工的表面质量和加工速度，降低损耗，拓展电火花加工的范围，以及探索复杂、微细结构的加工方法等。通过将研究成果应用于生产实践，全面提高了电火花成型加工的性能。在控制理论研究方面，智能控制一直是研究的重点。国内外生产的新型电火花成型加工机床大多采用了智能控制技术，此项技术的应用使机床操作更容易，对操作人员要求更低。同时，智能控制系统具有自学能力，可在线自动监测、调整加工过程，以实现加工过程的最优化控制。

虽然电火花成型加工的理论研究在基础理论、加工工艺理论、控制理论等方面都有一定发展和提高，但加工工艺理论、控制理论要得到更进一步全面发展，就必须在整个放电过程机理的研究上有所突破。因此，电火花成型加工理论研究的发展趋势将是在进一步探讨加工工艺理论和控制理论，提高电火花成型加工的加工性能及加工范围，取得更好控制效果的同时，重点研究放电过程的机理。

电火花成型加工机理研究有必要借鉴其他研究领域的成功经验，引入先进的研究方法和试验技术，克服传统研究方法的局限性、深入剖析和揭示整个放电过程的内在本质，建立可客观反映放电过程规律的理论模型，以指导电火花成型加工工艺理论和控制理论的研究，而计算机仿真技术可能是实现这一过程的有效工具。

任务1.2　学习电火花加工的工艺知识

任务描述

本任务主要描述电火花加工中对电极、工件的要求以及电火花加工工艺指标的确定。

任务分析

方孔冲模如果采用机械加工的方法，它的生产效率很低，表面质量也很难满足零件的需要，而采用电火花加工，可以加工出合格的零件。但在电火花加工前，必须要掌握电火花加工工件电极材料的选用、设计、制造等以及对电火花加工工件的要求和电火花加工参数指标的确定。

知识准备

一、电火花加工工具电极

电火花加工用的工具，是火花放电时电极之一，故称工具电极。它用以蚀除工件材料，但是电火花加工用的电极工具又不同于机加工的刀具或者线切割用的电极丝，它不是通用的，而是专用的工具，需要按照工件的材料、形状及加工要求进行电极材料选择、形状设计、加工制造并安装到机床主轴上。在电火花加工中，工具电极是一项非常重要的因素，电极材料的性能将影响电极的电火花加工性能（材料去除率、工具损耗率、工件表面质量等），因此，正确选择电极材料对于电火花加工至关重要。

电火花加工用工具电极材料应满足高熔点、低热胀系数、良好的导电导热性能和力学性能等基本要求，从而在使用过程中具有较低的损耗率和抵抗变形的能力。电极具有微细结晶的组织结构对于降低电极损耗也比较有利，一般认为减小晶粒尺寸可降低电极损耗率。此外，工具电极材料应使电火花加工过程稳定、生产率高、工件表面质量好，且电极材料本身应易于加工、来源丰富及价格低廉。

由于电火花加工的应用范围不断扩展，对与之相适应的电极材料（包括相应的电极制备方法）也不断提出新的要求。随着材料科学的发展，人们对电火花加工工具电极材料不断进行着探索和创新，目前在研究和生产中已经使用的工具电极材料有石墨、Cu 或 W 等单金属、Cu 或 W 基合金、钢、铸铁、Cu 基复合材料、聚合物复合材料和金刚石等几大类。

1. 常用电火花加工用工具电极材料

1）石墨

石墨具有良好的导电、导热性和可加工性，是电火花加工中广泛使用的工具电极材料。石墨有不同的种类，可按石墨粒子的大小、材料的密度和机械与电性能进行分级。其中，细级石墨的粒子和孔隙率较小，机械强度较高，价格也较贵，用于电火花加工时通常电极损耗率较低，但材料去除率相应也要低一些。市场上供应的石墨等级平均粒子大小在 20 μm 以下，选用时主要取决于电极的工作条件（粗加工、半精加工或精加工）及电极的几何形状。工件加工表面粗糙度与石墨粒子的大小有直接关系，通常粒子平均尺寸在 1 μm 以下的石墨等级专门用于精加工。用两种不同等级的石墨电极加工难加工材料上的深窄槽，比较它们的材料去除率和电极损耗率。研究结果表明，石墨种类的选择主要取决于具体的电火花加工对材料去除率和电极损耗率哪方面的要求更高。

与其他电极材料相比，石墨电极可采用大的放电电流进行电火花加工，因而生产率较高；粗加工时电极的损耗率较小，但精加工时电极损耗率增大，加工表面粗糙度较差。石墨电极重量轻，价格低。由于石墨具有高脆性，通常难以用机械加工方法做成薄而细的形状，因此在精细复杂形状电火花加工中的应用受到限制，而采用高速铣削可以较好地解决这一问题。为了改善石墨电极的电火花加工性能，将石墨粉烧结电极浸入熔化的金属（Cu 或 Al）中，并对液态金属施加高压，使金属 Cu 或 Al 填充到石墨电极的孔隙中，以改善其强度和导热性。注入金属后，石墨电极的密度、热导率和弯曲强度增大，电阻率大幅度降低，电极表面粗糙度得到改善。实验研究结果表明，这种新材料电极与常规石墨电极相比，电极损耗率和材料去除率无明显差别，但加工表面粗糙度更小，尤其是注入 Cu 的石墨电极可获得小得多的加工表面粗糙度。

石墨的机械加工性能优良，其切削阻力小，容易磨削，很容易制造成型，无加工毛刺，密度小，只有铜的 1/5，电极制作和准备作业容易。在石墨的切削加工中，刀具很容易磨损，一般建议用硬质合金或金刚石涂层的刀具。在粗加工时，刀具可直接在工件上下刀；精加工时，易发生崩角、碎裂的现象，所以常采用轻刀快进的方式加工，背吃刀量可小于 0.2 mm。石墨电极在加工时产生灰尘比较大，粉尘有毒性，这就要求机床有相应的处理装置，机床密封性要好。在加工前将石墨在煤油中浸泡一段时间可防止崩角、减少粉尘。

石墨加工稳定性较好，在粗加工或窄脉宽的精加工时，电极损耗很小。石墨的导电性能好，加工速度快，能节省大量的放电时间，在粗加工中越显优良；其缺点是在精加工中放电稳定性较差，容易过渡到电弧放电，只能选取损耗较大的加工条件来加工。

2）紫铜

紫铜是目前在电加工领域应用最多的电极材料。

紫铜材料塑性好，可机械加工成型、锻造成型、电铸成型及电火花线切割成型等，能制成各种复杂的电极形状，但难以磨削加工。用于电火花加工的紫铜必须是无杂质的电解铜，最好经过锻打。

紫铜加工稳定性好，在电火花加工过程中，其物理性能稳定，能比较容易获得稳定的加工状态，不容易产生电弧等不良现象，在较困难的条件下也能稳定加工。精加工中采用低损规准，可获得轮廓清晰的型腔，因组织结构致密，加工表面光洁，配合一定的工艺手段和电源后，加工表面粗糙度可达 $Ra0.025\ \mu m$ 的镜面超光加工。但因本身材料熔点低（1 083 ℃），不宜承受较大的电流密度，一般不能超过 30 A 电流的加工，否则会使电极表面严重受损、龟裂，影响加工效果。紫铜热胀系数较大，在加工深窄筋位部分，较大电流下产生的局部高温很容易使电极发生变形。紫铜电极通常采用低损耗的加工条件，由于低损耗加工的平均电流较小，其生产率不高，故常对工件进行预加工。

紫铜电极可适合较高精度模具的电火花加工，像加工中、小型型腔，花纹图案，细微部位等均非常合适。

3）聚合物复合材料

采用一种导电热塑性聚合物复合材料作为电极，以空气或水作为工作介质，进行工件表面的电火花加工或抛光。所用电极是由 60% ~ 65% 的固态碳材料（如细的炭黑粉、石墨粉、石墨片甚至碳纳米管等的混合物）均匀分布在热塑性基体材料（如聚苯乙烯）中制成的，可反复软化并模压成所需几何形状。与石墨电极相比，这种聚合物——碳复合材料电极成本较低，可模压成复杂几何形状，制作速度比铣削加工快得多；同时其密度较低、电阻率较高，因而电极损耗率较高，不过电极在使用过程中可通过重新模压加以修整。

该复合材料的组分仍处于研究开发阶段，好的可塑性电极应有低电阻率、高热导率、低热胀系数以及良好的可成型性和在水中的尺寸稳定性，并能耐热循环。

4）钢

在冲模加工时，可以用"钢电极加工钢"的方法，用加长的上冲头钢作为电极，直接加工凹模，此时凸模作为工具电极，要注意的是，凸模不能选用与凹模同一型号的钢材，否则电火花加工时将很不稳定。用钢作为电极时，一般采用成型磨削加工或者采用线切割直接加工凸模。为了提高加工速度，常将电极工具的下端用化学腐蚀（酸洗）的方法均匀腐蚀掉一点厚度，使电极工具成为阶梯形，这样刚开始加工时可用较小的截面、较大规准进行粗加工，等到大部分余量被蚀除、型孔基本穿透时，再用上部较大截面的电极工具进行精加工，从而保证所需的模具配合间隙。表1-2所示为常见电火花加工电极材料的性能。

表1-2　常见电火花加工电极材料的性能

电加工性能			机加工性能	说明
电极材料	稳定性	电极损耗		
钢	较差	中等	好	在选择电规准时注意加工稳定性
铸铁	一般	中等	好	加工冷冲模时常用的电极材料
黄铜	好	大	一般	电极损耗太大
紫铜	好	较大	较差	磨削困难，难以与凸模连接后同时加工
石墨	一般	小	一般	机械强度较差，易崩角
铜钨合金	好	小	一般	价格高，在深孔、硬质合金模具加工中使用
银钨合金	好	小	一般	价高太高，一般很少使用

2. 电火花加工电极材料的选择

如何能够应用有限的资源提高产值？如何在同等条件下节省时间、成本与能源？选择电极材料时，应综合考虑各方面的因素，对各种电极材料做出对比，合理选择电极材料是电火花加工中的一项重要环节。

1）电极材料必须具备的特点

在电火花加工的过程中，电极用来传输电脉冲，蚀除工件材料。电极材料必须具有导电性能良好、损耗小、加工成型容易、加工稳定、效率高、材料来源丰富、价格更便宜等特点。

2）电极材料的选择原则

合理选择电极材料，可以从这几方面进行考虑：电极是否容易加工成型；电极的

项目一　方孔冲模的加工

放电加工性能如何；加工精度、表面质量如何；电极材料的成本是否合理；电极的重量如何。在很多情况下，选择不同的电极材料各有其优劣之处，这就要求抓住加工的关键要素。如果进行高精度加工，不必过多考虑电极材料成本；如果要求进行高速加工，就要将加工精度要求放低。很多企业在选择电极材料上，根本就不作考虑，大小电极一律习惯选用紫铜，这种做法在通常加工中不会发现其弊端，但在极限加工中就明显存在问题，影响加工效果，在精细加工中就往往会埋怨机床损耗太大，需要采用很多个电极进行加工，大型电极也选用紫铜，致使加工所耗时间很多。

3）电极材料选择的优化方案

即使是同一工件的加工，不同加工部位的精度要求也是不一样的。选择电极材料在保证加工精度的前提下，应以大幅提高加工效率为目的。高精度部位的加工可选用铜作为粗加工电极材料，选用铜钨合金作为精加工材料；较高精度部位的粗精加工均可选用铜材料；一般加工可用石墨作为粗加工材料，精加工选用铜材料或者石墨也可以；精度要求不高的情况下，粗精加工均选用石墨。这里的优化方案还是强调充分利用了石墨电极加工速度快的特点。

3. 电极的结构形式

电极的结构形式应根据电极外形尺寸的大小和复杂程度、电极的结构工艺性等因素综合考虑。

（1）整体式电极。整体式电极是用一块整体材料加工而成，是最常见的结构形式。对于横截面积及重量较大的电极，可在电极上开孔以减轻电极重量，但孔不能开通，孔口应向上，如图1-16所示。

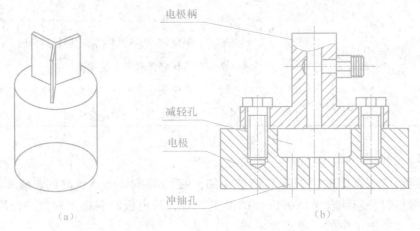

电极柄

减轻孔

电极

冲油孔

（a）   （b）

图1-16　整体式电极

（2）组合电极。在采用电火花加工过程中，有时可以把多个电极组合在一起，如图1-17所示，一次穿孔可完成各型孔的加工，这种电极称为组合电极。用组合电极加工，生产率高，各型孔间的位置精度取决于各电极的位置精度。

（3）镶拼式电极。对于形状复杂的电极，整体加工有困难时，常将其分成几块，分别加工后再镶拼成整体，如图1-18所示，这样既节省材料又便于电极的制造。

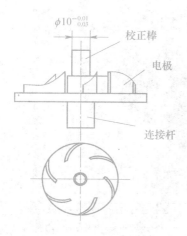

图 1-17　组合电极

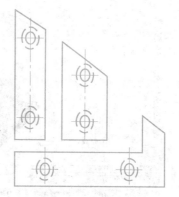

图 1-18　镶拼式电极

无论采用哪种结构形式的电极，都应有足够的刚度，以利于提高加工过程的稳定性。对于体积小、易变形的电极，可将电极工作部分以外的截面尺寸增大以提高刚度；对于体积较大的电极，要尽可能减轻电极的重量，以减少机床的变形。电极与主轴连接后，其重心应位于主轴中心线上，对于较重的电极尤为重要，否则会产生附加偏心力矩，使电极轴线偏斜，影响机械零件的加工精度。

4. 电极设计

电极设计是电火花加工中的关键点之一。在设计中，第一是详细分析产品图纸，确定电火花加工位置；第二是根据现有设备、材料、拟采用的加工工艺等具体情况确定电极的结构形式；第三是根据不同的电极损耗、放电间隙等工艺要求对照型腔尺寸进行缩放，同时要考虑工具电极各部位投入放电加工的先后顺序不同，工具电极上各点的总加工时间和损耗不同，同一电极上端角、边和面上的损耗值不同等因素来适当补偿电极。电极设计的主要内容是选择电极材料，确定结构形式和尺寸等。

1）CAD 软件在电极设计中的应用

当前，计算机辅助设计与制造（CAD/CAM）技术已广泛应用于制造行业。那些高端的 CAD/CAM 软件，像 UG，Pro/E，MasterCAM 等都提供了强大的电极设计功能，与传统的电极设计相比，提高效率十几倍，甚至几十倍。电极设计效率的提高，在某种程度上对模具制造效率起到非常重要的作用。图 1-19 所示为用 CAD 软件进行的电极设计。

用 CAD 软件进行电极设计，有以下一些优点。

（1）自动完成单个电极的设计，方便、快捷。提供了电极设计的自动提取放电工位面，方便快捷地生成电极延伸面等强大功能。

（2）电极模板自动完成特征相同、相近的大批量电极设计，大大提高电极的设计效率。

（3）电极模拟功能能自动进行电极和需要放电加工模具零件上不同特征间的干涉检查，保证放电加工的安全性。

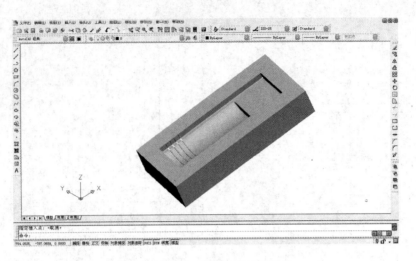

图 1−19　用 CAD 软件设计电极

　　（4）自动生成电极图样功能。图样中提供了电极毛坯的尺寸规格、电极的放电间隙值、平均间隙值及电极在放电加工中的相对坐标位置。

　　（5）提供电极加工模块，与电极设计模块结合使用，方便、高效。

　　2）电极尺寸的确定

　　电极的尺寸包括垂直尺寸和水平尺寸，它们的公差是型腔相应部分公差的 1/2～2/3。

　　（1）垂直尺寸。电极平行于机床主轴线方向上的尺寸称为电极的垂直尺寸。电极的垂直尺寸取决于采用的加工方法、加工工件的结构形式、加工深度、电极材料、型孔的复杂程度、装夹形式、使用次数、电极定位校直、电极制造工艺等一系列因素。

　　在设计中，综合考虑上述各种因素后很容易确定电极的垂直尺寸，下面简单举例说明。

　　图 1−20（a）所示的凹模穿孔加工电极，L_1 为凹模板挖孔部分长度尺寸，在实际

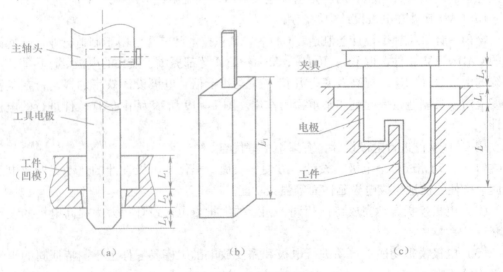

图 1−20　电极垂直尺寸

加工中 L_1 部分虽然不需电火花加工，但在设计电极时必须考虑该部分长度；L_3 为电极加工中端面损耗部分，在设计中也要考虑。

图 1-20（b）所示的电极用来清角，即清除某型腔的角部圆角。加工部分电极较细，受力易变形，由于电极定位、校正的需要，在实际中应适当增加长度 L_1 的部分。

图 1-20（c）所示的电火花成型加工电极，电极尺寸包括加工一个型腔的有效高度 L，加工一个型腔位于另一个型腔中需增加的高度 L_1，加工结束时电极夹具和夹具或压板不发生碰撞而应增加的高度 L_2 等。

（2）水平尺寸。电极的水平尺寸是指与机床主轴轴线相垂直的横截面尺寸，如图1-21 所示。

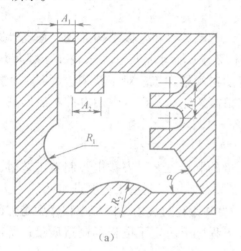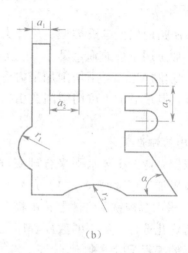

（a）　　　　　　　　　　　　　　（b）

图 1-21　电极水平截面尺寸缩放示意

（a）型腔；（b）电极

电极的水平尺寸可用下式确定，即

$$a = A \pm Kb$$

式中　a——电极水平方向的尺寸；

　　　A——型腔的水平方向的尺寸；

　　　K——与型腔尺寸标注法有关的系数；

　　　b——电极单边缩放量。

（3）排气孔和冲油孔。由于型腔加工的排气、排屑条件比穿孔加工困难，为防止排气、排屑不畅，影响电火花加工速度、加工稳定性和加工质量，设计电极时应在电极上设置适当的排气孔和冲油孔。一般情况下，冲油孔要设计在难以排屑的拐角、窄缝等处，如图 1-22 所示。排气孔要设计在蚀除面积较大的位置（图 1-23）和电极端部有凹入的位置。

冲油孔和排气孔的直径应小于平动偏心量的 2 倍，一般为 1～2 mm。过大则会在电蚀表面形成凸起，不易清除。各孔间的距离为 20～40 mm，以不产生气体和电蚀产物的积存为原则。

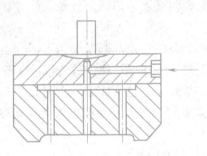

图1-22　设强迫冲油孔的电极

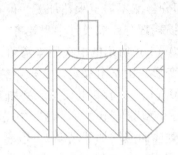

图1-23　设排气孔的电极

5. 电极制造

电极制造应根据电极类型、尺寸大小、电极材料和电极结构的复杂程度等进行考虑。穿孔加工用电极的垂直尺寸一般无严格要求，而水平尺寸要求较高。对这类电极，若适合于切削加工，可用切削加工方法粗加工和精加工。对于紫铜、黄铜一类材料制作的电极，其最后加工可用刨削或由钳工精修来完成，也可采用电火花线切割来制作电极。

1）电极制造工艺

应根据企业的工艺水平来合理安排电极的制造工艺。安排电极制造工艺时，应充分考虑电极加工精度要求、加工成本等工艺要点。电极制造工艺要点如下。

（1）采用数控铣削方法制造电极，在CAM编程过程中，应考虑程序中走刀的合理性并进行优化选择。编制的数控程序在很大程度上决定了电极的制造质量，所以应对电极加工的编程予以重视。

（2）电极尺寸"宁小勿大"。电极的尺寸公差最好取负值，如果电极做小了，可以在电火花加工中通过电极摇动方法来补偿修正尺寸，或者在加工后经钳工修配加工部位即可使用；如果电极做大了，往往会造成工件不可修复的报废情况。

（3）为电极雕上电极编号、粗精电极标识。这样可以避免电极制造混乱情况的发生，也为电火花加工提供了方便，减少了错误的发生率。

（4）电极制造的后处理。电极制造完成后，应对其进行修整、抛光。尤其是用快走丝制造的电极，电极的加工表面会有很多电极丝条纹，只有通过抛光处理才能达到加工要求。

（5）电极制造完成以后，应进行全面检查。检查电极的实际尺寸是否在公差允许范围内，复杂形状电极的尺寸检测需要用投影仪、三坐标测量机等测量设备来完成。另外，检查电极的表面粗糙度是否达到要求，电极是否有变形、有无毛刺，电极的形状是否正确等。对电极进行全面检查是电火花加工质量控制的重要环节。

2）电极制造方法

电极制造方法有很多，主要应根据选用的材料、电极与型腔的精度，以及电极的数量来选择。

（1）机械切削加工。过去常见的切削加工有铣、车、平面和圆柱磨削等方法。随着数控技术的发展，目前经常采用数控铣床（加工中心）制造电极。数控铣削加工电极不仅能加工精度高、形状复杂的电极，而且速度快。石墨材料加工时容易碎裂、粉末飞扬，所以在加工前须将石墨放在工作液中浸泡 2～3 天，这样可以有效减少崩角及粉末飞扬。紫铜材料切削较困难，为了达到较好的表面粗糙度，经常在切削加工后进行研磨抛光加工。

在用混合法穿孔加工冲模的凹模时，为了缩短电极和凸模的制造周期，保证电极与凸模的轮廓一致，通常采用电极与凸模联合成型磨削的方法。这种方法的电极材料大多选用铸铁和钢。

当电极材料为铸铁时，电极与凸模常用环氧树脂等材料胶合在一起，如图1-24所示。对于截面积较小的工件，由于不易粘牢，为防止在磨削过程中发生电极或凸模脱落，可采用锡焊或机械方法使电极与凸模连接在一起。当电极材料为钢时，可把凸模加长些，将其作电极，即把电极和凸模做成一个整体。

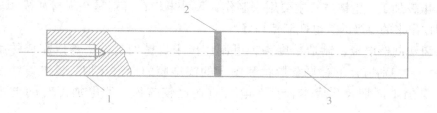

图1-24　电极与凸模黏结

1—电极；2—黏结面；3—凸模

电极与凸模联合成型磨削，其共同截面的公称尺寸应直接按凸模的公称尺寸进行磨削，公差取凸模公差的 1/2～2/3。

当凸、凹模的配合间隙等于放电间隙时，磨削后电极的轮廓尺寸与凸模完全相同；当凸、凹模的配合间隙小于放电间隙时，电极的轮廓尺寸应小于凸模的轮廓尺寸，在生产中可用化学腐蚀法将电极尺寸缩小至设计尺寸；当凸、凹模的配合间隙大于放电间隙时，电极的轮廓尺寸应大于凸模的轮廓尺寸，在生产中可用电镀法将电极扩大到设计尺寸。

（2）电火花线切割加工。电火花线切割加工也是目前很常用的一种电极加工方法，可用于单独完成整个电极的制造，或用于机械切削制造电极的清角加工。在比较特殊需要的场合下可用线切割加工电极，即适用于形状特别复杂、用机械加工方法无法胜任或很难保证精度的情况。

图1-25 所示的电极，在用机械加工方法制造时，通常是把电极分成 4 部分来加工，然后再镶拼成一个整体，如图1-25（a）所示。由于分块加工中产生的误差及拼合时的接缝间隙和位置精度的影响，使电极产生一定的形状误差。如果使用线切割加工机床对电极进行加工，则很容易地制作出来，并能很好地保证其精度，如图1-25（b）所示。

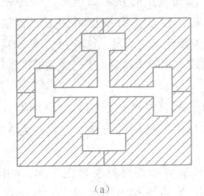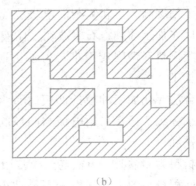

（a）　　　　　　　　　　　　　　（b）

图 1-25　机械加工与线切割加工

（a）用机械加工方法加工的电极；（b）用电火花线切割方法加工的电极

（3）电铸加工。电铸方法主要用来制作大尺寸电极，特别是在板材冲模领域。使用电铸制作出来的电极的放电性能特别好。

用电铸法制造电极，制造精度高，可制作出用机械加工方法难以完成的细微形状的电极。它特别适合于有复杂形状和图案的浅型腔的电火花加工。电铸法制造电极的缺点是加工周期长，成本较高，电极质地比较疏松，使电加工时的电极损耗较大。

6. 电极装夹与定位

电极装夹是指将电极安装于机床主轴头上，电极轴线平行于主轴头轴线，必要时使电极的横剖面基准与机床纵横拖板平行。定位是指将已安装正确的电极对准工件的加工位置，主要依靠机床纵横拖板来实现，必要时保证电极的横截面基准与机床的 X、Y 轴平行。

1）电极装夹

在安装电极时，一般使用通用夹具或专用夹具直接将电极装夹在机床主轴的下端。由于在实际加工中碰到的电极形状各不相同，加工要求也不一样，因此安装电极时电极的装夹方法和电极的夹具也不相同。下面介绍常用的电极夹具。

（1）小型的整体式电极多数采用通用夹具直接装夹在机床主轴下端，采用标准套筒、钻夹头装夹，如图 1-26 和图 1-27 所示。

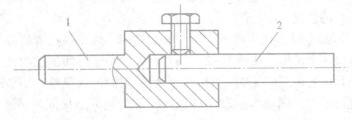

图 1-26　标准套筒形夹具

1—标准套筒；2—电极

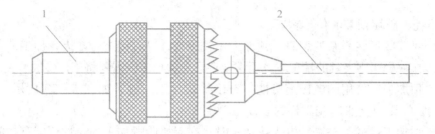

图 1 – 27　钻夹头夹具

1—钻夹头；2—电极

（2）对于尺寸较大的电极，常将电极通过螺纹连接直接装夹在夹具上，如图 1 – 28 所示。

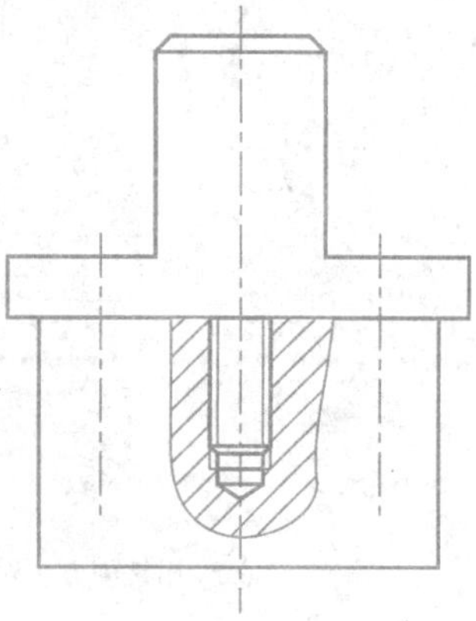

电极装夹时应注意以下几点。

（1）电极与夹具的接触面应保持清洁，并保证滑动部位灵活。

（2）将电极紧固时要注意电极的变形，尤其对于小型电极，应防止弯曲，螺钉的松紧应以牢固为准，不能用力过大或过小。

（3）电极装夹前，还应该根据被加工零件的图样检查电极的位置、角度以及电极柄与电极是否影响加工。

（4）若电极体积较大，应考虑电极夹具的强度和位置，防止在加工过程中，由于安装不牢固或冲油反作用力造成电极移动，从而影响加工精度。

图 1 – 28　螺纹夹头夹具

2）电极的定位

在电火花加工中，电极与加工工件之间相对定位的准确程度直接决定加工的精度。做好电极的精确定位主要有 3 方面内容：电极的装夹与校正、工件的装夹与校正、电极相对于工件定位。

电极相对于工件定位是指将已安装校正好的电极对准工件上的加工位置，以保证加工的孔或型腔在凹模上的位置精度。习惯上将电极相对于工件的定位过程称为找正。电极找正与其他数控机床的定位方法大致相似，读者可以借鉴参考。

二、电火花加工工件的准备

电火花加工在整个零件的加工中属于最后一道工序或接近最后一道工序，所以在加工前宜认真准备工件，具体内容如下。

1. 工件的预加工

一般来说，机械切削的效率比电火花加工的效率高。所以电火花加工前，尽可能用机械加工的方法去除大部分加工余料，即预加工。预加工可以节省电火花粗加工时间，提高总的生产效率，但预加工时要注意以下几点。

（1）所留余量要合适，尽量做到余量均匀，否则会影响型腔表面粗糙度和电极不均匀的损耗，破坏型腔的仿形精度。

（2）对一些形状复杂的型腔，预加工比较困难，可直接进行电火花加工。

（3）在缺少通用夹具的情况下，用常规夹具在预加工中需要将工件多次装夹。

（4）预加工后使用的电极上可能有铣削等机加工痕迹，如图1-29所示，如用这种电极精加工则可能影响到工件的表面粗糙度。

（5）预加工过的工件进行电火花加工时，在起始阶段加工稳定性可能存在问题。

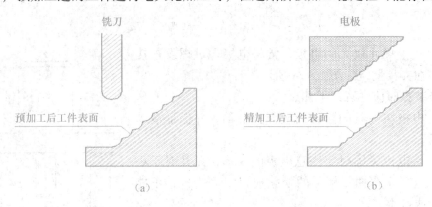

图1-29　预加工后工件表面

（a）用铣削方法对工件进行预加工；（b）用电火花加工方法对工件进行精加工

2. 工件的热处理

工件在预加工后，便可以进行淬火、回火等热处理，即热处理工序尽量安排在电火花加工前面，因为这样可避免热处理变形对电火花加工尺寸精度、型腔形状等的影响。

热处理安排在电火花加工前也有其缺点，如电火花加工将淬火表层加工掉一部分，影响了热处理的质量和效果。所以有些型腔模安排在热处理前进行电火花加工，这样型腔加工后钳工抛光容易，并且淬火时的淬透性也较好。

3. 其他工序

工件在电火花加工前还必须除锈去磁，否则在加工中工件吸附铁屑，很容易引起拉弧烧伤。

三、电火花加工工艺指标的确定

电火花加工中的工艺指标包括加工精度、表面粗糙度、加工速度及电极损耗等，影响因素有电参数和非电参数。电参数主要有脉冲宽度、脉冲间隔、峰值电压、峰值电流、加工极性等；非电参数主要有压力、流量、抬刀高度、抬刀频率、平动方式和平动量等。这些参数相互影响，关系复杂。

1. 电火花加工精度

电火花加工和其他机械加工一样，机床本身的各种误差以及工件和工具电极的定位、安装误差都会影响到加工精度，但就加工工艺相关的因素而言，主要是放电间隙的大小及其一致性、工具电极的损耗及其稳定性两个因素。

1）放电间隙的大小及其一致性

电火花加工时，工具电极与工件之间存在着一定的放电间隙，如果加工过程中放电间隙能保持不变，则可以通过修正工具电极的尺寸对放电间隙进行补偿，以获得较高的加工精度。然而，放电间隙的大小实际上是变化的，影响着加工精度。除了间隙能否保持一致外，间隙大小对加工精度也有影响，尤其对于复杂形状的加工表面，棱角部位电场强度分布不均匀，间隙越大，影响越严重。因此，为了减少加工误差，应该采用较小的加工规准，缩小放电间隙，这样不但能提高仿形精度，而且放电间隙越小，可能产生的间隙变化量越小。另外，还必须尽可能使加工稳定。电参数对放电间隙的影响是非常显著的，精加工放电间隙一般只有 0.01 mm（单面），而在粗加工时可达 0.5 mm 以上。

2）工具电极的损耗及其稳定性

工具电极的损耗对尺寸精度和形状精度都有影响。电火花穿孔加工时，电极可以贯穿型孔而补偿电极的损耗，但是其型腔加工则无法采用这种方法，精密型腔加工时可以采用更换电极的方法。稳定性主要是指可预期的损耗和非预期的变形。

3）二次放电的影响

二次放电是指已加工表面上由于电蚀产物（导电的炭黑和金属小屑）等的介入而进行再次的非正常放电，集中反映在加工深度方向产生斜度和加工棱角棱边变钝方面。

产生斜度的情况如图 1－30（a）所示，由于工具电极下端部加工时间长，绝对损耗大，而电极入口处的放电间隙则由于电蚀产物的存在，随"二次放电"的概率增大而扩大，因而产生了加工斜度，俗称"喇叭口"。

电火花加工时，工具的尖角或凹角很难精确地复制在工件上，这是因为当工具为凹角时，工件上对应的尖角处放电蚀除的概率大，容易遭受腐蚀而成为圆角，如图 1－30（b）所示。

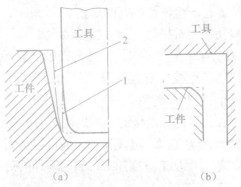

图 1－30　电火花加工在垂直方向和水平方向的损耗

（a）电火花加工的斜度；（b）电火花加工工件尖角变圆
1—电极无损耗时工具轮廓线；2—电极有损耗而不考虑二次放电时的工件轮廓线

2. 电火花加工的表面粗糙度

电火花加工零件的表面粗糙度是指被加工表面上的微观几何形状误差，波峰与波峰或者波谷与波谷的距离称为波距，一般小于 1 mm，并呈周期性变化的几何形状误差，这种几何误差就称为表面粗糙度。

电火花加工表面和机械加工的表面不同，它是由无方向性的无数小坑和硬凸边所组成，特别有利于保存润滑油；而机械加工表面则存在着切削或磨削痕迹，具有方向性。两者相比，在相同的表面粗糙度和有润滑油的情况下，表面的润滑性能和耐磨损性能均比机械加工表面好。

工件的材料对加工表面粗糙度也有影响，熔点高的材料（如硬质合金），在相同能量下加工的表面粗糙度要比熔点低的材料（如钢）好。精加工时，工具电极的表面粗糙度也将影响到加工粗糙度。由于石墨电极很难加工到非常光滑的表面，因此用石墨电极的加工表面粗糙度较差。

3. 电火花加工速度

电火花加工速度是指电火花加工时，工具和工件遭到不同程度的电蚀，单位时间内工件的电蚀量称之为加工速度，亦即生产率。

加工速度一般采用体积加工速度 v_w（mm³/min）来表示，即被加工掉的体积 V 除以加工时间 t，常用公式 $v_w = V/t$ 来表示。有时为了测量方便，也采用质量加工速度 v_m 来表示，即被加工掉的质量 m 除以加工时间，单位为 g/min，常用公式 $v_m = m/t$ 来表示。

通常情况下，电火花成型加工的加工速度要求为：粗加工（加工表面粗糙度为 $Ra10 \sim 20 \ \mu m$）时可达 $200 \sim 1\ 000 \ mm^3/min$；半精加工（$Ra2.5 \sim 10 \ \mu m$）时降低到 $20 \sim 100 \ mm^3/min$；精加工（$Ra0.32 \sim 2.5 \ \mu m$）时一般都在 $10 \ mm^3/min$ 以下。随着表面粗糙度值的减小，加工速度显著下降。

4. 电极损耗

电火花加工过程中，工具电极和工件之间的瞬时高温的火花放电使工具电极和工件的表面都会被腐蚀，从而会产生电极损耗的现象。

电极损耗分为绝对损耗和相对损耗。绝对损耗最常用的是体积损耗 V_e 和长度损耗 V_{eh} 两种方式，它们分别表示在单位时间内，工具电极被蚀除的体积和长度，即 $V_e = V/t$、$V_{eh} = H/t$。相对损耗是工具电极绝对损耗与工件加工速度的百分比。通常采用长度相对损耗比较直观，测量也比较方便。

在电火花加工过程中，为了防止电极的过多损耗，一般要注意以下要点。

（1）如果用石墨电极作粗加工时，电极损耗一般可以达到1%以下。

（2）用石墨电极采用粗、中加工规准加工得到的零件的最小表面粗糙度 Ra 能达到 3.2 μm，但通常只能在 6.3 μm 左右。

（3）若用石墨作电极且加工零件的表面粗糙度 $Ra < 3.2 \ \mu m$，则电极损耗为15% ~50%。

（4）不管是粗加工还是精加工，电极角部损耗比上述还要大。粗加工时，电极表面会产生缺陷。

（5）紫铜电极粗加工的电极损耗量也可以低于1%，但加工电流超过30 A后，电极表面会产生起皱和开裂现象。

（6）在一般情况下用紫铜作电极采用低损耗加工规准进行加工，零件的表面粗糙度 Ra 可以达到3.2 μm左右。

（7）紫铜电极的角损耗比石墨电极更大。

任务实施

采用电火花机床进行方孔冲模的加工。

1. 工艺分析

电火花加工模具一般都在淬火以后进行，毛坯上一般应先加工出预留孔，如图1-31（a）所示，其余与图1-1相同。

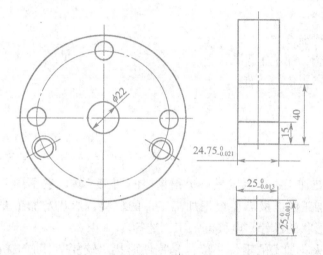

图1-31 电火花加工前的工件、工具电极

（a）在模具上加工预留孔；（b）工具电极

加工冲模的电极材料，一般选用铸铁或钢，这样可以采用成型磨削方法制造电极。为了简化电极的制造过程，也可采用钢电极，材料为Cr12，电极的尺寸精度和表面粗糙度比凹模优一级。为了实现粗、中、精规准转换，电极前端要做腐蚀处理，腐蚀高度为15 mm，双边腐蚀量为0.25 mm，如图1-31（b）所示。电火花加工前，工件和工具电极都必须经过退磁。

2. 工艺实施

电极装夹在机床主轴头的夹具中进行精度找正，使电极对机床工作台面的垂直度小于0.01 mm/100 mm。工件安装在油杯上，工件上、下端面保持与工作台面平行。加工时采用下冲油，用粗、精加工两挡规准，并采用高、低压复合脉冲电源，如表1-3所示。

表 1-3　电火花加工规准

加工规准	脉宽/μs		电压/V		电流/A		脉间/μs	冲油压力/kPa	加工深度/mm
	高压	低压	高压	低压	高压	低压			
粗加工	12	25	250	60	1	9	30	9.8	15
精加工	7	2	200	60	0.8	1.2	25	19.6	20

3. 加工工件

在 SE 成型电火花加工机床上，根据方孔冲模的零件图，按以下步骤加工零件。

（1）安装电极。

（2）校正电极。

（3）安装并校正工件。

（4）调整电规准参数。

（5）启动电源，加工工件。

（6）关闭电源，检验工件。

归纳总结

一、总结

（1）在电火花加工中，电极是一个很重要的加工工具，它不同于金属切削加工中的刀具。电火花加工的电极需要根据加工工件的材料、形状及加工要求来进行电极材料的选择、电极形状的设计、电极的加工制造等。

（2）采用电火花加工的零件一般都是零件形状比较复杂、加工精度要求较高或零件材料性能比较特殊等。这样就要求工件在进行电火花加工前要进行适当的预加工、热处理等，留有适当的余量，最后由电火花加工来满足零件设计图纸的要求。

（3）电火花加工中的主要工艺指标如加工精度、表面粗糙度、加工速度、电极损耗等会影响到电火花加工的产品质量、生产效率、生产成本等。所以要求在采用电火花加工时要控制好这些工艺指标。

二、习题与思考

（1）介绍常用电极的材料性能。

（2）说明电极材料的选择原则。

（3）简述电极制造的工艺方法。

（4）简述电极装夹的主要事项。

（5）叙述电火花加工中对加工工件的要求。

（6）简述如何确定电火花加工中常见的工艺指标。

拓展提高

一、电蚀产物的排除

经过前面的学习，大家知道如果电火花加工中电蚀产物不能及时排除，则会对加工产生巨大的影响。电蚀产物的排除虽然是加工中出现的问题，但为了较好地排除电蚀产物，其准备工作必须在加工前做好。通常采用的方法如下。

1. 电极冲油

电极上开小孔，并强迫冲油是型腔电火花加工最常用的方法之一。冲油小孔直径一般为0.5~2 mm，可以根据需要开一个或几个小孔，如图1-32所示。

2. 工件冲油

工件冲油是穿孔电火花加工最常用的方法之一。由于穿孔加工大多在工件上开有预留孔，因而具有冲油的条件。型腔加工时如果允许工件加工部位开孔，则也可采用此法，如图1-33所示。

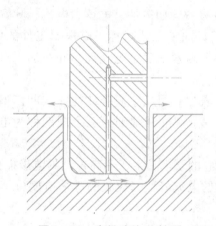

图1-32　电极冲油示意图

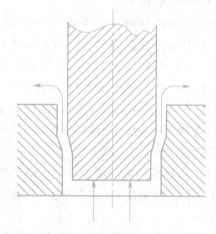

图1-33　工件冲油示意图

3. 工件抽油

工件抽油常用于穿孔加工。由于加工的蚀除物不经过加工区，因而加工斜度很小。抽油时要使放电时产生的气体（大多是易燃气体）及时排放，不能积聚在加工区，否则会引起"放炮"。"放炮"是严重的事故，轻则工件移位，重则工件炸裂，使主轴头受到严重损伤。通常在安放工件的油杯上采取措施，将抽油的部位尽量接近加工位置，将产生的气体及时抽走。工件抽油的排屑效果不如冲油好，如图1-34所示。

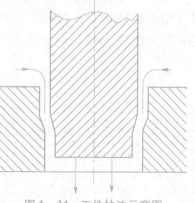

图1-34　工件抽油示意图

4. 开排气孔

大型型腔加工时经常在电极上开排气孔。该方法工艺简单，虽然排屑效果不如冲油，但对电极损耗影响较小。开排气孔在粗加工时比较有效，精加工时需采用其他排屑办法。

5. 抬刀

工具电极在加工中边加工边抬刀是最常用的排屑方法之一。通过抬刀，电极与工件间的间隙加大，液体流动加快，有助于电蚀产物的快速排除。

抬刀有两种情况：一种是定时的周期抬刀，目前绝大部分电火花机床具备此功能；另一种是自适应抬刀，可以根据加工的状态自动调节进给的时间和抬起的时间（即抬起高度），使加工正好一直处于正常状态。自适应抬刀与自适应冲油一样，在加工出现不正常时才抬刀，正常加工时则不抬刀。显然，自适应抬刀对提高加工效率有益，减少了不必要的抬刀。

二、电规准

所谓电规准是指电火花加工过程中一组电参数，如极性、电压、电流、脉宽和脉间等。电规准选择正确与否，将直接影响着模具加工工艺指标。应根据工件的要求、电极和工件的材料、加工工艺指标和经济效果等因素来确定电规准，并在加工过程中及时转换。电规准的选择主要事项如下。

在生产中主要通过工艺试验确定电规准。通常要用几个规准才能完成凹模型孔加工的全过程。电规准分为粗、中、精 3 种。从一个规准调整到另一个规准称为电规准的转换。

（1）粗规准。粗规准主要用于粗加工。对它的要求是生产率高，工具电极损耗小。被加工表面的粗糙度 $Ra > 12.5\ \mu m$。采用较大的电流峰值，较长的脉冲宽度（$t_i = 20 \sim 60\ \mu s$）。

（2）中规准。中规准是粗、精加工间过渡性加工所采用的电规准。

（3）精规准。精规准用来进行精加工，要求在保证冲模各项技术要求（如配合间隙、表面粗糙度和刃口斜度）的前提下尽可能提高生产率。小的电流峰值、高频率和短的脉冲宽度（$t_i = 2 \sim 6\ \mu s$）。被加工表面粗糙度可达 $Ra1.6 \sim 0.8\ \mu m$。

项目二　注塑模型腔的加工

在注塑模型腔加工中，和机械加工相比较，采用电火花加工的型腔具有加工质量好、表面粗糙度小、减少切削加工和手工劳动、缩短生产周期的优点。特别是近年来由于电火花加工设备和工艺的日臻完善，它足以成为解决型腔加工的一种重要手段。本项目中的任务一是介绍采用普通电火花机床加工模具型腔加工方法，任务二是介绍采用数控电火花机床加工模具型腔的加工方法。

预期目标

（1）理解电火花穿孔加工的应用、工艺过程、工艺方法以及电规准的选择与转换方法。

（2）理解电火花型腔加工的应用、工艺过程、工艺方法以及电规准的选择与转换方法。

（3）了解数控电火花加工方法的应用。

（4）能根据所给定的注塑模排气镶块零件图，利用电火花机床加工出零件。

任务2.1　电火花成型加工

任务描述

本任务主要描述普通电火花成型加工的基本方法，并利用该方法加工如图 2 - 1 所示的注塑模镶块零件。

任务分析

注塑模镶块如果采用机械加工的方法加工，它的生产效率很低，表面质量也很难满足零件的需要，而采用电火花加工，可以加工出合格的零件。但在电火花加工前，必须要掌握电火花加工的基本知识、工作原理、电火花加工机床的使用方法等。

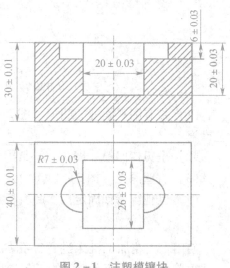

图 2 - 1　注塑模镶块

知识准备

电火花成型加工在机械制造中应用非常广泛，主要有电火花穿孔加工和电火花型腔加工两种。

一、电火花穿孔加工

用电火花方法加工通孔称为穿孔加工，它在机械制造中主要用于加工用金属切削加工方法难以加工的零件加工。

1. 电火花穿孔加工的应用范围

（1）模具加工。粉末冶金模具的直壁深孔加工；挤压模、拉丝模的型孔加工；冲裁模的凸凹、卸料板及固定板的加工。

（2）小孔及异形孔加工。主要应用于直径为 0.01~2 mm 的圆孔或异性小孔，如喷丝头、异形喷丝板等。

（3）螺纹加工。特别是淬硬材料的螺孔加工。

（4）特殊零件加工。高硬度、高韧性、易变性、易破碎的零件、耐热合金以及特殊形状的型孔加工。

电火花穿孔加工最典型的用途是在冲模中的应用。电火花穿孔加工的加工对象最常见的，有以下几种，如图 2-2 所示。

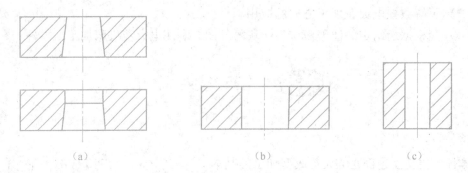

图 2-2　穿孔加工的几种加工对象
（a）有斜度的刃口；（b）全刃口凹模；（c）直壁深孔

（1）带有漏料斜度的凹模［图 2-2（a）］。若漏料斜度过大，则必须采取一些工艺措施。

（2）全刃口凹模［图 2-2（b）］。基本上是直壁型孔，有时可能带有斜度。

（3）直壁深孔［图 2-2（c）］。若孔较深，则工艺上要采取特殊措施。

（4）其他。譬如固定板、卸料板进行线切割前的穿丝孔、工艺孔加工等。

2. 电火花穿孔加工的工艺过程

使用电火花加工机床进行穿孔加工时，加工对象不同，工艺过程也会有所差异。下面简单介绍凹模穿孔加工的工艺过程。

（1）选择加工方法。根据加工工艺选择合适的加工方法。

（2）选择电极材料。按照加工要求，根据加工方法和加工设备选择合适的电极材料。

（3）设计电极。根据间隙、形状、刃口长度、斜度及电极损耗来确定电极横断面尺寸和长度。

（4）电极制造。采用成型磨削、仿形刨、线切割加工等方法制造电极。

（5）电极组合。如电极由拼装组成，或多个型腔同时加工，则要先将电极用通常或专用的夹具连成一体。

（6）工件准备。完成加工前的全部机械加工，包括电火花穿孔预加工、热处理后的基准面处理，在刃口反面绘制中心线、定位基准线和轮廓线等。

（7）电极装夹与校正。将电极装夹在主轴头上，校正电极与工作台面的平行度和垂直度。

（8）工件的装夹与定位。将工件装夹在工作台面上，并校正其与电极的相对位置。

（9）调整主轴头垂直高度。移动主轴头位置，使电极与工件之间的距离合适。

（10）准备加工。选择加工极性，保持适当的工作液面高度，调节冲（抽）油压力，调整加工深度指示器，选择电规准参数（脉冲宽度 T_{on}、脉冲间隔 T_{off}、脉冲峰值电流 I_p）。

（11）电火花加工。控制进给速度，调节加工电流强度。当加工至一定深度时，检查电极损耗、加工表面情况等，根据具体加工要求适当调节电规准后继续加工。

（12）加工完毕，电极完全穿过工件，加工结束。

（13）检查加工状况。主要对放电间隙、刃口长度、斜度和表面精度等指标进行检查。

3. 电火花穿孔加工的工艺方法

常用的电火花穿孔加工的工艺方法主要有直接法、混合法、修配凸模法和二次电极法。

1）直接法

直接法是用加长的钢凸模作电极加工凹模的型孔，加工后将凸模上的损耗部分去除。凸、凹模的配合间隙靠控制脉冲放电间隙来保证。用这种方法可以获得均匀的配合间隙，模具质量高，不需另外制造电极，工艺简单。但是刚性凸模作为电极加工速度低，在直流分量的作用下易磁化，使电蚀产物被吸附在电极放电间隙的磁场中形成不稳定的二次放电。此方法适用于形状复杂的凹模或多型孔凹模，如电机定子、转子等。图 2 - 3 所示为直接法加工过程。

2）混合法

混合法是将凸模的加长部分选用与凸模不同的材料，如铸铁等黏结或钎焊在凸模上，与凸模一起加工，以黏结或钎焊部分作穿孔电极的工作部分。加工后，再将电极部分去除。此方法电极材料可选择，因此，电加工性能比直接法好；电极与凸模连接在一起加工，电极形状、尺寸与凸模一致，加工后凸、凹模配合间隙均匀，是一种应用较广泛的方法。

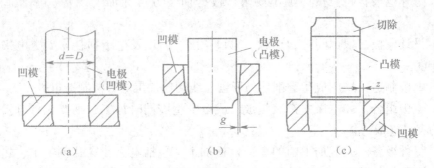

图 2－3　直接法加工过程

（a）加工前；（b）加工后；（c）间隙配合

3）修配凸模法

修配凸模法是指凸模和工具电极分别制造，在凸模上留一定的修配余量，按电火花加工好的凹模型孔修配凸模，达到所要求的凸、凹模配合间隙的一种方法。这种方法的优点是电极可以选用加工性能好的电极材料。由于凸、凹模的配合间隙是靠修配凸模来保证的，所以，不论凸、凹模的配合间隙大小均可采用这种方法。其缺点是增加了制造电极和钳工修配的工作量，而且不易得到均匀的配合间隙。故修配凸模法只适合于加工形状比较简单的冲模。

4）二次电极法

二次电极法加工是利用一次电极制造出二次电极，再分别用一次和二次电极加工出凹模和凸模，并保证凸、凹模配合间隙。此方法有两种情况：其一是一次电极为凹形，用于凸模制造有困难者；二是一次电极为凸形，用于凹模制造有困难者。图 2－4是二次电极为凸形电极时的加工方法，其工艺过程为：根据模具尺寸要求设计并制造一次凸型电极→用一次电极加工出凹模［见图 2－4（a）］→用一次电极加工出凹形二次电极［见图 2－4（b）］→用二次电极加工出凸模［见图 2－4（c）］→凸、凹模配合，保证配合间隙［见图 2－5（d）］。图中 δ_1、δ_2、δ_3 分别为加工凹模、二次电极和凸模时的放电间隙。

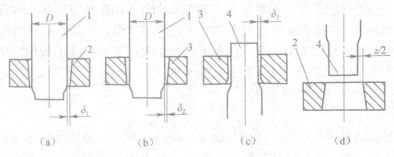

图 2－4　二次电极法

（a）加工凹模；（b）制造二次电极；（c）加工凸模；（d）凸、凹模配合

1——一次电极；2——凹模；3——二次电极；4——凸模

用二次电极加工，操作过程较为复杂，一般不常使用。但此法能合理调整放电间隙 δ_1、δ_2、δ_3，可加工无间隙或间隙极小的精冲模。对于硬质合金模具，在无成型磨削设备时可采用二次放电加工凸模。

由于电火花加工要产生斜度，型孔加工后其孔壁要产生倾斜，为防止型孔的工作部分产生反向斜度影响模具正常工作，在穿孔加工时应将凹模的底面向上，如图 2-4（a）所示。加工后将凸模、凹模按照图 2-4（d）所示方式进行装配。

4. 电火花穿孔加工中电规准的选择与转换

电火花加工中所选用的一组电脉冲参数称为电规准。电规准应根据工件的加工要求、电极和工件材料、加工的工艺指标等因素来选择。选择的电规准是否恰当，不仅影响模具的加工精度，还直接影响加工的生产率和经济性，在生产中主要通过工艺试验确定。通常要用几个规准才能完成凹模型孔加工的全过程。电规准分为粗、中、精 3 种。从一个规准调整到另一个规准，称为电规准的转换。

（1）粗规准的选择。粗规准主要用于粗加工，对它的要求是生产率高，工具电极损耗小。被加工表面的粗糙度 $Ra < 12.5~\mu m$。所以粗规准一般采用较大的电流峰值，较长的脉冲宽度，采用钢电极时，电极相对损耗应低于 10%。

（2）中规准的选择。中规准是粗、精加工间过渡性加工所采用的电规准，用以减小精加工余量，促进加工稳定性和提高加工速度。中规准一般采用较短的脉冲宽度，被加工表面粗糙度为 $Ra6.3 \sim 3.2~mm$。

（3）精规准的选择。精规准用来进行精加工，要求在保证冲模各项技术要求（如配合间隙、表面粗糙度和刃口斜度）的前提下尽可能提高生产率。故多采用小的电流峰值、高频率和短的脉冲宽度。被加工表面粗糙度可达 $Ra1.6 \sim 0.8~mm$。

（4）电规准的转换。在规准转换时，其他工艺条件也要适当配合，粗规准加工时，排屑容易，冲油压力应小些；转入精规准后加工深度增加，放电间隙小，排屑困难，冲油压力应逐渐增大；当穿透工件时，冲油压力适当降低。对加工斜度、表面粗糙度要求较小和精度要求较高的冲模加工，要将上部冲油改为下端抽油，以减小二次放电的影响。

二、电火花型腔加工

电火花型腔加工也称为电火花成型加工，广泛应用于模具制造行业，可以加工各种复杂形状的型腔，而通过数控平动加工，电火花加工可以获得很高的加工精度和很低的表面粗糙度。

用电火花加工方法进行型腔加工比凹模型孔困难得多。型腔加工中的盲孔加工，金属蚀除量大，工作液循环困难，电蚀产物排出条件差，电极损耗不能用增加电极长度和进给来补偿；加工面积大，加工过程中要求电规准的调节范围也较大；型腔复杂，电极损耗不均匀，影响加工精度。因此，型腔加工要从设备、电源、工艺等方面采取措施来减小或补偿电极损耗，以提高加工精度和生产率。

1. 电火花型腔加工的应用范围

（1）大型或超大型型腔的加工。汽车覆盖件模具是典型的超大型型腔，这类模具型腔的特点是形状比较简单，精度与表面质量要求较低，但加工蚀除量大，工件质量大，型腔的深度比较小。

这类型腔加工必须配备超大型设备，且主轴头负载能力要大，电源功率必须充足。电极一般采用冷却系统，如采用纯铜作为电极，应用板料成型，电极中间采取加固措施；如采用石墨作为电极，则中心部位必须挖空，以减少电极重量。

这类型腔进行电火花加工后能达到的表面粗糙度一般为 $Ra3.2$ m，一般采用一次成型加工，不需要平动加工。

（2）中、大型型腔的加工。这类型腔包括电视机和收录机的全塑外壳的塑料模，这类模具型腔的特点是形状非常复杂，既有较大加工余量的曲面成型加工，也有精细的成型加工。因此，通常很难采用一个电极一次成型，而应该根据各个部位加工要求的不同，采用不同的电极材料，选择不同的加工参数和电规准，这样才能加工出高质量的型腔。

这类型腔加工必须配备比较大型的设备，工作液槽要有足够容量，机床精度要求比较高，脉冲电源功率也应大一些，这样才能加工出符合要求的产品。

（3）中型型腔。这类型腔最为常见，最典型的是电风扇前后罩压铸模型腔、继电器外壳胶木模、玩具塑料模等。这类型腔加工余量一般都比较大，但电极损耗不能太大。这类加工的电极材料可采用石墨与纯铜。用石墨电极加工时，应注意控制粗、中加工时的损耗，并尽可能减少有损精加工的余量，使总的损耗不至于太大。

这类型腔加工的最小表面粗糙度值一般为 $Ra0.8 \sim 1.6\ \mu m$，总损耗应该为 $0.10 \sim 0.20$ mm。通常采用一个电极成型，包括电极在粗加工后修正一次再进行精加工，某些要求精密成型的部位也可采用两个电极成型。

（4）花纹图案的加工。这类型腔典型的有工艺美术饰品模具，其特点是型腔深度较浅，但形状线条比较精细，因此电极损耗不能太大，加工时只能用一个电极一次成型，不能采用平动加工。

这类电极材料大都采用纯铜，个别线条较粗、图案简单的型腔也可采用石墨电极。加工可在热处理后进行，一般不需预加工且不能开冲油孔和排气孔，可采用侧向冲油或抬刀来改善排屑。由于加工余量不能太大，因此加工电流一般不大，加工设备最好配备低耗电源。

（5）窄槽加工。这里指的是加工宽度在 2 mm 以下，深宽比比较大的窄槽加工。这类加工一般在主型腔加工完成后进行加工，不宜与主型腔同时加工。电极材料通常采用纯铜，也可采用特殊高强度石墨制成薄片电极。电火花脉冲电源最好采用具有中、精加工性能的电源，以提高加工深度和加工精度。窄槽加工电规准的选择比较特殊，加工规准应能实现足够小的表面粗糙度值，电极损耗必须保持在很低的水平上，同时加工稳定性要求较高。所以窄槽加工的电规准应该是在保证表面粗糙度和电极损耗的情况下，具有一定的爆炸力的规准。

2. 电火花型腔加工工艺

制定电火花型腔加工工艺要根据加工对象来确定，主要步骤有以下几点。

（1）根据加工坯料尺寸和外形来决定加工设备大小、装夹定位等。

（2）根据型腔的大小来决定脉冲功率的大小、采用方法及电极材料等。

（3）根据工件材料决定工艺方法，包括加工成型方法、定位和校正方法、排屑方法、电极设计和制造、油孔的大小和位置、电规准的选择和安排等。

（4）根据加工表面粗糙度和精度要求来确定电规准预设值和各电规准加工量，控制电极损耗。

3. 电火花型腔加工方法

电火花型腔加工方法有多种，以下 3 种方法是用得最多的加工方法。

1）单电极加工方法

单电极加工法是指用一个电极加工出所需型腔。主要用于下列几种情况：

（1）用于加工形状简单、精度要求不高的型腔。

（2）用于加工经过预加工的型腔，为了提高电火花加工效率，型腔在电加工之前采用切削加工方法进行预加工，并留适当的电火花加工余量，在型腔淬火后用一个电极进行精加工，达到型腔的精度要求。一般型腔可用立式铣床进行预加工；复杂型腔或大型型腔可先用立式铣床去除大量的加工余量，再用仿形铣床精铣。在能保证加工成型的条件下电加工余量越小越好。一般，型腔侧面余量单边留 0.1 ~ 0.5 mm，底面余量留 0.2 ~ 0.7 mm。如果是多台阶复杂型腔则余量应适当减小。电加工余量应均匀，否则将使电极损耗不均匀，影响成型精度。

（3）用平动法加工型腔，对有平动功能的电火花机床，在型腔不预加工的情况下也可用一个电极加工出所需型腔。在加工过程中，先采用低损耗、高生产率的电规准对型腔进行粗加工，然后启动平动头带动电极做平面圆周运动，同时按粗、中、精的加工顺序逐级转换电规准，并相应加大电极做平面圆周运动的回转半径，将型腔加工到所规定的尺寸及表面粗糙度要求。

2）多电极加工法

多电极加工法是用多个电极，依次更换加工同一个型腔，每个电极都要对型腔的整个被加工表面进行加工，但电规准各不相同。所以设计电极时必须根据各电极所用电规准的放电间隙来确定尺寸。每更换一个电极进行加工，都必须把被加工表面上，由前一个电极加工所产生的电蚀痕迹完全去除。

用多电极加工法加工的型腔精度高，尤其适用于加工尖角、窄缝多的型腔。其缺点是需要制造多个电极，并且对电极的制造精度要求很高，更换电极需要保证高的定位精度。因此，这种方法一般只用于精密型腔加工。

3）分解电极法

分解电极法是根据型腔的几何形状，把电极分解成主型腔电极和副型腔电极分别制造。先用主型腔电极加工出型腔的主要部分，再用副型腔的不同加工条件，选择不同的电规准，有利于提高加工速度和加工质量，使电极易于制造和修整。但主、副型腔电极的安装精度要求高。

4. 电火花型腔加工中电规准的选择与转换

正确选择和转换电规准，实现低损耗、高生产率加工，对保证型腔的加工精度和经济效益是很重要的。

（1）粗规准的选择。在选择粗规准时，要求粗规准以高的蚀除速度加工出型腔的基本轮廓，电极损耗要小，电蚀表面不能太粗糙，以免增大精加工的工作量。为此，一般选用宽脉冲、大的峰值电流，用负极性进行粗加工。但应注意加工电流与加工面积之间的配合关系，一般选用石墨电极加工钢的电流密度为 $3 \sim 5$ A/cm^2，用紫铜电极加工钢的电流密度可稍大些。

（2）中规准的选择。中规准的作用是减小被加工表面的粗糙度（一般中规准加工时 $Ra = 6.3 \sim 3.2$ μm），为精加工作准备。要求在保持一定加工速度的条件下，电极损耗尽可能小。一般选用脉冲宽度 $t_i = 20 \sim 40$ μs，用较粗加工小的电流密度进行加工。

（3）精规准的选择。精规准是用来使型腔达到加工的最终要求，所去除的余量一般不超过 $0.1 \sim 0.2$ mm。因此，常采用窄的脉冲宽度（$t_i < 20$ μs）和小的峰值电流进行加工。由于脉冲宽度小，电极损耗大（约25%）。但因精加工余量小，故电极的绝对损耗并不大。

（4）电规准的转换。电规准转换的挡数，应根据加工对象确定。加工尺寸小，形状简单的浅型腔，电规准转换挡数可少些；加工尺寸大，深度大，形状复杂的型腔，电规准转换挡数应多些。粗规准一般选择 1 挡；中规准和精规准选择 $2 \sim 4$ 挡。开始加工时，应选粗规准参数进行加工，当型腔轮廓接近加工深度（大约留 1mm 的余量）时，减小电规准，依次转换成中、精规准各挡参数加工，直至达到所需的尺寸精度和表面粗糙度。

任务实施

采用电火花机床进行注塑模镶块的加工。

图 2-1 所示注塑模镶块，材料为 40Cr，硬度为 $38 \sim 40$ HRC，加工表面粗糙度 Ra 为 0.8 μm，要求型腔侧面棱角清晰，圆角半径 $R < 0.25$ mm。

1. 方法选择

选用单电极平动法进行电火花成型加工，为保证侧面棱角清晰（$R < 0.3$ mm），其平动量应小，取 $\delta \leqslant 0.25$ mm。

2. 工具电极

（1）电极材料选用锻造过的紫铜，以保证电极加工质量及加工表面粗糙度。

（2）电极结构与尺寸如图 2-5 所示。

①电极水平尺寸单边缩放量取 $b = 0.25$ mm。

②由于电极尺寸缩放量较小，用于基本成型的粗加工电规准参数不宜太大。根据工艺数据库所存资料（或经验）可知，实际使用的粗加工参数会产生 1% 的电极损耗。因此，对应的型腔主体 20 mm 深度与 $R7$ mm 搭子的型腔 6 mm 深度的电极长度之差不是

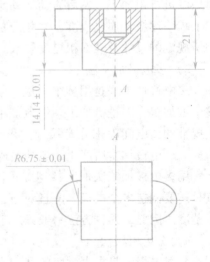

图 2-5　电极结构与尺寸

14 mm，而是（20−6）×（1+1%）=14.14 mm。尽管精修时也有损耗，但由于两部分精修量一样，故不会影响二者深度之差。图2−5所示电极结构，其总长度无严格要求。

3. 电极制造

电极可以用机械加工的方法制造，但因有两个半圆的搭子，一般都用线切割加工，主要工序如下。

（1）备料。

（2）刨削上、下面。

（3）画线。

（4）加工 M8×8 的螺孔。

（5）按水平尺寸用线切割加工。

（6）按图示方向前后转动90°，用线切割加工两个半圆及主体部分长度。

（7）钳工修整。

4. 镶块坯料加工

（1）按尺寸需要备料。

（2）刨削六面体。

（3）热处理（调质）达 38~40 HRC。

（4）磨削镶块 6 个面。

5. 电极与镶块的装夹与定位

（1）用 M8 的螺钉固定电极，并装夹在主轴头的夹具上。然而用千分表（或百分表）以电极上端面和侧面为基准，校正电极与工件表面的垂直度，并使其 X、Y 轴与工作台 X、Y 移动方向一致。

（2）镶块一般用平口钳夹紧，并校正其 X、Y 轴，使其与工作台 X、Y 移动方向一致。

（3）定位，即保证电极与镶块的中心线完全重合。用数控电火花成型机床加工时，可利用机床自动找中心功能准确定位。

6. 电火花成型加工

所选用的电规准和平动量及其转换过程如表2−1所示。

表2−1　电规准转换与平动量分配

序号	脉冲宽度 /μs	脉冲电流 幅值/A	平均加工 电流/A	表面粗糙度 Ra/μm	单边平动量 /mm	端面进给量 /mm	备注
1	350	30	14	10	0	19.90	1. 型腔深度为20 mm，考虑1%损耗，端面总进给量为20.2 mm
2	210	18	8	7	0.1	0.12	
3	130	12	6	5	0.17	0.07	
4	70	9	4	3	0.21	0.05	2. 型腔加工表面粗糙度 Ra 为 0.6 μm
5	20	6	2	2	0.23	0.03	
6	6	3	1.5	1.3	0.245	0.02	3. 用 Z 轴数控电火花成型机床加工
7	2	1	0.5	0.6	0.25	0.01	

归纳总结

一、总结

　　电火花穿孔成型加工是利用电火花放电腐蚀金属的原理，用工具电极对工件进行复制加工的工艺方法，其应用范围可归纳如下。

　　（1）电火花穿孔加工，主要应用于冲模、粉末冶金模、挤压模、型孔零件、小孔、小异形孔、小深孔等；电火花穿孔加工工艺的制定方法；电火花穿孔加工方法；电火花穿孔加工中电规准的选择与转换等。

　　（2）电火花型腔加工，主要应用于型腔模（锻模、压铸模、塑料模、胶木模等）、型腔零件等；电火花型腔加工工艺制定方法；电火花型腔加工方法；电火花型腔加工中电规准的选择与转换等。

二、习题与思考

　　（1）简述电火花穿孔加工的应用范围。
　　（2）叙述电火花穿孔加工的工艺方法。
　　（3）叙述电火花穿孔加工中电规准的选择方法。
　　（4）简述电火花型腔加工的应用范围。
　　（5）叙述电火花型腔加工方法。
　　（6）叙述电火花型腔加工中电规准的选择方法。

拓展提高

一、电火花加工中应注意的一些问题

1. 加工精度问题

　　加工精度主要包括"仿形"精度和尺寸两个方面。所谓"仿形"精度，是指电加工后的型腔与加工前工具电极几何形状的相似程度。

　　影响"仿形"精度的因素如下。
　　（1）使用平动头造成的几何形状失真，如很难加工出清角、尖角变圆等。
　　（2）工具电极损耗及"反粘"现象的影响。
　　（3）电极装夹校正装置的精度和平动头、主轴头的精度及刚性影响。
　　（4）规准选择转换不当，造成电极损耗增大。
　　影响尺寸精度的因素如下。
　　（1）操作者选用的电规准与电极缩小量不匹配，以致加工完成以后使尺寸精度超差。
　　（2）在加工深型腔时，二次放电机会较多，使加工间隙增大，以致侧面不能修光，或者即使能修光，也超出了图纸尺寸。

（3）冲油管的放置和导线的架设存在问题。导线与油管产生阻力，使平动头不能正常进行平面圆周运动。

（4）电极制造误差。

（5）主轴头、平动头、深度测量装置等机械误差。

2. 表面粗糙度问题

电火花加工型腔模，有时型腔表面会出现尺寸到位，但修不光的现象。造成这种现象的原因有以下几个方面。

（1）电极对工作台的垂直度没校正好，使电极的一个侧面成了倒斜度，这样相对应模具侧面的上部分就会修不光。

（2）主轴进给时，出现扭曲现象，影响了模具侧表面的修光。

（3）在加工开始前，平动头没有调到零位，以致到了预定的偏心量时，有一面无法修出。

（4）各挡规准转换过快，或者跳规准进行修整，使端面或侧面留下粗加工的麻点痕迹，无法再修光。

（5）电极或工件没有装夹牢固，在加工过程中出现错位移动，影响模具侧面粗糙度的修整。

（6）平动量调节过大，加工过程出现大量碰撞短路，使主轴不断上、下往返，造成有的面修出，有的面修不出。

3. 影响模具表面质量的"波纹"问题

用平动头修光侧面的型腔，在底部圆弧或斜面处易出现"细丝"及鱼鳞状的凸起，这就是"波纹"。"波纹"问题将严重影响模具加工的表面质量，一般"波纹"产生的原因如下。

（1）电极材料的影响。如在用石墨做电极时，由于石墨材料颗粒粗、组织疏松、强度差，会引起粗加工后电极表面产生严重剥落现象（包括疏松性剥落、压层不均匀性剥落、热疲劳破坏剥落、机械性破坏剥落），因为电火花加工是精确"仿形"加工，故在电火花加工中石墨电极表面剥落现象经过平动修整后会反映到工件上，即产生了"波纹"。

（2）中、粗加工电极损耗大。由于粗加工后电极表面粗糙度值很大，中、精加工时电极损耗较大，故在加工过程中工件上粗加工的表面不平度会反拷到电极上，电极表面产生的高低不平又反映到工件上，最终就产生了所谓的"波纹"。

（3）冲油、排屑的影响。电加工时，若冲油孔开设得不合理，排屑情况不良，则蚀除物会堆积在底部转角处，这样也会助长"波纹"的产生。

（4）电极运动方式的影响。"波纹"的产生并不是平动加工引起的，相反，平动运动能有利于底面"波纹"的消除，但它对不同角度的斜度或曲面"波纹"仅有不同程度的减少，却无法消除。这是因为平动加工时，电极与工件有一个相对错开位置，加工底面错位量大，加工斜面或圆弧错位量小，因而导致两种不同的加工效果。"波纹"的产生既影响了工件表面粗糙度，又降低了加工精度，为此，在实际加工中应尽量设法减小或消除"波纹"。

二、小孔电火花加工

小孔加工也是电火花穿孔成型加工的一种应用。小孔加工的特点如下：

（1）加工面积小，深度大，直径一般为 $\phi 0.05 \sim \phi 2$ mm，深径比达 20 以上。

（2）小孔加工常为盲孔加工，排屑困难。

小孔加工由于工具电极截面积小，容易变形，不易散热，排屑又困难，因此电极损耗大。所以在采用电火花加工小孔时，工具电极应选择刚性好、容易矫直、加工稳定性好和损耗小的材料，如铜钨合金丝、钨丝、钼丝、铜丝等。加工时为了避免电极弯曲变形和振动，还需设置工具电极的导向装置。

为了改善小孔加工时的排屑条件，使加工过程稳定，常采用电磁振动头，使工具电极丝沿轴向振动，或采用超声波振动头，使工具电极端面有轴向高频振动，进行电火花超声波复合加工，可以大大提高生产率。如果所加工的小孔直径较大，允许采用空心电极（如空心不锈钢管或铜管），则可以用较高的压力向管内强迫冲油，加工速度将会显著提高。

任务2.2　数控电火花加工方法

任务描述

本任务主要描述数控电火花成型加工的基本方法，以及利用数控电火花加工方法加工如图 2-6 所示的方形型腔模具零件。

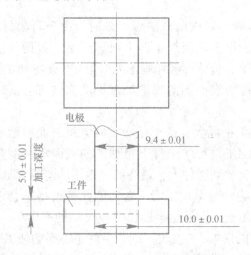

图 2-6　方形型腔模具零件

任务分析

方形型腔模具是典型的模具零件，采用数控电火花加工的方法加工该零件，可以得到精度高、质量稳定的零件，并有很高的生产效率。

知识准备

目前，模具工业的迅速发展，推动了模具制造技术的进步。电火花加工作为模具制造技术的一个重要分支，被赋予越来越高的加工要求。在数控加工技术发展新形势的影响下，促使电火花加工技术朝着更深层次、更高水平的数控化方向快速发展。它在复杂、精密小型腔、窄缝、沟槽、拐角、冒孔、深度切削等加工领域被广泛应用。

一、数控电火花加工过程

数控电火花加工过程主要包括以下几点。

（1）根据加工图样进行工艺分析，确定加工方案、工艺参数和位移数据。

（2）用规定的程序代码和格式编写工件加工程序单；或用自动编程软件进行 CAD/CAM 工作，直接生成工件的加工程序文件。

（3）程序的输入或传输。由手工编写的程序，可以通过数控机床的操作面板输入程序；由自动编程软件生成的程序，通过计算机的串行通信接口直接传输到数控机床的数控单元（MCU）。

二、数控电火花加工的编程要点

数控电火花机床都具有多轴数控系统，可以进行较复杂工件的成型加工，模具企业里数控电火花加工一般是实现成型电极的轴向伺服加工。与普通电火花机床的区别在于数控电火花机床是通过程序来控制整个加工过程的，优越性反映在其自动化、智能化控制可进行高精度加工，配置有电极库，使用时几乎可以实现无人监控加工，丰富的机床功能可适应各类加工等。数控电火花加工的编程方式有手动编程和自动编程。

1）手动编程

手动编程是人工进行具体的指令编制。对操作人员来说必须掌握好手动编程的方法，灵活结合运用自动编程。通过手动编程来编写数控电火花加工的程序，可以实现用户的个性化操作，灵活进行加工，如加工前的定位操作可以通过编制程序来执行完成，加工时可根据具体情况选用合适的加工方法来编制程序。由于手动编程较烦琐，可以将常用的程序编好储存于机床硬盘，在以后的加工中调用程序，稍做修改就可使用。

2）自动编程

自动编程是通过机床的智能编程软件，以人机对话方式确定加工对象和加工条件，自动进行运算并生成指令，只要输入如加工开始位置、加工方向、加工深度、电极缩放量、表面粗糙度要求、平动方式、平动量等条件，系统即可自动生成加工程序。自动编程是按智能化方式设计的，加工前的定位通过机床系统的加工准备模块来完成（如模块里的找中心、找角、感知、移动等功能），加工程序由机床的自动编程软件来编制。使用智能方式能较方便地完成工件的整个加工过程，但智能方式的这些功能是按照固定方式执行动作、固定格式编写程序的，存在一定的局限性，在一些情况下使用不方便，只能使用手工编程。

三、熟悉代码的意义和各代码与其他字符的组合格式是手动编程的基本要求

在数控电火花加工机床中，G代码是常用的准备功能代码，像G代码中的主要指令如定位、插补、平面选择、抬刀方式、工作坐标系指定、坐标命令、赋予坐标值等应熟练掌握，另外还有轴代码、顺序号代码、加工参数代码、机械设备控制代码、辅助功能代码等。这些代码是构成程序的基本元素，应熟练掌握好各代码的意义以及代码与数据的输入形式，对编写程序的速度，编程的灵活运用，程序的准确性、合理性有直接影响。

四、编程前应对整个加工过程的情况进行具体考虑

数控电火花加工的关键在于加工前的编程环节，编制好程序后，机床将完全按照程序执行加工，这就要求编程前应进行详细的工艺方法考虑，保证程序的准确、合理。编程时应考虑定位是否方便，选用的加工方法是否便于操作，是否可以满足加工精度要求，加工中轴的移动有无妨碍，机床行程是否足够，电参数条件与工艺留量是否合理，平动控制是否使用正确，加工过程中加工、退刀、移动的方向和距离的指定是否正确等。编程时加工思路一定要清晰，输入的数值一定要准确才能保证自动加工过程的正确执行。

五、程序的编写格式

数控电火花加工程序是按照一定格式编写的。一般程序分为主程序和子程序，机床按照主程序的指令进行工作，当在主程序中有调用子程序指令时，机床就转到子程序执行指令，遇到子程序中返回主程序的指令时，就返回主程序继续执行指令。机床执行程序的原则是由目前的静止状态按照程序逐步执行，程序中没有指定的条件，则按照当前机床的默认状态执行。编程时先编写主程序，最后编写子程序。编写主程序时先指定加工前的准备状态，如指定工作坐标系、绝对或相对坐标选择、指定工作平面、指定尺寸单位、指定H值、指定设备的控制等，然后进行定位，调用加工子程序，编写加工结束的指定状态，最后在主程序的后面编写子程序，一般把加工条件放在子程序中，这样便于查看和修改，子程序通常包括抬刀方式、加工条件号、加工深度、加工完成后的退刀，这样就完成了常用加工程序的编写。

六、关于平动加工方法的编程

平动加工方法在数控电火花加工中被广泛采用。平动加工有两种运动方式：自由

平动和伺服平动。自由平动是指主轴伺服加工时，另外两轴同时按一定轨迹做扩大运动，一直加工到指定深度。伺服平动是指主轴加工到指定深度后另外两轴按一定的轨迹做扩大运动。编程时可根据加工具体情况选用平动方式。自由平动方式在加工中最常用，采用不同的电规准，把加工深度分为多段，加工中随着电规准的减弱，深度的递加，逐段相应地增大平动量。自由平动加工过程中的相对摇动改善了排屑效果，使加工尺寸更容易控制，获得底面与侧面更均匀的表面粗糙度，提高了加工效率。伺服平动常用在加工型腔侧壁的沟槽、环，也可用在其他两轴平动的场合，如用圆电极在工件上横向加工半边圆时，这时只能采用圆形伺服平动来修正圆形的尺寸。北京阿奇夏米尔 SE 系列电火花机床的平动编写格式为：自由平动是在加工参数条件后指定平动类型（OBT）和平动量（STEP），如 OBT001 STEP0050 为在 XOY 平面用圆形自由平动方式平动 0.05 mm；伺服平动是通过指定相应的 H 值设置平动半径，调用机床储存的相应平动子程序。如 H910 = 0.05，H920 = 0.10；M98 P9210 为在 XOY 平面用圆形伺服平动方式平动 0.05 mm。两种平动方式都包括多种平动类型，应正确选用和指定，尤其应注意与指定的加工平面的关系。

任务实施

采用数控电火花加工方法加工如图 2 - 6 所示的方形型腔模具零件。

加工条件如下：

（1）电极/工件材料：Cu/St(45 钢)。

（2）加工表面粗糙度：$Ra6 \, \mu m$。

（3）电极减寸量（即减小量）：0.3 mm/单侧。

（4）加工深度：(5.0 ± 0.01) mm。

（5）加工位置：工件中心。

加工程序：

```
    H0000 = +00005000;                          /加工深度
    N0000;
    G00G90G54XYZ1.0;
    /加工开始位置,z 轴距工件表面距离为 1.0 mm
    G24;                                        /高速跃动
    G01 C170 LN002 STEP10  Z330-H000 M04;
    /以 C170 条件加工至距离底面 0.33 mm,M04 然后返回加工开始位置
    G01 C140 LN002 STEP134 Z156-H000 M04;
     /以 C140 条件加工至距离底面 0.156 mm
            G01 C220 LN002 STEP196 Z096-H000 M04;
                /以 C220 条件加工至距离底面 0.096 mm
    G01 C210 LN002 STEP224 Z066-H000 M04;
    /以 C210 条件加工至距离底面 0.066 mm
    G01 C320 LN002 STEP256 Z040-H000 M04;
    /以 C320 条件加工至距离底面 0.040 mm
```

```
G01 C300 LN002 STEP280 Z020-H000 M04;
```
　　/以 C300 条件加工至距离底面 0.020 mm M02;　　　　　/加工完

程序分析如下。

（1）本程序为 Sodick A3R 机床的程序，在加工前根据具体的加工要素（如加工工件的材料、电极材料、加工要求达到的表面粗糙度、采用的电极个数等）在该机床的操作说明书上选用合适的加工条件。本加工选用的加工条件如表 2－2 所示。

表 2－2　加工条件表

C 代码	ON	IP	HP	PP	Z 轴进给余量/μm	摇动步距/μm
C170	19	10	11	10	Z330	10
C140	16	05	51	10	Z156	134
C220	13	03	51	10	Z096	196
C210	12	02	51	10	Z066	224
C320	08	02	51	10	Z040	256
C300	05	01	52	10	Z020	280

（2）由表 2－2 所示的加工条件表可以看出：加工中峰值电流（I_P）、脉冲宽度（t_{ON}）逐渐减小，加工深度逐渐加深，摇动的步距逐渐加大。即加工中首先是采用粗加工规准进行加工，然后慢慢采用精加工规准进行精修，最后得到理想的加工效果。

（3）最后采用的加工条件为 C300，摇动量为 280 μm，高度方向上电极距离工件底部的余量为 20 μm。由此分析可知，在该加工条件下机床的单边放电间隙为 20 μm。

归纳总结

一、总结

（1）数控电火花的加工是在数控电火花机床上，根据所加工零件的技术要求，编写程序、输入程序、工件的定位与夹紧、电极的定位与夹紧等，然后启动机床加工工件。

（2）数控电火花加工的编程主要分为手工编程和自动编程两种方法，每种方法有各自的特点。

二、习题与思考

（1）叙述数控电火花加工的过程。

（2）指出在数控电火花加工中，手动编程和自动编程的区别。

（3）简述数控电火花加工的编写格式。

拓展提高

一、数控电火花机床的使用条件

数控电火花机床是精密的加工设备，如果安装、使用环境不好，不仅不能发挥其预定的功能、性能，而且也是发生各种故障的主要原因。正常使用必须满足以下条件，如图2-7所示。

1. 机床位置环境要求

机床的位置应远离振源，避免阳光直接辐射的影响，避免潮湿和气流的影响。如果机床附近有振源，则机床四周应设置防振沟；使用环境应没有粉尘、导电物质飞扬，否则将直接影响机床的加工精度及稳定性，将使电子元件接触不良，发生故障，影响机床的可靠性。

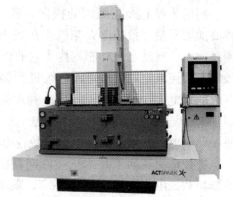

图2-7 典型数控电火花机床

2. 电源要求

安装数控电火花机床时，对电源电压有严格要求。数控电火花机床的电源输入为：交流三相200/220 V、60 Hz，200 V、50 Hz。如果超过这些容许范围运行，可能损害机床，还可能影响加工效率和精度。另外，电源电压波动必须在允许范围内，并且保持相对稳定，否则会影响数控系统的正常工作。

3. 温度条件

一般数控电火花机床安装在专门的电加工车间，要求环境温度变化小，推荐使用空调。数控电火花机床可使用的温度范围是5 ℃~35 ℃，相对湿度小于80%。高精度加工时，应安装在恒温车间内使用。过高的温度和湿度将导致控制系统元件寿命降低，并导致故障增多。

4. 正确操作电火花机床

用户在使用电火花机床时，不允许随意改变控制系统内设定的参数，这些参数的设定直接关系到机床各部件的动态特征。不能随意更换机床附件，盲目更换会造成各项环节参数的不匹配，甚至造成估计不到的事故，用户应严格按照数控电火花机床的说明书进行操作。

二、数控电火花机床的功能

数控电火花机床由控制介质、数控系统、伺服系统、辅助控制系统、辅助控制装置、机床本体等几部分组成。数控电火花机床都有 X、Y、Z 3 个坐标系统，它们属于数控伺服进给系统，除了 3 个直线移动的 X、Y、Z 坐标轴系统以外，还有 3 个转动的坐标轴系统，其中绕 X 轴转动的称 A 轴、绕 Y 轴转动的称 B 轴、绕 Z 轴转动的称 C 轴。

C 轴的运动可以是连续转动，也可以是不连续的分度转动或某一角度的转动。

数控电火花机床与普通电火花机床相比，在加工精度、加工的自动化程度、加工工艺的适应性、多样性方面大为提高，使操作人员大为省力。目前，最先进的数控电火花机床在配有电极库和标准电极夹具的情况下，只要在加工前将电极入刀库，编制好加工程序，整个电火花加工过程便能自动运转，几乎无须人工操作。

利用数控电火花机床的横向、斜向、C 轴分度加工等功能，可以改善加工工艺，提高加工质量。数控电火花机床在找正工具电极与工件的相对位置时非常有用，自动测量找正、自动定位功能发挥了它的自动化性能，不需人工干预，可以提高定位精度、效率。数控电火花机床可以连续进行多工件加工，可以大幅提高加工效率。目前，新开发的有电火花铣削加工技术。利用简单的工具电极，采用多轴联动的加工方法，可以加工出复杂的工件形状，如航空、航天发动机的带冠和扭曲叶片的整体叶轮的加工，只要解决电极补偿的问题，这一数控电火花加工技术将有很广阔的应用前景。

数控电火花加工技术正不断向精密化、自动化、智能化、高效化等方面发展。如今新型数控电火花机床层出不穷，新型的数控电火花机床的数控功能不断得到完善，加工性能不断提高，有力地提高了电火花加工的实际应用水平。

项目三　冲裁模的电火花线切割加工

本项目中图3－1所示的钣金件是典型冲压成型件，该零件材料为08钢，壁厚1.0 mm，采用冲压成型，成型后零件尺寸符合图纸要求，外形平整、无毛刺。其成型模具为冲裁模，模具的主要部件为凸模和凹模，要求线切割加工凸凹模，根据模具特点，制定线切割加工工艺。

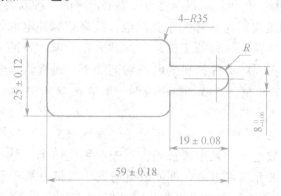

图3－1　冲压成型件

预期目标

（1）理解电火花线切割加工的基本原理、特点及应用。

（2）了解电火花线切割机床的组成及特点。

（3）了解电火花线切割机床的控制原理。

（4）具有正确使用电火花线切割机床的能力。

（5）具有维护和保养快走丝电火花线切割机床的能力。

（6）能根据所给定的钣金件图，制定电火花线切割加工钣金件冲裁凸凹模的工艺。

任务3.1　电火花线切割的使用、维护和保养

任务描述

通过对电火花线切割基础知识的掌握及对设备的观察与练习，学会电火花线切割机床的使用、维护和保养。

任务分析

用于对图 3 - 1 所示钣金件进行加工的冲裁模，其凸凹模加工宜选用电火花线切割加工，加工前要充分熟悉和了解电火花加工机床的组成、特点及使用，同时要学会机床的维护和保养。要掌握电火花线切割机床的操作技能，就必须了解和掌握电火花线切割加工的基本知识、工作原理、特点和分类等，为灵活和熟练应用电火花线切割机床加工零件打下坚实的基础。

知识准备

一、电火花线切割加工原理

电火花线切割加工（Wire Cut Electrical Discharge Machining，WCEDM）是在电火花加工基础上，于 20 世纪 50 年代末最早在苏联发展起来的一种新的工艺形式，是利用移动的细金属导线（铜丝或钼丝）作为工具电极，接高频脉冲电源的负极，对接高频脉冲电源正极的导电或半导电材料的工件进行脉冲火花放电，腐蚀工件表面，使工件材料局部熔化和气化，实现对工件材料的电蚀切割加工。通常认为电极丝与工件之间的放电间隙 $\delta_{电}$ 在 0.01 mm 左右（线切割编程时一般取 $\delta_{电} = 0.01$ mm），若电脉冲的电压高，则放电间隙会稍大一些。

为了电火花加工的顺利进行，必须创造条件保证每来一个电脉冲时在电极丝和工件之间产生的是火花放电而不是电弧放电。首先必须使两个电脉冲之间有足够的间隔时间，使放电间隙中的介质消电离，即使放电通道中的带电粒子复合为中性粒子，恢复本次放电通道处间隙中介质的绝缘强度，以免总在同一处发生放电而导致电弧放电。为了保证火花放电时电极丝温度不致过高而烧断，需要向间隙注入冷却液体，以便冷却电极丝。同时电极丝必须做高速轴向运动，否则电极丝会被局部烧损。高速运动的电极丝，还有利于不断往放电间隙中带入新的工作液，同时也有利于把电蚀产物从间隙中带出去。在电火花线切割加工时，应选择好相应的脉冲参数，并使工件和钼丝之间的放电必须是火花放电，这样才能获得好的表面粗糙度和高的尺寸精度。

根据电极丝的走丝方式及速度大小，分为两大类加工方法和机床：一类是高速走丝（或称快走丝）电火花线切割机（WCEDM-HS），工作时电极丝做高速往复运动，走丝速度达 8 ~ 12 m/s，这是我国生产和使用的主要机种，也是我国独创的电火花线切割加工模式；另一类为低速走丝（或称慢走丝）电火花线切割机（WCEDM-LS），电极丝做低速单向运动，走丝速度为 0.2 m/s 左右。

图 3 - 2 所示为高速走丝电火花线切割机床原理。钼丝 4 作为工具电极进行切割，储丝筒 7 使钼丝做往复移动，脉冲电源 3 供给专用电能。在电极丝和工件之间浇注工作液介质，工作液起到冷却、润滑、清洗和防锈的作用。工作台带着工件 2 在水平面内沿 X、Y 两个坐标方向按预定的控制程序，随加工表面火花间隙状态做伺服进给移动，从而与工具电极的运动合成各种曲线轨迹，切割成型。

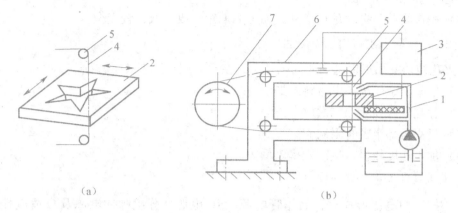

图3-2　电火花线切割原理

1—绝缘底板；2—工件；3—脉冲电源；4—钼丝；5—导向轮；6—支架；7—储丝筒

二、电火花线切割的特点和分类

1. 电火花线切割的优点

（1）加工硬度不受限制。加工过程中，工具与工件的接触，即工具与工件间的间歇性火花放电，发生局部瞬间高温，使材料局部熔化、气化而腐蚀掉。为维持这一工艺过程的持续进行，现代的数控线切割机床，都能使工具、工件加工表面间自动保持一定的放电间隙，约几个微米至几百微米。间隙过大，极间电压不能击穿极间介质，也就不会产生火花放电；过小，造成短路，也不能形成火花放电。所以，在编程时，必须按工艺参数预置自动进给量，以维持恒定大小的间隙，持续地进行加工。由于是非接触式的加工工艺，所以能广泛应用于淬火钢、不锈钢、模具钢、硬质合金钢、磁性钢及石墨电极等高硬度导电材料。

（2）适合复杂型孔和外形的加工。可加工除盲孔以外的直面型孔、窄缝、复杂截面的型柱等。采用四轴联动控制时，还可加工形状扭曲的曲面体、变锥度和球形体、上下面异形体等零件。

（3）数控线切割属中、精加工范畴。由于脉冲电源的脉冲宽度较窄、电流较小，加之移动的长电极丝单位长度的损耗较小，因而对加工精度的影响较小。

（4）工作液介质起冷却、润滑、清洗和防锈作用，不发生分解、氧化、还原等变化。一般采用绝缘性好的液态介质，如煤油、皂化液或去离子水等。

（5）非接触加工工艺，切削力很微小，可以切割极薄的工件和采用切削加工时容易变形的工件。

（6）工具电极为细金属丝，节省了工具准备等生产准备时间，由于钼丝很细（最小可达0.03 mm），切缝很窄，节约了工件材料，材料的利用率很高。

（7）通过调节脉冲参数，可以在一台机床上连续进行粗、半精、精加工。精加工尺寸精度达0.01 mm，表面粗糙度达0.8 μm，精细加工时尺寸精度可达0.002～0.004 mm，表面粗糙度为 0.5~0.2 μm。

（8）操作简单，自动化程度高，加工周期短，成本低，较安全。

2. 电火花线切割加工的局限性

电火花线切割加工也有它的局限性，这主要体现在以下几个方面。

（1）仅限于金属等导电材料的加工。

（2）存在电极损耗和二次放电。

（3）最小角部半径有限制。

（4）加工速度较慢，生产效率较低等。

3. 电火花线切割加工分类

（1）按脉冲电源形式分：晶体管电源、RC 电源、分组脉冲电源及自适应控制电源等。

（2）按加工特点分：大、中、小型以及普通直壁切割型与锥度切割型等。

（3）按工作台形式分：单立柱十字工作台型和双立柱型（俗称龙门型）。

（4）按走丝速度分：高速往复走丝电火花线切割（俗称"快走丝"）、低速单向走丝电火花线切割（俗称"慢走丝"）和立式自旋转电火花线切割机。

三、电火花数控线切割的运动原理

1. 电火花线切割加工的走丝运动

为了避免火花放电总在电极丝的局部位置而被烧断，影响加工质量和生产效率，在加工过程中电极丝则沿轴向做走丝运动。走丝原理如图 3-3 所示。钼丝整齐地缠绕在储丝筒上，并形成一个闭合状态，走丝电机带动储丝筒转动时，通过导丝轮使钼丝做轴线运动。

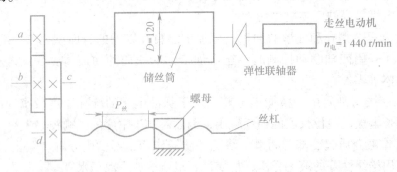

图 3-3　走丝机构原理

2. X、Y 坐标工作台运动

如图 3-4 所示，工件安装在上、下两层的 X、Y 坐标工作台上，分别由步进电动机驱动做数控运动。工件相对于电极丝的运动轨迹，是由线切割编程所决定的。

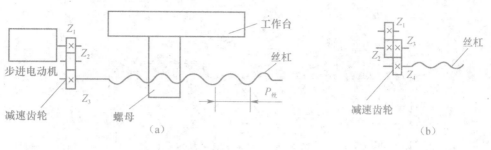

图 3-4　上层工作台的传动示意图

四、线切割加工的应用

电火花线切割加工的应用领域日益扩大，目前已广泛应用于机械（特别是模具制造）、航空、宇航、电子、电器电机、仪器仪表、汽车拖拉机、轻工等行业。其应用主要为以下几个方面。

（1）模具加工，适用于挤压模、粉末冶金模、弯曲模、塑压模等模具，尤其适用于加工各种形状的冲模。调整不同的间隙补偿量，只需一次编程就可以切割凸模、凸模固定板、凹模及卸料板等。同时可加工有锥度的模具。

（2）新产品试制零件中能够直接在坯料上割出所需形状的零件，品种多、数量少的零件，特别难加工的零件，材料试验样件，以及工艺品等。

（3）加工夹具零件、检具零件、卡板电火花成型加工用的电极等。

五、电火花线切割加工设备

1. 电火花线切割设备的结构组成

电火花线切割加工设备主要由机床本体、脉冲电源、工作液循环系统、控制系统和机床附件等几部分组成。图 3-5 和图 3-6 分别为往复式高速走丝和单向低速走丝线切割加工设备组成。由于高速快走丝应用广泛，且为我国自主生产，因此这里主要介绍高速走丝线切割机床。

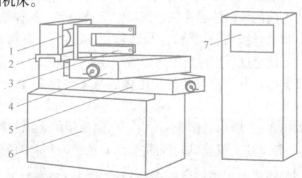

图 3-5　往复高速走丝线切割加工设备组成

1—储丝筒；2—走丝溜板；3—丝架；4—上滑板；5—下滑板；6—床身；7—电源及控制柜

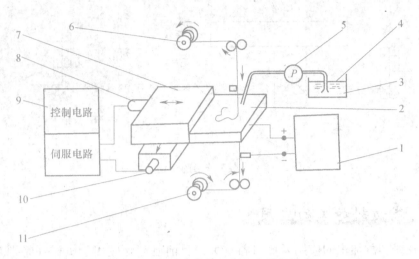

图 3 - 6　低速走丝线切割加工设备组成

1—脉冲电源；2—工件；3—工作液箱；4—去离子水；5—泵；6—新丝放丝卷筒；
7—工作台；8—X 轴电动机；9—数控装置；10—Y 轴电动机；11—废丝卷筒

1）机床本体

机床本体由床身、坐标工作台、锥度切割装置走丝机构、丝架、工作液箱、附件和夹具等几部分组成。

（1）床身。床身大多为铸件，是机床其他部件的支承和固定基础。通常采用箱式结构，有足够的强度和刚度。一般电源和工作液箱都安装在床身内部，这样比较节省空间，但考虑电源的发热和工作液泵的振动，有些机床也将电源和工作液箱移出床身外另行安放。

（2）坐标工作台。坐标工作台与电极丝的相对运动完成了对电火花线切割机床的零件加工。坐标工作台的移动为十字滑板、滚动导轨和丝杆传动副将电动机的旋转运动变为工作台的直线运动。通过两个坐标方向各自的进给移动，可合成获得各种平面图形曲线轨迹。为保证机床精度，对导轨的精度、刚度和耐磨性有较高的要求。为保证工作台的定位精度和灵敏度，传动丝杆和螺母之间必须消除间隙。

（3）走丝机构。走丝机构使电极丝以一定的速度运动并保持一定的张力。在高速走丝机床上，一定长度的电极丝平整地卷绕在储丝筒上，储丝筒通过联轴器与驱动电动机相连，电动机由专门的换向装置控制做正反向交替运转，从而使电极丝往复运动，而能重复使用。电极丝的丝张力与排绕时的拉紧力有关，为提高加工精度，有些机床已采用恒张力装置。走丝速度等于储丝筒周边的线速度，通常为 8 ~ 10 m/s。在运动过程中，电极丝由丝架支撑，并依靠导轮保持电极丝与工作台垂直，或在锥度切割时倾斜一定的几何角度。

低速走丝系统如图 3 - 7 所示。图 3 - 7 中，自未使用的金属丝筒 2（绕有 1 ~ 5 kg 金属丝）、靠废丝卷丝轮 1 使金属丝以较低的速度（通常 0.2 m/s 以下）移动。电极丝一次性使用，用过的电极丝集中到储丝筒上或送到专门的收集器中。在走丝路径中装有一个机械式或电磁式张力机构 4 和 5，可以为电极丝提供一定的张力（2 ~ 25 N）。走丝系统中通常还装有断丝检测微动开关，能够实现断丝时的自动停车并报警。

应使电极丝的跨度尽可能小（按工件厚度调整），因为这样可有效减轻电极丝的振动，通常在工件的上下采用蓝宝石 V 形导向器或圆孔金刚石模块导向器，其附近装有引电部分。工作液一般通过引电区和导向器再进入加工区，可使全部电极丝的通电部分都能冷却。近代的机床上还装有靠高压水射流冲刷引导的自动穿丝机构，能使电极丝经一个导向器穿过工件上的穿丝孔而被传送到另一个导向器，在必要时也能自动切断并再穿丝，为无人连续切割创造了条件。

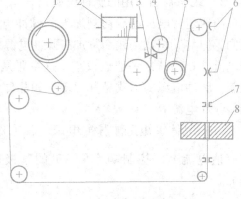

图 3 - 7　低速走丝系统示意图

1—废丝卷丝轮；2—未使用的金属丝筒；3—拉丝模；
4—张力电动机；5—电极丝张力调节轴；
6—退火装置；7—导向器；8—工件

（4）锥度切割装置。大部分线切割机床都具有锥度切割功能，锥度切割在很大程度上拓宽了线切割机床的加工范围，可实现切割有落料角的冲模和某些有锥度（斜度）的内外表面。实现锥度切割的方法有多种，各生产厂家有不同的结构。主要有以下几种。

a. 导轮摆动式丝架。最大切割锥度通常可达 5°以上，此法加工锥度不影响导轮磨损。

b. 导轮偏移式丝架。主要用在高速走丝线切割机床上，此法导轮易磨损，工件上有一定的加工圆角。锥度不宜过大，否则钼丝易拉断。

c. 双坐标联动装置。在电极丝有恒张力控制的高速走丝和低速走丝线切割机床上广泛采用此类装置，它主要依靠上导向器做纵横两轴（称 U、V 轴）驱动，与工作台的 X、Y 轴在一起构成四数控轴同时控制（图 3 - 8）。这种方式自由、灵活，采用功能强大的软件可以实现上下异形截面形状的加工。最大的倾斜角度 θ 一般为 ±5°，有的甚至可达 30°～50°（与工件厚度有关）。

有的机床具有 Z 轴设置功能，并且一般采用圆孔方式的无方向性导向器。这个功能可以实现在锥度加工时，保持导向间距（上、下导向器与电极丝接触点之间的直线距离）一定，导向间距是影响高精度切割的主要因素之一。

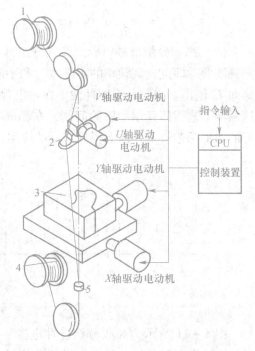

图 3 - 8　低速走丝四轴联动锥度切割装置

1—新丝卷筒；2—上导向器；3—电极丝；
4—废丝卷筒；5—下导向器

2）线切割加工用的脉冲电源

高速走丝电火花线切割加工的脉冲电源，与电火花成型加工所用的电源在原理上相同，但与其相比，线切割加工脉冲电源的脉宽较窄（$2 \sim 60 \mu s$），单个脉冲能量、平均电流（$1 \sim 5 A$）一般也较小，这主要是受加工表面粗糙度和电极丝允许承载电流的限制。脉冲电源的形式品种很多，如晶体管矩形波脉冲电源、高频分组脉冲电源、节能型脉冲电源等。

（1）晶体管矩形波脉冲电源。其工作原理如图 3－9 所示，限流电阻 R_1、R_2 决定峰值电流 $\hat{i}_e$，控制功率管 VT 的基极以形成电压脉宽 t_i、电流脉宽 t_e 和脉冲间隔 t_0。

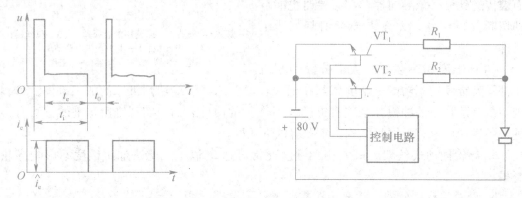

图 3－9　晶体管矩形波脉冲电压、电流波形及其脉冲电源

（2）高频分组脉冲电源。高频分组脉冲波形如图 3－10 所示，它是矩形波派生的一种波形，即把较高频率的小脉宽 t_i 和小脉间 t_0 的矩形波脉冲分组成为大脉宽 T_i 和大脉间 T_0 输出。高频分组脉冲波形在一定程度上能解决提高切割速度和减小表面粗糙度这两项工艺指标互相矛盾的问题，在相同工艺条件下，较之矩形波脉冲电源可获得较好的加工工艺效果，因而得到广泛的应用。

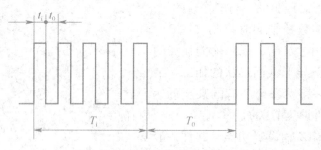

图 3－10　高频分组脉冲电压波形

图 3－11 所示为高频分组脉冲电源的电路原理框图。图中的高频脉冲发生器、分组脉冲发生器和与门电路生成高频分组脉冲波形，然后经脉冲放大和功率输出，把高频分组脉冲能量输送到放电间隙。一般取 $t_0 \geq t_i$，$T_i = (4 \sim 6) t_i$。

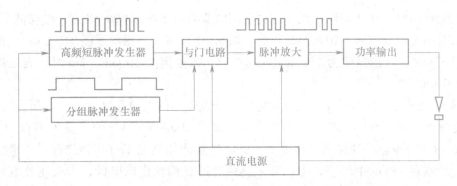

图 3-11　高频分组脉冲电源的电路原理框图

（3）节能型脉冲电源。由苏州三光科技有限公司提出并获得发明专利的节能型脉冲电源，可以有效地提高电能利用率。该电源除用电感元件 L 来代替限流电阻，避免了发热损耗外，还把 L 中剩余的电能反输给电源。图 3-12 所示为这类节能电源的主回路原理及其波形。

在图 3-12（a）中，80~100 V（+）的电压和电流经过大功率开关元件 VT_1（常用 V-MOS 管或 IGBT），由电感元件 L 限制电流的突变，再流过工件和钼丝的放电间隙，最后经大功率开关元件 VT_2 流回电源（−）。由于用电感 L（扼流线圈）代替了限流电阻，当主回路中流过如图 3-12（b）所示的矩形波电压脉宽 t_i 时，其电流波形由零按斜线升至 $\hat{i}_e$ 最大值（峰值）。当 VT_1、VT_2 瞬时关断截止时，电感 L 中电流不能突然截止而继续流动，通过两个二极管反输给电源，逐渐减小为零。把储存在电感 L 中的能量释放出来，进一步节约了能量。

由图 3-12（b）对照电压和电流波形可见，VT_1、VT_2 导通时，电感 L 为正向矩形波；放电间隙中流过的电流由小增大，上升沿为一斜线，因此钼丝的损耗很小。当 VT_1、VT_2 截止时，由于电感是一储能惯性元件，其上的电压由正变为负，流过的电流不能突变为零，而是按原方向流动逐渐减小为零，这一小段"续流"期间，电感把储存的电能经放电间隙和两个二极管返输给电源，电流波形为锯齿形，更加快切割速度，

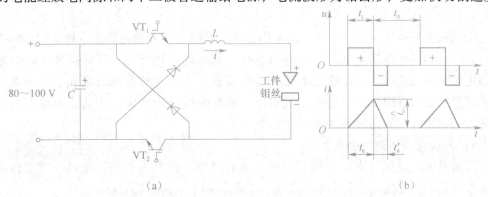

图 3-12　线切割节能型脉冲电源主回路和波形
（a）主回路；（b）电压、电流波形

提高电能利用率，降低钼丝损耗。这类电源的节能效果可达80%以上，控制柜不发热，可少用或不用冷却风扇，钼丝损耗很低，切割20万mm^2，钼丝损耗0.5 μm；当加工电流为5.3 A时，切割速度为130 mm^2/min；当切割速度为50 mm^2/min时，表面粗糙度$Ra \leqslant 2.0 \mu m$。

（4）低速走丝线切割加工的脉冲电源。低速走丝的电源和高速走丝电源有所不同，低速走丝电源需要有较大的峰值电流，一般都在100～500 A，但脉宽t_e极短（0.1～1 μs），否则电极丝将被烧断。这是由于低速走丝线切割加工有其特殊性：一是昂贵的设备，必须有较高的生产率，为此常采用镀锌的黄铜丝作线电极，当火花放电时瞬时高温使低熔点的锌迅速熔化、气化爆炸式地、尽可能多地把工件上熔融的金属液体抛入工作液中；二是丝速较低，电蚀产物的排屑效果不佳。

由此看来，低速走丝的脉冲电源必须能提供窄脉宽、大峰值电流。这类脉冲电源的基本原理是由一频率很高的开关电路来触发，驱动功率级高频 IGBT 组件，使其迅速导通，因结合节能要求，在功放主回路中往往既无限流电阻，又无限流电感（有的利用导线本身很小的潜布电感来适当阻止加工电流过快地增长），瞬时流过很大的峰值电流，达到额定值时，主振级开关电路使功率级迅速截止，然后停歇一段时间待放电间隙消电离恢复绝缘后，再由第二个脉冲触发功率级，如此重复循环。此外，有的脉冲电源还具有防电解功能。主要是为了防止工件接（＋）在水基工作液中的电解（阳极溶解）作用，使得电极丝出、入口处的工件表面发黑，影响表面质量和外观。

3）工作液循环系统

在线切割加工中，工作液对加工工艺指标的影响很大，如对切割速度、表面粗糙度、加工精度等都有影响。低速走丝线切割机床大多采用去离子水作工作液，只有在特殊的精加工时才采用绝缘性能较高的煤油。高速走丝线切割机床使用的工作液是专用乳化液，目前供应的乳化液有 DX－1、DX－2、DX－3 等多种，各有其特点，有的适于快速加工，有的适于大厚度切割，也有的是在原来工作液中添加某些化学成分来提高其切割速度或增加防锈能力等，近年来采用不含油脂的新型乳化液。

工作液循环系统（图3－13）的作用是保证连续、充分地向加工区供给清洁的工作液，及时从加工区排出电蚀产物，并对电极丝和工件进行冷却，以保持脉冲供电过程能稳定而顺利地进行。工作液的循环与过滤装置一般由工作液泵、液箱、过滤器、管道和流量控制阀等组成。对高速走丝机床，通常采用浇注式供液方式，而对低速走丝机床，近年来有些采用浸泡式供液方式。

4）电火花线切割控制系统

控制系统是进行电火花线切割加工的重要环节。控制系统的稳定性、可靠性、控制精度及自动化程度都直接影响到加工工艺指标和工人的劳动强度。

控制系统的主要作用是在电火花线切割加工过程中：按加工要求自动控制电极丝相对工件的运动轨迹；自动控制伺服进给速度，保持恒定的放电间隙，防止开路和短

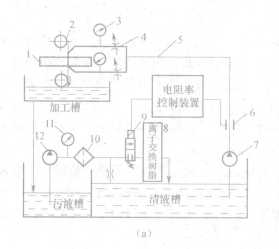

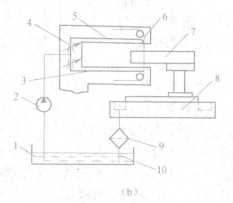

（a）　　　　　　　　　　　　　　　　（b）

图 3－13　工作液循环系统

（a）慢走丝

1—工件；2—电极丝；3，11—压力表；4—节流阀；5—供液管；6—电阻率检测电极；
7，12—工作液泵；8—纯水器；9—电磁阀；10—过滤器

（b）快走丝

1—储液箱；2—工作液泵；3，5—上、下供液管；4—节流阀；6—电极丝；7—工件；
8—工作台；9—滤清器；10—回油管

路，实现对工件的形状和尺寸加工。亦即当控制系统使电极丝相对于工件按一定轨迹运动时，同时还应实现伺服进给速度的自动控制，以维持正常的放电间隙和稳定切割加工。前者轨迹控制靠数控编程和数控系统，后者是根据放电间隙大小与放电状态自动伺服控制的，使进给速度与工件材料的蚀除速度相平衡。

所以，电火花线切割机床控制系统的具体功能包括以下几个。

①轨迹控制。精确控制电极丝相对于工件的运动轨迹，以获得所需的形状和尺寸。

②加工控制。加工控制主要包括对伺服进给速度、电源装置、走丝机构、工作液系统及其他机床操作控制。此外，断电记忆、故障报警、安全控制及自诊断功能也是一个重要的方面。电火花线切割机床的轨迹控制系统曾经历过靠模仿形控制、光电跟踪仿形控制，现在已普遍采用数字程序控制，并已发展到微型计算机直接控制阶段。

数字程序控制（NC 控制）电火花线切割的控制原理，是把图样上工件的形状和尺寸编制成程序指令（3B 指令或 ISO 代码指令），一般通过键盘（或使用穿孔纸带或磁带），输给线切割机床的计算机，计算机根据输入指令进行插补运算，控制执行机构驱动电动机，由驱动电动机带动精密丝杆和坐标工作台，使工件相对于电极丝做轨迹运动。

数字程序控制方式与靠模仿形和光电跟踪仿形控制不同，它无须制作精密的模板或描绘精确的放大图，而是根据图样形状尺寸，经编程后用计算机进行直接控制加工。因此，只要机床的进给精度比较高，就可以加工出高精度的零件，而且生产准备时间短，机床占地面积少。目前高速走丝电火花线切割机床的数控系统大多采用较简单的步进电动机开环系统，而低速走丝线切割机床的数控系统则大多是伺服电动机加码盘

项目三　冲裁模的电火花线切割加工

的半闭环系统或全闭环数控系统。

（1）轨迹控制原理。常见的工程图形都可分解为直线和圆弧或及其组合。用数字控制技术来控制直线和圆弧轨迹的方法，有逐点比较法、数字积分法、矢量判别法和最小偏差法等。每种插补方法各有其特点。高速走丝数控线切割大多采用简单易行的逐点比较法。对于此法的线切割数控系统，X、Y 两个方向不能同时进给，只能按直线的斜度或圆弧的曲率来交替地一步 $1~\mu m$ 地分步"插补"进给。采用逐点比较法时，X 或 Y 每进给一步，每次插补过程都要进行以下 4 个节拍。

第一拍：偏差判别。判别加工坐标点对规定几何轨迹的偏离位置，然后决定拖板的走向（在 X 轴向或 Y 轴向）。一般用 F 代表偏差值，$F=0$，表示加工点恰好在（轨迹）线上。$F>0$，加工点在线的上方或左方。$F<0$，加工点在线的下方或右方，以此来决定第二拍进给的轴向和方向。

第二拍：进给。根据 F 值控制坐标工作台沿 $+X$ 向或 $-X$ 向；或 $+Y$ 向或 $-Y$ 向进给一步，向规定的轨迹靠拢，缩小偏差。

第三拍：偏差计算。按照偏差计算公式，计算和比较进给一步后新的坐标点对规定轨迹的偏差 F 值，作为下一步判别走向的依据。

第四拍：终点判断。根据计数长度判断是否到达程序规定的加工终点。若到达终点，则停止插补和进给，否则再回到第一拍。如此"不厌其烦"不断地重复上述循环过程，就能加工出所要求的轨迹和轮廓形状。

在用单板机、单片机或系统计算机构成的线切割数控系统中，进给的快慢是根据放电间隙的大小，采样后由压 - 频转换变频电路得来的进给脉冲信号，用它向 CPU 申请中断。CPU 每接受一次中断申请，就进行上述 4 个节拍运行一个循环，决定 X 或 Y 方向进给一步，然后通过并行 I/O 接口芯片，驱动步进电动机带动工作台进给 $1~\mu m$。

（2）加工控制功能。线切割加工控制和自动化操作方面的功能很多，并有不断增强的趋势，这对节省准备工作量、提高加工质量很有好处。加工控制功能主要有下列几种。

①进给速度控制。能根据加工间隙的平均电压或放电状态的变化，通过取样、变频电路，不定期地向计算机发出中断申请插补运算，自动调整伺服进给速度，保持某一平均放电间隙，使加工稳定，提高切割速度和加工精度。

②短路回退。经常记忆电极丝经过的路线。发生短路时，减小加工规准并沿原来的轨迹快速后退，消除短路，防止断丝。

③间隙补偿。线切割加工数控系统所控制的是电极丝中心移动的轨迹。因此，加工有配合间隙冲模的凸模时，电极丝中心轨迹应向原图形之外偏移进行"间隙补偿"，以补偿放电间隙和电极丝的半径，加工凹模时，电极丝中心轨迹应向图形之内"间隙补偿"。

④图形的缩放、旋转和平移。利用图形的任意缩放功能可以加工出任意比例的相似图形；利用任意角度的旋转功能可使齿轮、电动机定/转子等类零件的编程大大简化，只要编一个齿形的程序，就可切割出整个齿轮；而平移功能则同样极大地简化了

跳步模具的编程。

⑤适应控制。在工件厚度有变化的场合，能自动改变预置进给速度或电参数（包括加工电流、脉冲宽度、间隔），不用人工调节就能自动进行高效率、高精度的稳定加工。

⑥自动找中心。使孔中的电极丝自动找正后停止在孔中心处。

⑦信息显示可动态显示。程序号、计数长度等轨迹参数，较完善地采用计算机CRT屏幕显示，还可以显示电规准参数和切割轨迹图形以及加工时间、耗电量等。此外，线切割加工控制系统还具有故障安全（断电记忆等）和自诊断等功能。上海大量电子设备有限公司研制生产的线切割机床，采用红外遥控替代加工中的键盘操作，还开发出一种超短行程往复走丝模式的新型走丝和放电加工系统，可切割出无黑白条纹、色泽均匀、接近低速走丝切割表面的工件。

2. 数控线切割机床的分类及主要技术参数

1）分类及型号

目前，数控线切割机床主要按线电极运动的方式分为快走丝线切割机床和慢走丝线切割机床两大类。

快走丝数控线切割机床，一般采用直径为 0.08 ~ 0.2 mm 的钼丝作电极，一般以 8 ~ 12 m/s 的走丝速度做高速往复运动，不断地反复通过加工间隙，直到断丝为止。电极丝的快速移动可将工作液带进狭窄的加工缝隙进行冷却，同时将电蚀产物带出加工间隙，以保持加工间隙的清洁状态。工作液常用去离子水和 5% 左右浓度的乳化液。目前能达到的加工精度为 ±0.01 mm，表面粗糙度 $Ra = 2.5 ~ 0.8$ μm，最大切割速度可达 150 m^2/min 以上。随着大锥度切割技术的逐步完善，变锥度、上下异形的切割加工也取得了很大的进步，大厚度切割技术的突破，横剖面及纵剖面精度有了较大提高，加工厚度可超 1 000 mm，与机床的结构参数有关，能满足一般模具的加工要求。但由于往复走丝线切割机床不能对电极丝实施恒张力控制，故电极丝抖动大，在加工过程中易断丝。由于电极丝是往复使用，所以会造成电极丝损耗，加工精度和表面质量降低。

一般地，慢走丝线切割机床的电极丝以直径为 0.03 ~ 0.35 mm 的铜线作为工具电极，一般以低于 0.2 m/s 的速度做单向运动，在铜线与铜、钢或超硬合金等被加工物材料之间施加 60 ~ 300 V 的脉冲电压，并保持 5 ~ 50 μm 间隙，间隙中充满脱离子水（接近蒸馏水）等绝缘介质，使电极与被加工物之间发生火花放电，并彼此被消耗、腐蚀，在工件表面上电蚀出无数的小坑，通过 NC 控制的监测和管控，伺服机构执行，使这种放电现象均匀一致，从而达到加工物被加工，使之成为合乎要求的尺寸大小及形状精度的产品。目前精度可达 0.001 mm 级，表面质量也接近磨削水平，粗糙度 $Ra <$ 0.32 μm。电极丝放电后不再使用，而且采用无电阻防电解电源，一般均带有自动穿丝和恒张力装置。工作平稳、均匀、抖动小、加工精度高、表面质量好，但不宜加工大厚度工件。由于机床结构精密，技术含量高，机床价格高，因此使用成本也高。

除上述两种机型外，近年来还出现了一些新的走丝系统和走丝方式的机床，主要为"立式自旋转电火花线切割机床"和"中走丝机床"。立式自旋转电火花线切割机床的运动方式比传统两种的电火花线切割加工多了一个电极丝的回转运动；其次，电极丝走丝速度介于高速走丝和低速走丝之间，速度为 1～2 m/s。其走丝系统是由走丝端和放丝端两套结构完全相同的两端作为走丝结构，实现了加工过程中电极丝的恒张力控制并减少换向次数，实现紧密的排丝和可靠、平稳的换向。中走丝机床，则实现了在高速走丝机床上的多次切割加工。其走丝原理是在粗加工时采用 8～12 m/s 高速走丝，精加工时采用 1～3 m/s 低速走丝，这样工作相对平稳、抖动小，并通过多次切割减少材料变形及钼丝损耗带来的误差，使加工质量也相对提高，加工质量可介于高速走丝机床与低速走丝机床之间。

　　相对于慢走丝数控线切割机床，快走丝数控线切割机床的结构简单，价格便宜，生产率高，精度能满足一般模具要求。

　　数控线切割机床的型号是按原机械工业部标准 JB 1838—1976《金属切削机床型号编制方法》编制的。下面以 DK7725 数控线切割机床为例说明其型号含义：

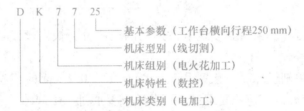

从机床型号即可看出其横向（即短向）行程，但对其最大切割厚度以及是否带有切割锥度的功能，则需要查阅机床说明书等资料。

　　2）主要技术参数

　　线切割机床的主要技术参数包括基本参数、技术参数及精度标准。

　　（1）基本参数主要指线切割机床工作台行程大小及加工范围参数。

　　工作台行程中包括横向行程（mm）、纵向行程（mm）和最大承载重量（kg）等参数，加工件的尺寸中包括最大宽度（mm）、最大长度（mm）和最大切割厚度（mm）等参数。

　　（2）技术参数。线切割机床主要的技术参数如下。

　　a. 最大切割速度：在单位时间内的最大切割面积（mm^2/min）。

　　b. 尺寸精度：指加工后的尺寸精确程度（公差等级 IT 或 mm）。

　　c. 表面粗糙度：指加工件的表面粗糙度值（μm）。

　　d. 走丝速度：指电极丝的运行速度（m/min）。

　　e. 切割锥度：指可加工的最大斜角（°）。

　　（3）精度标准。线切割机床的精度有几何精度、数控精度及工作精度等，具体标准可查阅有关资料。

　　3. DK77 系列快走丝电火花线切割的安装、防护、安全操作及维修和保养

　　1）安装

　　机床吊装时，将强度足够吊装的钢丝绳固定在床身四角的吊装环上，长度和角度

应适当，避免与机床零、部件接触，防止损伤机床外观及精度。整个搬运过程应避免倾斜、冲击。推荐使用叉车来装卸、搬运机床。

机床安装平面布置以操作方便为首要。借助床身下面四件水平调节螺钉将机床工作台面调整至水平，使水平仪在工作台面上纵、横向的读数相差 0.04‰。

操作步骤如下。

（1）将编制好的加工程序输入控制器中。

（2）按"走丝开"按钮，丝筒运转；按"液泵开"按钮，液泵工作；开控制器电源开关；开步进电源开关；开脉冲电源开关。

（3）按下控制器中"进给"键，控制器面板上 XY 轴状态指示灯亮，检查工作台手摇手柄是否吸住，观察刻度盘的刻度值相对"0"位刻线有无松动（若有松动，将相应轴的紧固步进电机的螺钉松开，把步进电动机向丝杆方向靠，使齿轮 5/齿轮 6 或齿轮 7/齿轮 8 间隙减少，以摇动手柄不感到很紧为标准），然后再拧紧紧固螺钉。

（4）调节线架立柱上的工作液开关，使上下水嘴出水大小正常。

（5）按下控制器中"加工""高频"键，调节脉冲电源和控制器工作状态，即可以开始切割加工，因工件厚度、材料不同，正常加工电流稳定在 0.5～2.5 A。

（6）加工结束后，先关脉冲电源、步进电源，后关机床液泵和储丝筒。

2）机床的润滑

机床各运动部位采用人工定期润滑方式进行润滑。上下拖板的丝杆、传动齿轮、轴承、导轨，丝筒的丝杆、传动齿轮、轴承、导轨应每天用油枪进行加油润滑，润滑油型号为 L‐AN46 机械油。加油时要摇动手柄或用手转动储丝筒，使丝杆、导轨全程移动。对导轮、排丝轮轴承进行加油之前，应将导轮、排丝轮用煤油清洗干净后再上油，加油期为每 3 个月一次。

3）机床的维护

（1）整机应经常保持清洁，停机 8 h 以上应揩抹干净并涂油防锈。

（2）线架上的导电块、排丝轮、导轮周围以及储丝筒两端间隙应经常用煤油清洗干净，清洗后的脏油不应流回工作台的回液槽内。

（3）钼丝电极与工件间的绝缘是由工件夹具保证的，应经常将导电块、工件夹具的绝缘物揩抹干净，保证绝缘要求。

（4）导轮、排丝轮及轴承一般使用 6～8 个月后应成套更换。

（5）不定期检查丝筒电机 M 的炭刷、转子，发现炭刷磨损严重或转子污垢，应更换炭刷或清洁转子。

（6）工作液循环系统如有堵塞应及时疏通，特别要防止工作液渗入机床内部造成电气故障。

（7）更换行程限位开关后，需重新调节撞块的撞头，调节原则是：保证 0.5～1 mm 的超行程，超行程过小则动作不够可靠，超行程过大则容易损坏行程开关。

（8）机床应与外界振动源隔离，避免附近有强烈的电磁场，整个工作区保持整洁。

（9）当供电电压超过额定电压 ±10% 时，建议用稳压电源。

4）电火花线切割机床的保养方法

线切割机床维护和保养的目的是为了保持机床能正常可靠地工作，延长其使用寿命。一般的维护和保养的方法如下。

（1）定期润滑。线切割机床上需定期润滑的部位主要有机床导轨、丝杠螺母、传动齿轮、导轮轴承等，一般用油枪注入。轴承和滚珠丝杠如有保护套式的，可以经半年或一年后拆开注油。

（2）定期调整。对于丝杠螺母、导轨及电极丝挡块和进电块等，要根据使用时间、间隙大小或沟槽深浅进行调整。部分线切割机床采用锥形开槽式的调节螺母，则需适当地拧紧一些，凭经验和手感确定间隙，保持转动灵活。滚动导轨的调整方法为松开工作台一边的导轨固定螺钉，拧调节螺钉，看百分表的反应，使其紧靠另一边。挡丝块和进电块如使用了很长时间，摩擦出沟痕，须转动或移动一下，以改变接触位置。

（3）定期更换。线切割机床上的导轮、馈电电刷（有的为进电块）、挡丝块及导轮轴承等均为易损件，磨损后应更换。导轮的装拆技术要求较高，可参考下面介绍进行。电刷更换较易，螺母拧出后，换上同型号的新电刷即可。挡丝块目前常用硬质合金，只需改变位置，避开已磨损的部位即可。

5）快走丝线切割导轮的组装与拆卸

（1）首先将所需组装的导轮、铜套、螺母、内外螺帽放在煤油内清洗，用以去除铜屑、灰尘等杂质。

（2）任取一铜套，水平放在钻床工作台面上。

（3）任取一导轮，垂直放进铜套内。

（4）取另一铜套，套进导轮上方。

（5）把一个轴承平放进铜套。将压棒（一个带内径 5 mm 孔的工具）有孔的一头向下，夹在钻床夹头里，扳动手柄，夹头下降，压棒水平压住轴承，轴承被压进铜套，同时套紧导轮。至此，轴承装好，另一端和单边双轴承的安装重复此过程即可。说明：因压棒 5 mm 孔端水平，下压时正好垂直而又同时压住轴承的内圈和外圈，因此在下压过程中不会对轴承造成影响。

（6）多数导轮有 3 mm、4 mm 或 5 mm 螺纹，拧上螺母。接下来就是顶间隙。

（7）顶间隙是使导轮两边轮面分别与两个铜套接触面的脱离，以避免导轮在高速旋转的过程中与铜套严重摩擦，摩擦会降低导轮和铜套的使用寿命，且轴承旋转阻力增大，各部件磨损较快。故此顶间隙是一道必不可少的重要工序。首先把工具 B 拧进铜套，拧入 2/3 即可，再将带顶针的 A 拧进 B 里，顶针会顶到导轮轴上的中心孔。拧A 到拧不动为止，此时导轮轮面与铜套面出现空隙，至此单边顶间隙完成，另一边重复上述过程即可。顶间隙最佳握法：左手握导轮组件，右手拧工具。左手握组件时应握在（握紧）与工具连接的铜套上，另一端铜套腾空。注意：由于是金属材质，铜套口螺纹较锋利，一定要握紧，不可让其在手中旋转，以免割伤手！

（8）最后加润滑油，上螺帽。润滑油的多少应视在上内螺帽后，油脂从导轮与铜套的间隙里溢出为最佳，这说明轴承内有油脂通过。至此，导轮已组装完毕。

（9）要拆卸导轮，只要将第（6）步骤的螺母拆下，再按第（7）步骤做，直到导轮退出轴承为止。

另外，对于要提高轴承的使用寿命，就是在使用优良的轴承时确保使用优质润滑油脂，并保证铜套和轴承内有足够的数量，当数量不足或油脂较脏时，就要及时添加或更换。

6）电火花线切割加工的防护和安全技术规程

（1）防护。

①有害气体的防护。在电火花加工过程中形成的尘末，主要是被加工的金属，工具电极材料以及煤油或机油燃烧时所分离出烟灰的各种大小形状的颗粒。一小部分尘末同气泡一起飞散在液体表面，而大部分尘末沉淀在油槽底部，故需定期清除。为了排除有害气体，必须设立局部的通风装置。在油槽局部边缘设排气罩是最有效的排气方法。保护表皮免受液体介质影响。

②在用液体介质的油槽内安装加工零件，从机床上卸下加工零件以及清理油槽时，液体介质会接触工人的手部，这样皮肤毛孔易被侵蚀的金属微尘污染，使皮肤的弹性减弱，并出现细微裂纹。为了保护皮肤不形成裂纹，防止金属尘末渗入皮肤毛孔，须用防护油膏涂敷手部，以保护皮肤。

（2）电火花线切割加工的安全技术规程。

作为电火花线切割加工的安全技术规程，可从两个方面考虑：一方面是人身安全；另一方面是设备安全。具体有以下几点。

①操作者必须熟悉线切割机床的操作技术，开机前应按设备润滑要求，对机床有关部位注油润滑（润滑油必须符合机床说明书的要求）。

②操作者必须熟悉线切割加工工艺，恰当地选取加工参数，按规定操作顺序操作，防止造成断丝等故障。

③工作时应穿工作服、袖口扎紧或戴好袖套。女同志应戴工作帽，头发塞入帽内。

④开机后先检查电压、油压和各仪表的指示值是否正常；否则应请电工及时排除故障。

⑤装卸工件必须切断电源。

⑥用手摇柄操作储丝筒后，应及时将摇柄拔出，防止储丝筒转动时将摇柄甩出伤人。装卸电极丝时，注意防止电极丝扎手。换下来的废丝要放在规定的容器内，防止混入电路和走丝系统中，造成电器短路、触电和断丝等事故。注意防止因丝筒惯性造成断丝及传动件碰撞。为此，停机时，要在储丝筒刚换向后再尽快按下"停止"按钮。

⑦正式加工工件之前，应确认工件位置已安装正确，防止碰撞丝架和因超程刮坏丝杆、螺母等传动部件。对于无超程限位的工作台，要防止超程坠落事故。

⑧尽量消除工件的残余应力，防止切割过程中工件爆裂伤人。加工之前应安装好防护罩。

⑨机床附近不得放置易燃、易爆物品，防止因工作液一时供应不足产生的放电火花引起事故。

⑩在检修机床、机床电器、脉冲电源、控制系统时，应注意适当地切断电源，防止触电和损坏电路元件。

（3）常见故障。因线切割机床中有很多器件是高速运转和同运动物体紧密接触的，是有一定寿命的。机床正常运行一段时间后，这些器件的磨损会导致机床出现一些故障，这时就要进行更换。DK77系列快走丝线切割机床易损件清单见表3-1。

表3-1　易损件一览表

序号	名　称	数量	所在部位	磨损、损坏后表现的主要症状	备　注
1	前后导轮	2	上下线臂	粗糙度差，钼丝跳动，效率低	
2	D24导轮轴承	2	上下线臂	粗糙度差，钼丝跳动，效率低	
3	导电块	2	上下线臂	钼丝深陷，易拉断	
4	丝筒电机炭刷	2	电机内	电机不转，划伤换向器	正常检查
5	丝筒联轴器橡皮	1	电动机和丝筒连接处	换向时有异常声音	
6	上下水嘴	2	上下线臂	加工液流向不正确	
7	行程限位开关	3	床身	换向不正常	

常见故障见表3-2。

表3-2　常见故障一览表

故障现象	故障原因	排除方法
储丝筒不换向，导致机器总停	行程开关损坏	换行程开关
储丝筒在换向时常停转	电极线太松 断丝保护电路故障	紧电极丝 换断丝保护继电器
储丝筒不转（按下走丝开关按钮，SB1无反应）	外电源无电压 电阻 R_1 烧断 桥式整流器VC损坏，造成熔丝FU1熔断	检查外电源并排除 更换电阻 R_1 更换整流器VC，熔丝FU1
储丝筒不转（走丝电压有指示且较正常工作时高）	炭刷磨损或转子污垢 电机M电源进线断	更换炭刷、清洁电动机转子 检查进线并排除

续表

故障现象	故障原因	排除方法
工作灯不亮	熔丝 FU2 断	更换熔丝 FU2
工作液泵不转或转速慢	液泵工作接触器 KM3 不吸合 工作液泵电容损坏或容量减少	按下 SB4，KM3 线包二端若有 115 V 电压，则更换 KM3，若无 115 V 电压，检查控制 KM3 线包电路 换同规格电容或并上一只足够耐压的电容
高频电源正常，走丝正常，无高频火花（模拟运行正常切割时不走）	若高频继电器 K1 不工作，则是行程开关 SQ3 常闭触点坏 若高频继电器 K1 能吸合，则是高频继电器触点坏或高频输出线断	换行程开关 SQ3 换高频继电器 K1，检查高频电源输出线，并排除开路故障

项目三 冲裁模的电火花线切割加工

任务实施

现场参观、加工演示、实际操作。

（1）参观电火花线切割加工车间，观察电火花线切割的放电加工，结合理论知识理解电火花加工原理和特点。

（2）对电火花线切割加工机床的结构及分布进行分析讲解，强调电火花加工机床的安全操作规程，演示电火花线切割机床的维护和保养步骤及方法。

（3）演示电火花线切割加工机床的操作步骤。

归纳总结

一、总结

电火花线切割是一种放电腐蚀加工，适合加工导电、硬度高、窄缝等形状复杂的工件，在模具加工中应用广泛，一般作为最终成型加工，有较高的加工精度，可达到 0.02 mm 以下，表面粗糙度也可达到 $Ra3.2$ μm 以下，加工速度不及普通机械加工，但在高硬度、复杂工件加工上有很大优势。

数控电火花线切割机床分为快走丝和慢走丝两种，快走丝应用很广泛，慢走丝机床昂贵，适合高精度和高表面粗糙度加工。线切割机床的操作使用需要进行专业培训，机床的正确使用对机床的使用寿命和工件的成型很关键。同时需要对机床进行周期性维护和保养，同时做好日常保养工作。

二、习题与思考

(1) 电火花线切割的工作原理是什么?

(2) 简述电火花线切割加工的特点、应用及局限性。

(3) 数控电火花线切割机床是如何分类的? 都有哪些主要技术参数?

(4) 数控电火花机床主要由哪几部分组成?

(5) 电火花线切割脉冲电源有哪几种? 试概述其应用情况。

(6) 简述数控电火花机床的维护和保养。

(7) 数控电火花线切割机床都有哪些常见故障? 简述故障原因及排除方法。

拓展提高

一、换向条纹的处理

由电蚀原理决定,放电电离产生高温,工作液内的碳氢化合物被热分解产生大量的炭黑,在电场的作用下,镀覆于阳极。这一现象在线切割中,一部分被丝带出缝隙,少部分镀覆于工件表面,其特点是丝的入口处少,而丝的出口处多。这就是产生犬牙状黑白交错条纹的原因。这种镀层的附着度随工件主体与放电通道间的温差变化,也与极间电场强度有关。就是说,镀覆炭黑的现象是电蚀加工的伴生物,只要有加工就会有条纹。炭黑附着层的厚度通常很薄,因放电凹坑的峰谷间都有,所以擦掉是很困难的,要随着表面的抛光和凹坑的去除才能彻底打磨干净。只要不是伴随着切割面的搓板状,没有形状的凸凹仅仅是炭黑的附着,可不必大感烦恼。因为切割效率、尺寸精度、金属基体的光洁度才是所追求的。为使视觉效果好一些,设法使条纹浅一点,可以从以下几个方面同时着手,即冷却液稍稀些、稍旧一些,加工电压降低一点,变频跟踪更紧一点等。要彻底没有条纹,则要把产生条纹的条件全部铲除,即丝不换向,液内无乳化的碳氢物改用纯水,这样快走丝线切割的主要优越性也就没了。目前去掉换向条纹最有效的办法仍然是多次切割,就算沿轮廓线留 0.01 ~ 0.02 mm 的余量,切割轨迹修正后再切一遍,不留余量沿上次轨迹再重复一遍,这样的重复切割,伴随脉冲加工参数的调整,会把换向的条纹完全去除干净,且把加工精度和光洁度都提高一等。重复切割的最基本条件是机床有足够的重复定位精度和操作的可重复性。另外,改善切缝内不均匀的冷却状态,也可有效减弱和消除换向条纹。具体办法为:增加冷却液的浓度来提高洗涤性;增加脉冲间隔来使液体尽量多地被带入;适当增加脉冲宽度,主要是减少波形的畸变,调整好跟踪等。但最主要的办法是选择好工作液,凡是切割面呈现油性的液体说明表面得到较好的冷却。

二、搓板纹的成因

随着钼丝的一次换向,切割面产生一次凸凹,在切割面上出现有规律的搓板状,通常称为"搓板纹"。如果不仅仅是黑白颜色的换向条纹，产生有凸凹尺寸差异，这是不能允许的。应在以下几处找原因：丝松或丝筒两端丝松紧有明显差异，这造成了运行中的丝大幅抖摆，换向瞬间明显的挠性弯曲，也必然出现超进给和短路停进给；导轮轴承运转不够灵活、不够平稳，造成正反转时阻力不一或是轴向窜动；导电块或一个导轮给丝的阻力太大，造成丝在工作区内正反张力出现严重差异（两工作导轮间称工作区），导轮或是丝架造成的导轮工作位置不正，V形面不对称，两V形延长线的分离或交叉；与走丝换向相关的进给不匀造成的超前或滞后会在斜线和圆弧上形成台阶状，也类似搓板纹。

总之，凡出现搓板纹，一个最主要原因是丝在工作区（两导轮间称工作区）上下走的不是一条道，两条道的差值就造成了搓板凸凹的幅度，机械原因是搓板纹的根本。导轮、轴承、导电块和丝运行轨迹是主要成因。进给不匀造成的超前或滞后当然也是成因之一。

还有一种搓板纹，它的周期规律不是按钼丝换向的，而是以 X、Y 丝杠的周期变化，成因是丝杠推动拖板运动的那个台阶或轴承运转不够稳定产生了端面跳动，或是间隙较大，存有异物出现了端面跳动的那种效果。总之，只要证实是以丝杠的周期性变化的切割缺陷，就应到那里去找一找原因。断定这一成因最好的办法是切45°斜线，其周期和造成缺陷的原因可一目了然。

搓板纹造成光洁度差仅是其一，同时带来效率变低，频繁短路、开路且会断丝，瞬间的超进给会使短路短得很死以至停止加工。

三、线切割花丝的问题

1. 花丝的起因、3 个基本条件和一个诱因

钼丝使用一段时间的切割后，会出现一段一段的黑斑，黑斑通常有几到十几毫米长，黑斑的间隔通常有几到几十厘米。黑斑是因不能有效消电离而造成连续电弧放电，电弧的电阻热析出大量炭结成炭精粒，钼丝自己也被烧伤并炭化。钼丝变细变脆和炭化后就很容易断。黑斑在丝筒上形成一个个黑点，有时还按一定规律排列形成花纹，故称为"花丝"。

"花丝"现象的基本条件为下述 3 种现象之一：工件较厚（放电间隙长）、水的介电系数低（恢复绝缘能力差）、脉冲源带有一个延迟灭弧的直流分量（大于 10 mA）。"花丝"现象的诱因则为放电间隙内带进（或工件内固有）一个影响火花放电的"杂质"。在放电间隙长、蚀除物排出困难、恢复绝缘能力差、火花爆炸无力时，"杂质"很容易产生。

"花丝"与火花放电加工的拉弧烧伤是同一道理，间隙内的拉弧烧伤一旦形成，工件和电极同时会被烧出蚀坑并结成炭精粒，如果炭精粒不清除干净就无法继续加工。细小的炭精粒粘到哪里，哪里就要拉弧烧伤，而且面积越来越大，绝无自行消除的可能性。如果工件和电极发生位移，各自与对面都会导致新的拉弧烧伤，一处变两处。

唯一的办法是人下手清理，而对于线切割就无能为力了。这个拉弧点随丝运动，其间每个脉冲能量都通过这个拉弧点释放，直到这个拉弧点走出工件，绝缘才有可能恢复，才有可能产生新的火花放电。钼丝这个点的烧伤炭化（即黑斑）就形成了。如果间隙内刚才诱发拉弧烧伤的那个点仍顽强存在，极容易与现在接触的钼丝点重复电弧放电，第二个烧伤炭化（即黑斑）点就又形成了。所以那个点与工件出口的距离往往等于两黑斑间的距离。自第一个烧伤炭化以后，丝上留了一个炭化点，工件间隙留了一串炭化点，极细的炭精粒播散到水里随时会进入间隙，它们都成了"花丝"的诱发因素。成了"交叉感染"，到这时，丝、水、工件换了哪个都不管用，以至统统换了都无济于事。一段时间过后，"交叉感染"的那些诱发因素没了，同等条件，甚至还是那块料却又能切了。

因电弧放电、短路、开路和炭精粒生成，脉冲源电流表会大幅摆动。放电火花会相间出现发红、发黄、发白。初形成的黑斑因热烧和炭化而变粗些，从间隙通过并烧蚀几次后又变细。一段时间加热和张力作用当然也使黑斑处变细。变脆是因为烧红又冷却，严重炭化造成的。因"花丝"在丝筒上形成的花斑很容易规律排列，所以很多人试图发现规律，结果与丝筒周长、导轮周长、导电块与谁的距离都不对。如果有规律，就是烧伤发生点到工件出口的距离。

2. "花丝"的解决

"花丝"现象一旦发生，就要从成因的3个要素入手。首先要确认脉冲发生器的质量，只要没有阻止灭弧的直流分量，通常不会导致花丝断丝。其次要注意水，污、稀、有效成分少肯定不行；内含一定量的盐、碱等有碍介电绝缘的成分更不行。再次要注意料，料薄比较好，即便出现拉弧烧伤的诱因，而水的交换快，蚀除物和杂质排除容易，瞬间便"闯"过去了。如果厚了，拉弧烧伤的诱因则很容易产生而极不容易排出。特别是带氧化黑皮、锻轧夹层、原料未经锻造调质就淬了火的，造成"花丝"的概率是很高的。产生"花丝"后的料、丝、水只要保留其一，因为再次产生"花丝"的可能性仍很大。如果无可奈何，只能还切这块料，那就彻底换丝、换水、擦机床；如果料的夹层、淬火已没办法，起码把表层氧化黑皮祛除干净；避开已切过的缝。用大脉间、大脉宽、小电流、高电压开始，待加工稳定且是慢时，可逐渐加大电流，但仍以2.5 A为限。

"花丝"的最初会有一个主要因素，但因"交叉感染"导致改变谁都不管用。急于换一样，试一次，再换一样，再试一次，都不行，这样既浪费了东西，又没解决问题。解决"花丝"的关键是"冷静分析，找准产生第一处黑斑的原因，尽可能好地改变3个基本条件，尽可能好地避开诱因，不怕费事，不贪图快，从头开始"。"花丝"现象很多时候并不是机床原因。确定脉冲源无毛病，间隙跟踪无异常后，应按3个基本条件、一个诱因去找。一味去调床子，无助于问题解决，还会误导用户，失去思路，不知缘由。

四、切割过程中的突然断丝

1. 原因

（1）钼丝直径选择不当。

（2）钼丝未与导电块接触或因导电块磨损造成的接触不良。

（3）钼丝质量差或已氧化，或上丝不当使钼丝产生损伤。

（4）工作液使用不当，如使用普通机床乳化液或乳化液太稀、使用时间长、太脏等。

（5）管道堵塞，工作液流量不足。

（6）电参数选择不当，电流过大。

（7）切割厚件时，间歇过小，工作液不匹配。

（8）脉冲电源削波二极管性能变差，加工中负波较大，钼丝短时间内损耗大。

（9）进给调节不当，忽快忽慢，开路、短路频繁。

（10）储丝筒转速太慢，使钼丝在工作区停留时间过长。

2. 解决方法

（1）按使用说明书的推荐合理选择钼丝直径。

（2）更换或将导电块移一个位置。

（3）更换钼丝，使用上丝轮上丝。

（4）使用线切割专用工作液，按要求调配。

（5）经常清洗管道。

（6）将脉宽挡调小，将间歇挡调大，或减少功率管个数。

（7）选择合适的间歇，使用适合厚件切割的工作液。

（8）更换削波二极管。

（9）提高操作水平，进给调节合适，调节进给电位器，使进给稳定。

（10）合理选择丝速挡。

五、工件接近切割完时的断丝

1. 原因

（1）工件材料变形，夹断钼丝。

（2）工件跌落时，撞断钼丝。

2. 解决方法

（1）选择合适的切割路线、材料及热处理工艺，使变形尽量小。

（2）快割完时，用小磁铁吸住工件或用工具托住工件不致下落。

六、断丝后原地穿丝处理

断丝后步进电动机应仍保持在"吸合"状态。去掉较少一边废丝，把剩余钼丝调整到储丝筒上的适当位置继续使用。因为工件的切缝中充满了乳化液杂质和电蚀物，所以一定要先把工件表面擦干净，并在切缝中先用毛刷滴入煤油，使其润湿切缝，然后再在断点处滴一点润滑油——这一点很重要。选一段比较平直的钼丝，剪成尖头，并用打火机火焰烧烤这段钼丝，使其发硬，用医用镊子捏着钼丝上部，悠着劲在断丝点顺着切缝慢慢地每次 2～3 mm 地往下送，直至穿过工件。如果原来的钼丝实在不能再用，可更换新丝。新丝在断丝点往下穿，要看原丝的损耗程度（注意不能损耗太大），如果损耗较大，切缝也随之变小，新丝则穿不过去，这时可用一小片细砂纸把要穿过工件的那部分丝打磨光滑，再穿就可以了。使用该方法可使机床的使用效率大为提高。

七、工作液的优劣及使用寿命

目前线切割工作液使用的一般都是专用乳化油，线切割专用乳化油实际上是由普通乳化油经改进后的产品，在一般切割要求不高的条件下，它体现出较强的通用性。但随着工件切割厚度的增加、切割锥度的加大、单位面积切割收费的降低、难加工材料（硬质合金、磁钢、紫铜）比例的增多，原来一般的线切割专用乳化油已经不能完全满足切割的要求。因此出现了种类很多的线切割工作液，这些工作液的优劣应该能够识别。下面是一般性能较好的工作液应该具有的几个特征。

（1）加工时在工件的出丝口会有较多的电蚀产物（黑墨状）被电极丝带出，甚至有气泡产生，说明工作液对切缝里的清洗性能良好，冷却均匀、充分。

（2）可以用较大的能量进行稳定的加工。机床正常条件下，一般对于 100 mm 以内的工件，如 60 mm 的工件，平均加工电流可以达到甚至超过 2.5～3 A，在此条件下单位电流的加工效率应该大于 25 mm²／（min·A），即在加工电流为 3 A 时，加工效率应该达到 75～80 mm²/min。并且可以用较小的占空比对较大厚度（200～300 mm）的工件进行稳定切割。

（3）切割工件应容易取下，表面色泽均匀、银白，换向条纹较浅或基本没有。

工作液使用寿命不一定有明确的概念。因为大多数操作人员是采用不断补充水和原液的方法进行加工的，但这种方法会缩短工作液的使用寿命，增加成本。一般一箱工作液（按 40 L 计）的正常使用寿命为 80～10 h。超过这个时间切割效率就可能大幅度下降，即工作液寿命的判据就是加工效率情况，一般将加工效率降低 20% 以上作为是否应更换工作液的依据。性能良好的工作液因为排屑性能良好，切割速度快，自然就比较容易变黑，但变黑的工作液并不一定就到了使用寿命了，因此以工作液的颜色作为使用寿命的判据是不准确的。

八、线切割机床操作的注意事项

1. 操作者必须熟悉机床结构和性能，经培训合格后方可上岗。严禁非线切割人员擅自动用线切割设备。严禁超性能使用线切割设备

2. 操作前的准备和确认工作

①清理干净工作台面和工作箱内的废料、杂质，搞好机床及周围的"5S"工作。

②检查确认工作液是否足够，不足时应及时添加。

③无人加工或精密加工时，应检查确认电极丝余量是否充分、足够，若不足时应更换。

④检查确认废丝桶内废丝量有多少，超过 1/2 时必须及时清理。

⑤检查过滤器入口压力是否正常，压缩空气供给压力是否正常。

⑥检查极间线是否有污损、松脱或断裂，并确认移动工作台时，极间线是否有干涉现象。

⑦检查导电块磨损情况，磨损时应改变导电块位置，有脏污时要清洗干净。

⑧检查滑轮运转是否平稳、电极丝的运转是否平稳，有跳动时应检查调整。

⑨检查电极丝是否垂直，加工前应先校直电极丝的垂直度。

⑩检查下侧导向装置是否松动、上侧导向装置开合是否顺畅到位。

⑪检查喷嘴有无缺损；下喷嘴是否低于工作台面 0.05～0.1 mm。

⑫检查确认相关开关、按键是否灵敏有效。

⑬检查确认机床运作是否正常。

⑭发现机床有异常现象时，必须及时上报，等待处理。

3. 工件装夹的注意事项

（1）工件装夹前必须先清理干净锈渣、杂质。

（2）模板、型板等切割工件的安装表面在装夹前要用油石打磨修整，防止表面凹凸不平，影响装夹精度或与下喷嘴干涉。

（3）工件的装夹方法必须正确，确保工件平直紧固。

（4）严禁使用滑牙螺钉。螺钉锁入深度要在 8 mm 以上，锁紧力要适中，不能过紧或过松。

（5）压块要持平装夹，保证装夹件受力均匀平衡。

（6）装夹过程要小心谨慎，防止工件（板材）失稳掉落。

（7）工件装夹的位置应有利于工件找正，并与机床行程相适应，利于编程切割。

（8）工件（板材）装夹好后，必须再次检查确认与机头、极间线等是否产生干涉现象。

4. 加工时的注意事项

（1）移动工作台或主轴时，要根据与工件的远近距离，正确选定移动速度，严防移动过快时发生碰撞。

（2）编程时要根据实际情况确定正确的加工工艺和加工路线，杜绝因加工位置不足或搭边强度不够而造成的工件报废或提前切断掉落。

（3）线切割前必须确认程序和补偿量是否正确无误。

（4）检查电极丝张力是否足够。在切割锥度时，张力应调小至通常的一半。

（5）检查电极丝的送进速度是否恰当。

（6）根据被加工件的实际情况选择敞开式加工或密着加工，在避免干涉的前提下尽量缩短喷嘴与工件的距离。密着加工时，喷嘴与工件的距离一般取0.05～0.1 mm。

（7）检查喷流选择是否合理，粗加工时用高压喷流，精加工时用低压喷流。

（8）起切时应注意观察判断加工稳定性，发现不良时及时调整。

（9）加工过程中，要经常对切割工况进行检查监督，发现问题立即处理。

（10）加工中机床发生异常短路或异常停机时，必须查出真实原因并做出正确处理后，方可继续加工。

（11）加工中因断线等原因暂停时，经过处理后必须确认没有任何干涉，方可继续加工。

（12）修改加工条件参数必须在机床允许的范围内进行。

（13）加工中严禁触摸电极丝和被切割物，防止触电。

（14）加工时要做好防止加工液溅射出工作箱的工作。

（15）加工中严禁靠扶机床工作箱，以免影响加工精度。

（16）废料或工件切断前，应守候机床观察，切断时立即暂停加工，注意必须先取出废料或工件方可移动工件台。

5. 其他注意事项

（1）机床的开、关机必须按机床相关规定进行，严禁违章操作，防止损坏电器元件和系统文件。

（2）开机后必须执行回机床原点动作（应先剪断电极丝），使机床校正一致。

（3）拆卸工件（板材）时，要注意防止工件（板材）失稳掉落。

（4）加工完毕后要及时清理工件台面和工作箱内的杂物，搞好机床及周围的"5S"工作。

（5）工装夹具和工件（板材）要注意做好防锈工作，并放置在指定位置。

（6）加工完毕后要做好必要的记录工作。

任务3.2　数控电火花线切割的工艺

任务描述

通过对数控电火花线切割的主要工艺指标及影响因素、工艺步骤的学习，制定图3-1所示零件所需模具凸凹模的电火花线切割工艺。

任务分析

制定零件的电火花线切割工艺，首先要了解线切割的工艺指标及其影响因素，需要熟练掌握各因素对工艺指标的影响及其选择与制定的原则，同时要熟悉零件的装夹、对位、穿丝等。

通过对列举的工艺制定题例的练习，达到制定图3-1所示零件所需模具线切割工艺的目的。

知识准备

一、主要工艺指标

1. 表面粗糙度

线切割加工中的工件表面粗糙度通常用轮廓算术平均值偏差 Ra 表示。慢走丝线切割的 Ra 为 $0.3\ \mu m$；快走丝线切割的 Ra 为 $0.8 \sim 2.5\ \mu m$。

2. 切割精度

数控线切割的切割精度主要包括被切割零件的尺寸精度，如加工面的尺寸、轮廓或孔的间距、定位尺寸等，还有其形位公差值的大小。快走丝的切割精度可达 $\pm 0.015\ mm$；慢走丝的线切割精度可达 $\pm 0.001\ mm$ 左右。

3. 切割速度

切割速度是在保证切割质量的前提下，电极丝中心线在单位时间内从工件上切过的面积总和，单位为 mm^2/min。切割速度是反映加工效率的一项重要指标，通常快走丝线切割速度为 $50 \sim 80\ mm^2/min$，慢走丝线切割速度可达 $350\ mm^2/min$。

4. 电极丝损耗量

对快走丝机床，电极丝损耗量用电极丝在切割 $10\ 000\ mm^2$ 面积后电极丝直径的减少量来表示，一般减小量不应大于 $0.01\ mm$。对于慢走丝机床，由于电极丝是一次性的，故电极丝损耗量可忽略不计。

二、工艺指标的主要影响因素

1. 电极丝的影响

1）常用电极丝材料的介绍

电极丝的材料不同，电火花线切割的切割速度也不同。目前比较适合作电极丝的材料有钼钨丝、钨钼丝、黄铜丝、钨丝和铜钨丝等。低速走丝线切割机床一般用黄铜丝作电极丝。电极丝作单向低速运行，用一次就弃掉，因此只需选用强度较低的电极丝，另外在慢走丝机床上也可用各种铁丝、专用合金丝及镀层（如镀锌等）的电极丝。慢走丝电极丝的规格一般为 $\phi 0.10 \sim \phi 0.3\ mm$。在切割细微缝槽或要求圆角较小时会采用钨丝或钼丝，最小直径可为 $\phi 0.03\ mm$。高速走丝机床的电极丝主要有钼丝、钨丝和钨钼丝（W20Mo、W50Mo）。常用钼丝的规格为 $\phi 0.10 \sim \phi 0.18\ mm$，当需要切割较小的圆角或缝槽时也用 $\phi 0.06\ mm$ 的钼丝。由于钨丝耐腐蚀，抗拉强度高，但脆而不耐弯曲，且因价格昂贵，仅在特殊情况下使用。

常用电极丝材料性能及特点见表 3-3。

表3-3　电极丝材料性能及特点

材料	线径/mm	特　　点
纯铜	0.1 ~ 0.25	适合于切割速度要求不高或精加工时用。丝不易卷曲，抗拉强度低，容易断丝
黄铜	0.1 ~ 0.30	适合于高速加工，加工面的蚀屑附着少，表面粗糙度和加工面的平直度也较好
专用黄铜	0.05 ~ 0.35	适合于高速、高精度和理想的表面粗糙度加工以及自动穿丝，但价格高
钼	0.06 ~ 0.25	由于其抗拉强度高，一般用于快走丝，在进行细微、窄缝加工时也可用于慢走丝
钨	0.03 ~ 0.10	由于抗拉强度高，可用于各种窄缝的微细加工，但价格昂贵

2）电极丝直径的影响

电极丝的直径对切割速度有很大的影响。线电极直径越大，允许通过的电流越大，切割速度也就越高，这对于厚工件加工意义特别重大。但电极丝的直径超过一定程度会造成切缝过大，反而又影响了切割速度的提高。若电极丝直径过小，则承受电流小，切缝也窄，不利于排屑和稳定加工，显然不可能获得理想的切割速度。因此，电极丝的直径不宜过大也不宜过小。同时，电极丝直径对切割速度的影响也受脉冲参数等综合因素的制约。图3-14就是高走丝线切割电极丝直径对切割速度影响的一组实验曲线。

加工条件：工件材料 Cr12，HRC > 50°，$H = 40$ mm；极丝材料 Mo，丝速为 11 m/s；工作液为 15% 的 DX-1。

3）走丝速度对工艺指标的影响

对于快走丝线切割机床，高速运动的电极丝能把工作液带入工件的放电间隙中，有利于放电加工稳定进行和排屑。同时在一定的范围内，随着走丝速度（简称丝速）的提高，有利于脉冲结束时放电通道迅速消电离。故在一定加工条件下，随着丝速的增大，加工速度提高。快走丝线切割机床的走丝速度与切割速度关系的实验曲线如图3-15所示。实验证明，当走丝速度由 1.8 m/s 上升到 9 m/s 时，走丝速度对切割速度

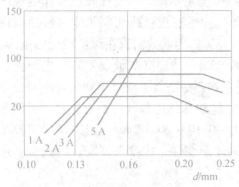

图3-14　电极丝直径对切割速度的影响

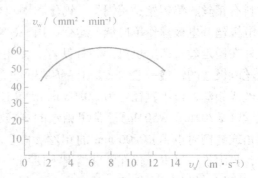

图3-15　快走丝线切割方式丝速对加工速度的影响

的影响非常明显。当继续增大走丝速度时，切割速度开始下降，这是因为丝速再增大，排屑条件虽然仍在改善，蚀除作用基本不变，但是储丝筒一次排丝的运转时间减少，使其正反向换向次数增多，非加工时间增多，从而使加工速度降低。

对应最大加工速度的最佳走丝速度，与工艺条件、加工对象有关，特别是与工件材料的厚度有很大关系。当其他工艺条件相同时，工件材料厚一些，对应于最大加工速度的走丝速度就高些，即图 3 – 15 中的曲线将随工件厚度增加而向右移。

在快走丝机床中，有相当一部分机床的走丝速度可调节，一般线切割机床的走丝速度有 3 m/s、6 m/s、9 m/s、12 m/s，可根据不同的加工工件厚度选用最佳的加工速度，如表 3 – 4 所示，当然也有一些机床只有一种走丝速度，一般为 8 ~ 9 m/s。

表 3 – 4 丝速选择范围表

丝速/(m·s⁻¹)	3	6	9	12
适合加工厚度/mm	适用于上丝或多次切割	<40	<150	>150

对慢走丝线切割机床来说，同样也是走丝速度越快，加工速度越快。因为慢走丝机床的走丝比较平稳均匀，电极丝抖动小，加工出的零件表面粗糙度好、加工精度高。因为电极丝的线速度范围约为每秒零点几毫米到几百毫米。但丝速慢导致放电产物不能及时被带出放电间隙，易造成短路及不稳定放电现象。提高电极丝走丝速度，工作液容易被带入放电间隙，放电产物也容易排出间隙之外，从而改善了间隙状态，进而可提高加工速度。但在一定的工艺条件下，当丝速达到某一值后，加工速度就趋向稳定，如图 3 – 16 所示。

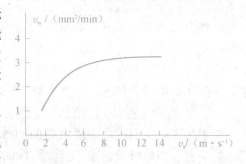

图 3 – 16 慢速走丝方式丝速
对加工速度的影响

慢走丝线切割机床的最佳走丝速度与加工对象、电极丝材料、直径等有关。大多慢走丝机床的操作说明书中都会推荐相应的走丝速度值。

4）线切割产生的黑白条纹

采用往返式高速走丝方式的电火花线切割机床加工工件，所加工的工件表面往往都会出现明显的黑白相间的条纹，如图 3 – 17 所示，条纹的出现与电极丝的运动有关。

5）黑白条纹产生的原因

黑白条纹的出现与电极丝的往复运动有关。电极丝进入处呈黑色，出口处呈白色。这是因为排屑和冷却条件不同造成的。电极丝从上往下运动时，工作液由电极丝从上部带入切缝内，放电产物则由电极丝从下部带出加工区。这时，上部工作液充分，冷却条件好，下部工作液少，冷却条件差，但排屑条件较上部好。工作液在放电区域内受高温影响瞬时放出高压气体，并急速向外扩散，对上部的电蚀产物排出造成困难。

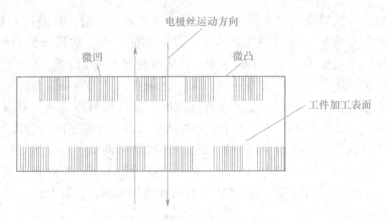

图 3 - 17　线切割加工表面的黑白条纹

这时，放电产生的炭黑等物质凝聚附着在上部加工表面，使之呈现黑色。在下部，排屑条件较好，工作液少，放电产物中炭黑较少，况且放电常常是在气体中发生，因此加工表面呈现白色。同理，当电极丝从下向上移动时，下部呈黑色，而上部呈白色。这样，往返走丝的电火花线切割加工表面，就形成了黑白交错相间的条纹。这也是高速走丝线切割加工的特征之一。

这种黑白相间的条纹，通常都会对加工表面粗糙度值产生一定的影响。根据运丝系统稳定性不同，白色条纹会比黑色条纹凸起几微米至几十微米。因为电极丝进口处工作液充分，放电是在工作液（乳化液）中进行；而在电极丝出口处，液体少，气体多，在低压放电的条件下，气体中放电间隙相对较小。所以，进口处的放电间隙比出口处大，结果使白色条纹比黑色条纹凸出。

由于加工表面两端出现黑白相间的条纹，使工件加工表面两端的表面粗糙度比中部稍差一点。当电极丝较短、储丝筒换向周期较短时，或者切割较厚工件时，尽管加工结果看上去似乎没有条纹，实际上是条纹很密，互相重叠而已。

6）限制黑白条纹的对策

根据黑白条纹产生的原因可知，在电极丝往复移动的情况下，产生黑白条纹是不可避免的。但生产实践表明，黑白条纹的深浅变化异常，有的十分明显，凹凸相差几十微米；有的则是黑白条纹并不明显，凹凸相差也只有几个微米，说明黑白条纹是可以限制的。限制黑白条纹的方法，在生产实践中主要有以下几种。

（1）储丝筒运转平衡。

（2）导向导轮无轴向窜动和径向跳动现象。

（3）采取过跟踪控制，抑制电极丝振动。

（4）采用螺旋式喷嘴，使工作液沿电极丝轴线喷出，且上下均匀。

（5）选用洗涤性强的皂化液作线切割加工工作液。

有人为了消除黑白条纹，在电极丝往返移动过程中，采取电极丝仅在一个方向移动时放电，而在另外两个方向（反方向）移动时不放电。这样做虽可限制黑白条纹的产生，但单方向移动时切割的生产率实在太低，无法在生产实践中推广使用。

目前有的国内厂家如上海大量电子设备有限公司在自己的线切割机上，采用了自己发明的"超短行程往返走丝模式"技术专利，能够实现无条纹切割。其设计思想是，每次走丝换向的实际切割距离很短，大约为丝径的1/4，电极丝上、下运动时形成的凹凸不平将相互叠在一起，黑白条纹将难以看出。如果每次换向期间切割的路径越短，其效果也将越好。可以想象，如果用较小的加工电流去加工厚工件（如厚度大于60 mm甚至100 mm以上），它切割的线速度已经很小，此时采用"超短行程往返切割技术"就没有多大的意义。

"超短行程往返走丝线切割技术"并非采用短钼丝加工。过去采用短钼丝加工也能做到无条纹加工，但长期集中在一小段钼丝上切割会造成明显的丝径损耗和断丝，所以无法推广。

但"超短行程往返走丝模式"较好地解决了以下几个问题。

（1）虽然储丝筒旋转换向频繁，但整个切割过程仍然在满丝筒的全长钼丝上进行，有效地避免了集中放电后的丝径损耗问题。

（2）储丝筒频繁换向需要频繁地切断高频脉冲电源，从而要影响平均切割速度。而且换向越快（如4 s换向一次），平均切割速度越低（通常换向停电2.5 s，实际加工时间仅1.5 s）。"超短行程往返走丝模式"实现了每换向一次仅切断高频电源0.5～1 s，且能保证换向不断丝。这样，超短行程往返走丝模式的实际切割平均速度并无多大影响。

（3）储丝筒的往返运转时间及速度，需用数字式程控器来控制。

电极丝往复运动还会造成斜度。电极丝上、下运动时，电极丝进口处与出口处的切缝宽窄不同，如图3－18所示。宽口是电极丝的入口处，窄口是电极丝的出口处。故当电极丝往复运动时，在同一切割表面中电极丝进口与出口的高低不同。这对加工精度和表面粗糙度是有影响的。图3－19是切缝剖面示意图。由图可知，电极丝的切缝不是直壁缝，而是两端小、中间大的鼓形缝。这也是往复走丝工艺的特性之一。

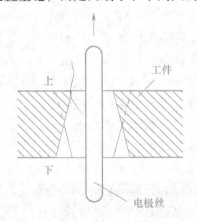

图3－18　电极丝运动引起的斜度

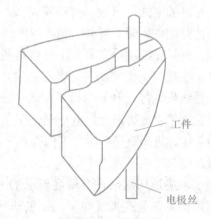

图3－19　切缝剖面示意图

对慢走丝线切割加工，上述不利于加工表面粗糙度的因素可以克服。一般慢速走丝线切割加工无须换向，加之便于维持放电间隙中的工作液和蚀除产物的大致均匀，所以可以避免黑白相间的条纹。同时，由于慢走丝系统电极丝运动速度低、走丝运动稳定，因此不易产生较大的机械振动，从而避免了加工面的波纹。

　　7）电极丝的安装与调整

　　电极丝的安装主要是电极丝的上丝与紧丝，是线切割操作的一个重要环节，其好坏直接影响到线割速度和零件的加工质量。经试验表明，当电极丝张力适中时，切割速度（每分钟切割的面积）最大。在上丝、紧丝的过程中，如果上丝过松，将使电极丝的振动加大，会降低精度，使表面粗糙度变差，且易造成断丝。同时由于电极丝具有延伸性，在切割较厚工件时，由于电极丝的跨距较大，会在加工过程中受放电压力的作用而弯曲变形，如果电极丝切割轨迹落后并偏离工件轮廓，即出现加工滞后现象，从而造成形状与尺寸误差，如切割较厚的工件时会出现弯弓形状，严重时电极丝快速运转容易跳出导轮槽或限位槽，而被卡断或拉断。

　　如果线电极的张紧力大，则可以减少加工区域可能产生振动的幅值，避免短路，不仅可以节省放电的能量损耗，而且有利于切割速度的提高。但如果上丝过紧，电极丝超过弹性变形的限度，由于放电时遭受急热、急冷变换的影响，同时频繁地往复弯曲、摩擦，可能发生疲劳而造成断丝。高速走丝时，上丝过紧断丝往往发生在换向的瞬间，严重时即使空走也会断丝。所以，电极丝张力的大小，对运行时电极丝的振幅和加工稳定性有很大影响，故而在上电极丝时应采取张紧电极丝的措施。如在上丝过程中外加辅助张紧力，通常可逆转电动机，或上丝后再张紧一次。为了不降低电火花线切割的工艺指标，张紧力在电极丝抗拉强度允许范围内应尽可能大一点，张紧力的大小应视电极丝的材料与直径的不同而异，一般高速走丝线切割机床钼丝张力应在 5 ~ 10 N。

　　导轮决定了电极丝运动的位置，如果导轮有径向跳动或轴向窜动，电极丝就会发生振动，振幅决定于导轮跳动或窜动值，从而造成加工精度下降。由于电极丝振动，使电极丝与工件间瞬时短路、开路次数增多，脉冲利用率降低，切缝变宽。对于同样长度的切缝，工件的电蚀层增大，使得切割效率降低。如果上下导轮有一个轮出现径向跳动，当切割的是圆柱体时，则会引起切割出的圆柱体工件的圆柱度偏差；如果上、下导轮都不精确，两导轮的跳动方向又不可能相同，则在工件加工部位各空间位置上的精度均可能降低。当导轮 V 形槽的圆角半径超过电极丝半径时，将不能保持电极丝的精确位置。两导轮轴线虽平行，但 V 形槽不在同一平面内，或者两只导轮的轴线就不平行，导轮的圆角半径会较快地磨损，使电极丝正反向运动时不是靠在同一侧面上，加工表面上产生正反向条纹，进而直接影响加工精度和表面粗糙度。因此，一定要尽可能地提高电极丝的位置精度。

　　为了准确地切割出符合精度要求的工件，电极丝必须垂直于工件的装夹平面或工作台定位面。在具有锥度加工功能的机床上，加工起点的电极丝位置也应该是这种垂直状态。在切割锥度工件之后和进行再次加工之前，应再进行电极丝的垂直度校正。机床运行一定时间后，应更换导轮，或更换导轮轴承。

　　（1）电极丝垂直度校正工具。

a. 校正器。图 3 - 20 所示的校正器，底座用耐磨不变形的大理石或花岗岩制成，其灵敏度高，使用方便直观，是为触点与指示灯构成的光电校正装置，电极丝与触点接触时指示灯亮。

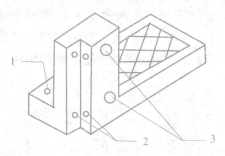

图 3 - 20　垂直度校正器

1—导线；2—触点；3—指示灯

b. 校正杯或校正尺。校正杯是线切割机床生产厂自制的校正工具，如图 3 - 21 所示，其外圆与底平面的垂直度可在精密外圆磨床上磨出。在 100 mm 长度上误差不超过 0.005 mm。校正尺是一种精度很高的角尺，其直角精度在 100 mm 长度上误差不超过 0.01 mm。其多为外购标准件。

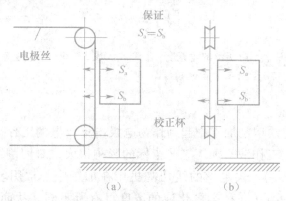

图 3 - 21　校正杯示意图

（a）电极丝径向位置；（b）轴向位置

（2）电极丝垂直度校正方法。在对电极丝垂直度校正之前，应将电极丝张紧，张力应与加工中使用的张力相同。用校正器校正电极丝时，应将电极丝表面处理干净，使其易于导电，否则校正精度将受影响。

垂直度校正方法使用光学校正器时，按使用说明书操作，能精确地检测电极丝垂直度。

用校正尺或校正杯校正时，应将校正工具慢慢移至电极丝，目测 X、Y 方向电极丝与校正工具的上、下间隙是否一致；或者送上小能量脉冲电源，根据上下是否同时放电来观察电极丝的垂直度（图 3 - 22）。若有偏差，可通过调整丝架位置、导轮体位置等来达到调整电极丝垂直度的目的。

若机床带有锥度切割功能丝架时，可调节锥度伺服轴，使电极丝垂直。在锥度切割加工之前，应考虑锥度切割系统的误差，再检测一次电极丝垂直度，以免再次切割时产生累积误差。

垂直度校正的具体方法为：由于导轮一般固定在一个带有偏心的基座上，如图 3 - 23 所示，调整偏心的位置，使基座旋转一个角度，从而调整了电极丝在径向方向的垂直度。电极丝如果轴向垂直度有偏差，可以调整导轮基座的轴向位置，从而达到调整电极丝轴向垂直度的目的。

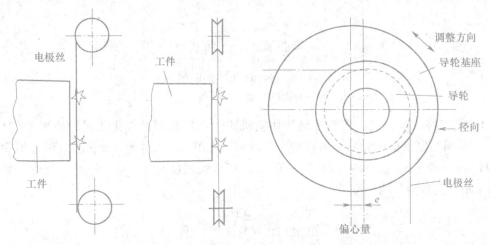

图 3 - 22　电火花法确定电极丝的垂直度　　　　图 3 - 23　导轮基座偏心示意图

2. 工作液的影响

1）工作液的性能

工作液在电火花线切割加工中起到作为电极击穿放电的工作介质、冷却、清洗、防锈等作用。因此，工作液对加工工艺指标的影响很大，对切割速度、表面粗糙度、加工精度也有很大影响。快走丝的线切割机床在加工中，常用乳化液作为工作液，而乳化液也有很多种类，同种类乳化液的浓度可有所不同，从而对切割速度产生不同程度的影响。在慢走丝线切割机床加工中，普遍采用去离子水加导电液作为工作液。

目前供应的乳化液有多种，各有特点。有的适于快加工，有的适于大厚度切割，也有的是在原来工作液中添加某些化学成分来提高其切割速度或增加防锈能力等。无论哪种工作液都应具有下列性能。

（1）较好的冷却性能。为防止电极丝烧断和工件表面局部退火，必须充分冷却，要求工作液具有较好的吸热、传热、散热性能。因为在放电过程中，放电点局部、瞬时温度极高，尤其是大电流加工时表现更加突出。

（2）较好的清洗性能。如果要达到切割时排屑效果好，切割速度高，切割后表面光亮清洁，割缝中没有油污黏糊，则必须工作液的清洗性能好。所谓清洗性能，是指液体有较小的表面张力、对工件有较大的亲和附着力、能渗透进入窄缝中，且有一定去除油污能力的性能。

（3）一定的绝缘性能。火花放电必须在具有一定绝缘性能的液体介质中进行。普通自来水的绝缘性能较差，加上电压后容易产生电解作用而不能产生火花放电。加入矿物油、皂化钾等后制成的乳化液，电阻率大大提高，适合于电火花线切割加工。煤油的绝缘性能较高，同样电压之下较难击穿放电，放电间隙偏小，生产率低，只有在特殊精加工时才采用。工作液的绝缘性能可使击穿后的放电通道压缩，局限在较小的通道半径内火花放电，形成瞬时局部高温熔化、气化金属。放电结束后又迅速恢复放电间隙成为绝缘状态。

（4）环保无公害。工作液应配制方便、使用寿命长、乳化充分，冲制后油水不分离，长时间储存也不应有沉淀或变质现象。在加工中不应产生有害气体，不应对操作人员的皮肤、呼吸道产生刺激等反应，不应锈蚀工件、夹具和机床。

2）工作液的配制和使用方法

（1）乳化液的正确配制。

a. 乳化液的配制方法。按一定比例将水冲入乳化油中，然后搅拌成乳白色，使工作液充分乳化。天冷时可先用少量热水冲入乳化油进行拌匀，再加冷水搅拌。某些工作液要求用蒸馏水配制，则需按生产厂家的说明配制。

b. 工作液的配制比例。根据不同的加工工艺指标，一般在 5% ~ 20% 范围（乳化油 5% ~ 20%，水 80% ~ 95%）。一般均按质量比配制。在称量不方便或要求不太严格时，也可大致按体积比配制。

（2）工作液的使用方法。

a. 当浓度比较大，为 10% ~ 20% 时，适合于加工表面粗糙度和精度要求比较高的工件，加工后的料芯可轻松地从料块中取出，或靠自重落下，加工出的表面洁白均匀。

b. 浓度比较小，为 5% ~ 8% 时，适合用在加工要求切割速度高或大厚度工件，这样加工比较稳定，且不易断丝。

c. 对材料为 Cr12 的工件，工作液用蒸馏水配制，浓度稍小些。这样可减轻工件表面的黑白交叉条纹，使工件表面洁白均匀。

d. 新配制的工作液，当加工电流约为 2 A 时，其切割速度约 40 mm^2/min，使用约 16 h 以后效果最好，继续使用 8 ~ 10 天后就易断丝，须更换新的工作液。加工时供液一定要充分，且使工作液要包住电极丝，这样才能使工作液顺利进入加工区，达到稳定的加工效果。

（3）工作液的种类和配比对工艺指标的影响。工作液对电火花线切割速度的影响比较大。快走丝的线切割机床在加工中常用乳化液作为工作液，而不同种类的乳化液或同种类而浓度不同的乳化液对切割速度都有不同程度的影响，其比较分别如表 3 - 5 和表 3 - 6 所示。在慢走丝线切割机床加工中，普遍采用去离子水加导电液作为工作液，使工作液的电阻率降低，也有利于切割速度的提高。

表 3-5　乳化液浓度与切割速度

乳化液种类	脉宽/μs	间隔/μs	电压/V	电流/A	切割速度/(mm²·min⁻¹)
I	40	100	88	1.7~1.9	37.5
	20	100	86	2.3~2.5	39
II	40	100	87	1.6~1.8	32
	20	100	85	2.3~2.5	36
III	40	100	87	1.6~1.8	49
	20	100	85	2.3~2.5	51

表 3-6　乳化液对切割速度的影响

乳化液种类	脉宽/μs	间隔/μs	电压/V	电流/A	切割速度/(mm²·min⁻¹)
10%	40	100	87	1.6~1.7	41
	20	100	85	2.1~2.3	44
18%	40	100	87	1.6~1.7	36
	20	200	85	2.1~2.3	37.5

在电火花线切割加工中，除乳化液、去离子水外，煤油、蒸馏水、洗涤剂、酒精溶液等也都可以作为线切割的工作液，它们对工艺指标的影响各不相同。在慢速走丝线切割中，早期一般多采用油类工作液。油类工作液的切割速度相差不大，一般为 2~3 mm^2/min，其中以煤油中加 30% 的变压器油为好。水类工作液不及油类工作液能适应高切割速度。

在快走丝线切割中，能使用的工作液比较多，试验结果表明如下。

a. 煤油工作液。煤油介电强度高，间隙消耗放电能量多，分配到两极的能量少；同样电压下放电间隙小，排屑困难，导致切割速度低。但煤油受冷热变化影响小，且润滑性能好，电极丝运动磨损小，因此不易断丝。

b. 水类工作液。如自来水、蒸馏水、去离子水等，水类工作液清洗性能差，对放电产物排除不利，放电间隙状态差，故表面黑脏，加工速度低。同时由于水对放电间隙冷却效果好，能力强，电极丝在冷热变化频繁时，丝易变脆，容易断丝。水类工作液一般很少单独使用，如果在水类工作液中加入少量洗涤剂、皂片等，切割速度就可能成倍增长。这是因为水中加入洗涤剂或皂片后，工作液清洗性能变好，有利于排屑，改善了间隙状态。

c. 乳化型工作液比非乳化型工作液的切割速度高。因为乳化液的介电强度比水高，比煤油低，冷却能力比水弱，比煤油好。清洗性能比水和煤油都好。故切割速度高。

总之，改变工作液的种类或浓度，就会对加工效果发生较大影响。同时，工作液的脏污程度对工艺指标也有较大影响。工作液太脏，会降低加工的工艺指标，纯净的工作液也并非加工效果最好，往往经过一段放电切割加工之后，脏污程度还不大的工作液可得到较好的加工效果。纯净的工作液不易形成放电通道，经过一段放电加工后，工作液中存在一些悬浮的放电产物，这时容易形成放电通道，有较好的加工效果。但工作液太脏时，悬浮的加工屑太多。使间隙消电离变差，且容易发生二次放电，对放电加工不利。这时应及时更换工作液。

（4）工作液的注入方式和方向的影响。工作液的注入方式和注入方向对线切割加工精度有较大影响。工作液的注入方式有浸泡式、喷入式和浸泡喷入复合式。在浸泡式注入方法中，线切割加工区域流动性差，加工不稳定，放电间隙大小不均匀，很难获得理想的加工精度；喷入式注入方式是目前国产快走丝线切割机床应用最广的一种，因为工作液以喷入这种方式强迫注入工作区域，其间隙的工作液流动更快，加工较稳定。但是，由于工作液喷入时难免带进一些空气，故不时发生气体介质放电，其蚀除特性与液体介质放电不同，从而影响了加工精度。浸泡式和喷入式比较，喷入式的优点明显，所以大多数快走丝线切割机床采用这种方式。在精密电火花线切割加工中，慢走丝线切割加工普遍采用浸泡喷入复合式的工作液注入方式，它既体现了喷入式的优点，同时又避免了喷入式带入空气的隐患。

工作液的喷入方向分单向和双向两种。无论采用哪种喷入方向，在电火花线切割加工中，因切缝狭小、放电区域介质液体的介电系数不均匀，所以放电间隙也不均匀，并且导致加工面不平、加工精度不高。

若采用单向喷入工作液，入口部分工作液纯净，出口处工作液杂质较多，这样会造成加工斜度，如图3-24（a）所示；若采用双向喷入工作液，则上下入口较为纯净，中间部位杂质较多，介电系数低，这样造成鼓形切割面，如图3-24（b）所示。工件越厚，这种现象越明显。

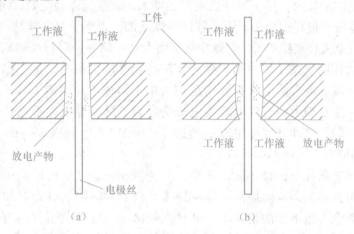

图3-24　工作液喷入方式对线切割加工精度的影响

（a）单向喷入方式；（b）双向喷入方式

3. 电参数的影响

脉冲电源的电参数对材料的电腐蚀过程影响极大，它们会直接影响切割的表面粗糙度、切缝宽度的大小和钼丝的损耗率，进而影响加工的工艺指标。脉冲电源的电参数主要包括波形的频率和宽度、放电的峰值电流、平均加工电流、脉冲电流的上升速度及空载电压等。一般情况下，电火花线切割加工脉冲电源的单个脉冲放电能量的大小，除受工件加工表面粗糙度要求的限制外，还受电极丝允许承载放电电流的限制。欲获得较好的表面粗糙度，每次脉冲放电的能量不能太大。表面粗糙度要求不高时，单个脉冲放电的能量可以取大些，以便得到较高的切割速度。在实际应用中，脉冲宽度为 1~60 μm，而脉冲重复频率为 10~100 kHz，有时也可以高于或低于这个范围。脉冲宽度窄、重复频率高，有利于降低表面粗糙度，提高切割速度。实践证明，在其他工艺条件大体相同的情况下，脉冲电源的波形及参数对工艺效果的影响是相当大的。

目前广泛应用的脉冲电源波形是矩形波，下面以矩形波脉冲电源为例，说明脉冲参数对加工工艺指标的影响。

1）放电峰值电流对工艺指标的影响

经试验表明，放电峰值电流对线切割的表面粗糙度和切割速度都有很大影响。当其他工艺条件不变时，增加放电峰值电流，会使电极丝损耗变大，表面粗糙度变差，但切割速度会提高。因为放电峰值电流大，单个脉冲能量大，所以使电极丝损耗变大，同时放电痕迹大，故切割速度高，表面粗糙度差。而且，这两者均使加工精度稍有降低。因此第一次切割加工及加工较厚工件时取较大的放电峰值电流。放电峰值电流不能无限制增大，当其达到一定临界值后，若再继续增大峰值电流，则加工的稳定性变差，加工速度明显下降，甚至断丝。

2）脉冲宽度对工艺指标的影响

在一定工艺条件下，增大脉冲宽度，线切割加工的速度提高，表面粗糙度变差。这是因为当脉冲宽度增加时，单个脉冲放电能量增大，放电痕迹会变大。同时，随着脉冲宽度的增加，电极丝损耗也变大。因为脉冲宽度增加，正离子对电极丝的轰击加强，结果使得接负极的电极丝损耗变大。当脉冲宽度增大到一临界值后，线切割加工速度将随脉冲宽度的增大而明显减小。因为当脉冲宽度达到一临界值后，加工稳定性变差，从而影响了加工速度。通常，电火花线切割加工用于精加工和中加工时，单个脉冲放电能量应限制在一定范围内。当放电峰值电流选定后，脉冲宽度要根据具体的加工要求来选定，精加工时，脉冲宽度可在20 μs内选择，中加工时，可在 20~60 μs 内选择。

3）脉冲间隔对工艺指标的影响

在一定的工艺条件下，减小脉冲间隔，脉冲频率将提高，所以单位时间内放电次数增多，平均电流增大，从而提高了切割速度。但脉冲间隔的变化对加工表面粗糙度影响不大，在其余参数不变的情况下，脉冲间隔减小，线切割工件的表面粗糙度数值稍有增大。这是因为一般电火花线切割加工用的电极丝直径都在 0.25 mm 以下，放电面积很小，脉冲间隔的减小导致平均加工电流增大，由于面积效应的作用，致使加工表面粗糙度值增大。

脉冲间隔在电火花加工中的主要作用是消电离和恢复液体介质的绝缘。脉冲间隔不能过小，它受间隙绝缘状态恢复速度的限制，如果过小，会影响电蚀产物的排出和火花通道的消电离，导致加工稳定性变差和加工速度降低，甚至断丝。但是，脉冲间隔也不能太大，脉冲间隔过大会使加工速度明显降低，严重时不能连续进给，加工变得不稳定。

一般脉冲间隔在 $15 \sim 240 \ \mu s$ 范围，基本上能适应各种加工条件，可进行稳定加工。选择脉冲间隔和脉冲宽度与工件厚度有很大关系。一般来说工件厚，脉冲间隔也要大，以保持加工的稳定性。同时脉冲间隔的合理选取，也与电参数、走丝速度、电极丝直径等有很大关系。因此，在选取脉冲间隔时必须根据具体情况而定。当走丝速度较快、电极丝直径较大、工件较薄时，因排屑条件好，可以适当缩短脉冲间隔时间。反之，则可适当增大脉冲间隔。

4）开路电压对工艺指标的影响

在一定的工艺条件下，随着开路电压峰值的提高，加工电流增大。切割速度提高，表面更粗糙。因电压高使加工间隙变大，所以加工精度会有所降低。但间隙大则提高了加工稳定性和脉冲利用率，因为间隙大有利于放电产物的排除和消电离。采用乳化液介质和高速走丝方式时，开路电压峰值一般在 $65 \sim 145 \ V$ 的范围。

5）极性的影响

线切割加工因脉宽较窄，所以都用正极性加工，否则切割速度变低且电极丝损耗增大。综上所述，在工艺条件大体相同的情况下，电参数对线切割电火花加工的工艺指标的影响有以下规律：

（1）加工表面粗糙度数值随着加工峰值电流、脉冲宽度的增大及脉冲间隔的减小而增大，不过脉冲间隔对表面粗糙度影响较小。表面粗糙度值随着加工电流峰值、脉冲宽度及开路电压的减小而减小。同时，表面粗糙度的改善，有利于提高加工精度。

（2）切割速度随着加工电流峰值、脉冲宽度和开路电压的增大而提高。实验证明，增大峰值电流对切割速度的影响比用增大脉宽的办法显著。

（3）适当提高脉冲频率，可增加单位时间内的放电次数，从而提高切割速度。但脉冲频率过高，容易产生短路或不正常放电，从而降低切割速度。

（4）切割速度随着加工平均电流的增加而提高。

（5）加工间隙随着开路电压的提高而增大。

（6）在电流峰值一定的情况下，开路电压的增大，有利于提高加工稳定性和脉冲利用率。

实践表明，在加工中改变电参数对工艺指标影响很大，必须根据具体的加工对象和要求，综合考虑各因素及其相互影响关系，选取合适的电参数，既优先满足主要加工要求，又同时注意提高各项加工指标。例如，加工精密小零件时，精度和表面粗糙度是主要指标，加工速度是次要指标，这时选择电参数主要满足尺寸精度高、表面粗糙度好的要求。又如加工中、大型零件时，对尺寸的精度和表面粗糙度要求低一些，故可选较大的加工峰值电流、脉冲宽度，尽量获得较高的加工速度。此外，不管加工对象和要求如何，还需选择适当的脉冲间隔，以保证加工稳定进行，提高脉冲利用率。因此选择电参数值是相当重要的，只要能客观地运用它们的最佳组合，就一定能够获得良好的加工效果。

　　另外，改变脉冲电源的电参数对工艺指标的影响很大，须根据具体的加工对象和要求，全面考虑诸因素及其相互影响关系。选取合适的电参数，既要满足主要加工要求，又得注意提高各项加工指标。例如，加工中、大型模具和零件时，对尺寸精度和表面粗糙度要求低一些，故可选用加工电流峰值大、脉冲宽度宽些的电参数值，尽量获得较高的切割速度。又如，加工精小模具或零件时，选择电参数要满足尺寸精度高、表面粗糙度好的要求，选取较小的加工电流的峰值和较窄的脉冲宽度，这必然带来加工速度的降低。部分快走丝线切割机床及慢走丝线切割机床的生产厂家在操作说明书中给出了较为科学合理的加工参数表。在操作这类机床时，一般只需要按照说明书正确地选用参数表即可。而对绝大部分快走丝机床而言，可以根据操作说明书中的经验值来选取，然后根据电参数对加工工艺指标的影响具体调整。

4. 非电参数的工艺参数的影响

1）进给速度对工艺指标的影响

（1）进给速度对加工速度的影响。在线切割加工时，既有蚀除速度又有进给速度，蚀除速度即工件不断被蚀除的速度；进给速度即为了电火花放电正常进行，电极丝必须向前进给的速度。在正常加工中，蚀除速度大致等于进给速度，从而使放电间隙维持在一个正常的范围内，使线切割加工能连续进行下去。

　　蚀除速度与机器的电参数、非电参数、性能、工件的材料等有关，但一旦对某一工件进行加工时，它就可以看成是一个常量；在国产的快走丝机床中，有很多机床的进给速度需要人工调节，它又是一个随时可变的可调节参数。

　　正常的电火花线切割加工就要保证进给速度与蚀除速度大致相等，使进给均匀平稳。若进给速度太慢（欠跟踪），即电极丝的进给速度明显落后于工件的蚀除速度，则电极丝与工件之间的距离越来越大，造成开路。这样出现工件蚀除过程暂时停顿，整个加工速度自然会大大降低。若进给速度过高（过跟踪），即电极丝的进给速度明显超过蚀除速度，则放电间隙会越来越小，以致产生短路。当出现短路时，电极丝马上会产生短路而快速回退。当回退到一定的距离时，电极丝又以大于蚀除速度的速度向前进给，又开始产生短路、回退。这样频繁的短路现象，一方面造成加工的不稳定，另一方面造成断丝。由此可见，在线切割加工中调节进给速度虽然本身并不具有提高加工速度的能力，但它能保证加工的稳定性。

　　如何调节到最佳进给速度很关键。首先，最佳进给速度约为产生短路电流时速度的80%，这一规律可用于判断进给速度调整是否合适。其次，可通过加工电流表指针的摆动情况来进行判断，正常加工时电流表指针基本不动。若经常向上摆动，则说明是过跟踪，这时应将跟踪调慢；若经常向下摆动，则说明是欠跟踪，这时应将跟踪调快；若指针来回较大幅度摇摆，则说明加工不稳定，这时应判明原因，做好参数调节（如调整脉冲宽度、脉冲间隔、峰值电流、工作液流量等）再加工，否则易断丝。最后，可以通过示波器观察加工中的脉冲波形来判别，如图3-25所示。在正常条件下，应该是加工波最浓密，空载波和短路波基本一致，波形稳定。如出现波形在空载波和短路波之间来回跳动，则说明加工不稳定，这时需要调节常用的电参数和非电参数。

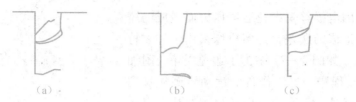

图 3 - 25　采用示波器观察

(a) 稳定切割；(b) 欠跟踪需加快；(c) 过跟踪需减慢

需要指出的是，并不是每台机床都需要在加工中人工调节进给速度。慢走丝机床、部分快走丝机床（如北京阿奇公司生产的）都没有在控制面板中设置这种类型的按钮。

（2）进给速度对工件表面质量的影响。进给速度调节不当，不但会造成频繁的短路、开路，而且还影响加工工件的表面粗糙度，致使出现不稳定条纹，或者出现表面烧蚀现象。分下列几种情况讨论。

a. 进给速度适宜。在这种情况下，能得到表面粗糙度好、精度高的加工效果；这时工件蚀除的线速度与进给速度相匹配，加工表面细而亮，丝纹均匀。

b. 进给速度过高。造成加工不稳定，平均加工速度降低，加工表面发焦，呈褐色，工件的上下端面均有过烧现象。这是因为这时工件蚀除的线速度低于进给速度，会频繁出现短路现象。

c. 进给速度过低。导致加工不能连续进行，加工表面亦发焦，呈淡褐色，工件的上下端面也有过烧现象。这是因为这时工件蚀除的线速度大于进给速度，经常出现开路现象。

d. 进给速度稍低。这时工件蚀除的线速度略高于进给速度，加工表面较粗、较白，两端面有黑白相间的条纹。

2）火花通道压力对工艺指标的影响

在液体介质中进行脉冲放电时，产生的放电压力具有急剧爆发的性质，对放电点附近的液体、气体和蚀除物产生强大的冲击作用，使之向四周喷射，同时伴随发生光、声等效应。这种火花通道的压力对电极丝产生较大的后向推力，使电极丝发生弯曲。图 3 - 26 是放电压力使电极丝弯曲的示意图。因此，实际加工轨迹往往落后于工作台运动轨迹。例如，切割直角轨迹工件时，切割轨迹应在图中 a 点处转弯，但由于电极丝受到放电压力的作用，实际加工轨迹如图 3 - 27 中实线所示。

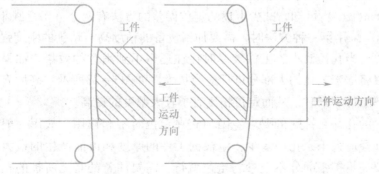

图 3 - 26　放电压力使电极丝弯曲示意图

为了减缓因电极丝受火花通道压力而造成的滞后变形给工件造成的误差，许多机床采用了许多特殊的补偿措施。如图3-27中为了避免塌角，附加了一段 $a-a'$ 段程序。当工作台的运动轨迹从 a 到 a' 再返回到 a 点时，滞后的电极丝也刚好从 b 点运动到了 a 点。

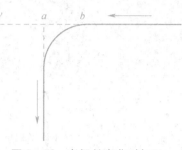

图3-27　电极丝弯曲对加工精度的影响

5. 穿丝孔加工及其影响

1）穿丝孔精度对定位误差的影响

工艺孔（即穿丝孔）在线切割加工工艺中是不可缺少的。它有3个作用：用于加工凹模；减小凸模加工中的变形量和防止因材料变形而发生夹丝现象；保证被加工部分跟其他有关部位的位置精度。对于前两个作用来说，工艺孔的加工要求不需过高，但对于第3个作用来说，就需要考虑其加工精度。显然，如果所加工的工艺孔的精度差，那么工件在加工前的定位也不准，被加工部分的位置精度自然也就不符合要求。在这里，工艺孔的精度是位置精度的基础。通常影响工艺孔精度的主要因素有两个，即圆度和垂直度。如果利用精度较高的镗床、钻床或铣床加工工艺孔，圆度就能基本上得到保证，而垂直度的控制一般是比较困难的。在实际加工中，孔越深，垂直度越不易保证。尤其是在孔径较小、深度较大时，要满足较高垂直度的要求非常困难。因此，在较厚工件上加工工艺孔，其垂直度如何就成为工件加工前定位准确与否的重要因素。下面对工艺孔的垂直度与定位误差之间的关系作一分析。

为了能够看清问题，可以用夸张的方式画一个如图3-28所示的示意图。加工过程中钻头偏离垂直方向的角度为 α，孔径偏移量为 δ，所产生的定位误差为点 O 到 O' 的距离 Δ，则有 $\Delta = h \times \tan(\alpha/2) = \delta/2$。从以上结果可以看到，由于工艺孔的不垂直而造成了 $\delta/2$ 的定位误差。这里忽略了因孔的倾斜而产生的孔径 D 的误差。因为孔的倾斜角 α 一般很小，由此造成的孔径变化微乎其微，可以认为孔径不变。

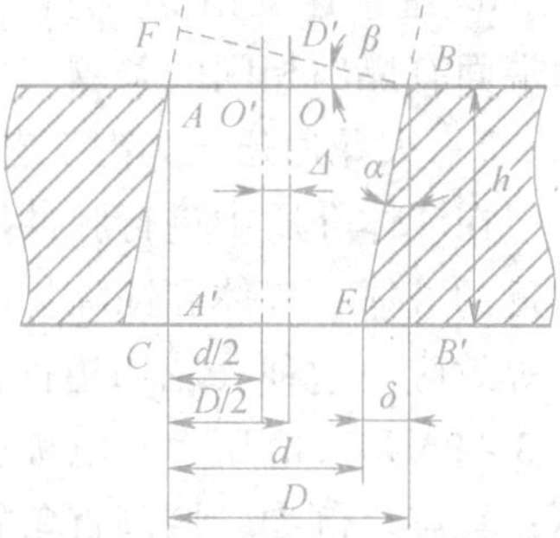

图3-28　工艺孔示意图

2）提高工艺孔定位精度的方法

从 $\Delta = h\tan(\alpha/2)$ 可知，减少上述的定位误差的方法有两个：一是减小倾角 α；另一个是减小 h。采用第一种方法时，需要加工设备的精度高、钻头的刚度强，以及加工效率受影响等，当孔径较小、工件较厚时往往还得不到满意的效果。如果采用第二种方法，则可以将原工艺孔的大部分进行适当扩大。如图3-28所示。高度 h 可以大大减小，尤其是厚工件切割时，从而定位精度有了较大幅度的提高。

对于所扩的孔并无特殊的要求。因为它在定位时不起作用，故用一般设备就可加工。至于其孔径应大于原孔径多少，应根据工件的厚度和可能产生的最大倾斜度来考虑。一般只要满足扩张部分不至参与定位就行。需要注意的是，所扩的孔需要清除干净，否则将在加工中造成短路或加工不稳的现象。所以，加工前一定要仔细进行检查并清除。

当然，线切割加工前的定位准不准还涉及其他一些因素，如设备本身的精度，所采用的测量方法以及因人而异的观察误差等。当工件找平、找正后，也可在本机床上用钼丝将原来不太精确的工艺孔（穿丝孔）切割成稍大的圆孔作定位工艺孔。

3）穿丝孔的加工方法

（1）加工穿丝孔的必要性。很显然，凹模类内腔形工件在切割前必须具有穿丝孔，以保证工件的完整性。凸模类工件可以从外围切入，然而在坯件材料切断时，会在很大程度上破坏材料内部应力的平衡状态，造成材料的变形，影响加工精度，甚至造成严重夹丝、断丝现象，使切割无法进行。因此凸模的切割有时也加工穿丝孔，采用穿丝孔可以使工件坯料保持完整，从而减小变形所造成的误差，如图3－29所示。

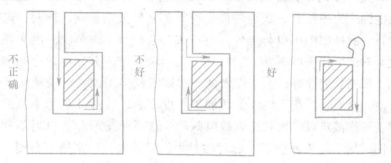

图3－29　有无穿丝孔比较

（2）穿丝孔的位置和直径。在切割凹模类工件时，如果说操作上最方便，则属穿丝孔位于凹形的中心位置了。因为这既能准确定位穿丝孔加工位置，又便于控制坐标轨迹的计算。但是这种方法切割的无用行程较长，因此更适合于小孔型凹形工件的加工。在切割凸形工件或大孔型凹形工件时，为了缩短无用切割行程，穿丝孔加工在起切点附近为好。穿丝孔的位置最好选在已知坐标点或便于运算的坐标点上，以便简化有关轨迹控制的运算。

穿丝孔的直径应适宜，以满足钻孔或镗孔工艺简便为宜，一般选在3~8 mm范围。孔径最好选取整数值或较完整数值，以简化用其作为加工基准的运算。对于对称加工，多次穿丝切割的工件，穿丝孔的位置选择如图3－30所示。

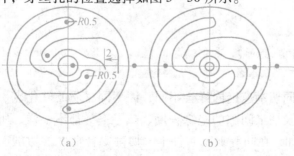

图3－30　多孔穿丝
（a）不正确；（b）正确

（3）穿丝孔的加工。由于许多穿丝孔都要作加工基准，因此，要保证其有较高的位置精度和尺寸精度。这就需要穿丝孔在具有较精密坐标工作台的机床上进行加工。为了保证孔径尺寸的精度，穿丝孔可采用钻镗、钻铰或钻车等较精密的机械加工方法。穿丝孔的位置精度和尺寸精度，一般不低于工件要求的精度。

6. 工件的影响

（1）线切割零件毛坯的加工方法对切割速度会产生影响。平面磨削后的钢质工件，如果未经退磁处理，因剩磁可能在割缝中吸附蚀屑，从而导致无规律的短路现象，会大大降低切割速度；同时经锻造的工件，如果含有电导率低的夹杂物，将会大大降低其切割速度，甚至导致切割困难。

（2）工件的厚度同样会影响线切割的切割速度。工件厚度对工作液进入和流出加工区域以及电蚀产物的排除、通道的消电离等都有较大的影响。同时，电火花通道压力对电极丝抖动的抑制作用也与工件厚度有关。这样，工件厚度对电火花加工稳定性和加工速度必然产生相应的影响。工件薄，工作液易进入并充满放电间隙，对排屑和消电离有利，加工稳定性好；但工件太薄，对固定丝架来说，电极丝从工件两端面到导轮的距离时，金属丝易产生抖动，对加工精度不利，且脉冲利用率低，切割速度下降。工件厚，工作液难以进入和充满放电间隙，这样对排屑和消电离不利，加工稳定性差，并且同时加工的表面积越大，熔蚀量大，耗能大，切割速度会慢，但电极丝不易抖动，因此精度较好。

在一定的工艺条件下，加工速度将随工件厚度的变化而变化，一般都有一个对应最大加工速度的工件厚度。图 3 – 31 所示为慢速走丝时工件厚度对加工速度的影响。图 3 – 32 所示为快速走丝时工件厚度对加工速度的影响。

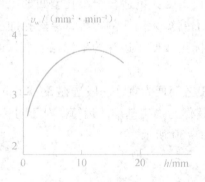

图 3 – 31　慢速走丝时工件厚度
对加工速度的影响

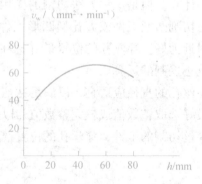

图 3 – 32　快速走丝时工件厚度
对加工速度的影响

（3）材质的不同切割速度同样会不同，因不同材质的气化点、熔点、电蚀物的附着（或排除）程度及加工间隙的绝缘程度、热导率等都不一样，所以对切割速度的影响程度也不同。例如，在同等加工条件下，切割铝合金件的切割速度是切割铜和石墨的 6~7 倍，是切割硬质合金件的 10 倍，而磁钢及锡材件最难切割，其切割速度最低。当采用乳化液加工时，若加工铜、铝、淬火钢，则加工过程稳定，切割速度高；若加工硬质合金，则加工过程也比较稳定，表面粗糙度也好，但切割速度较低；若加工不锈钢、磁钢、未淬火高碳钢，则稳定性较差，切割速度较低，表面质量也不太好。

　　材料不同，加工效果也不同，这是因为工件材料不同，脉冲放电能量在两极上的分配、传导和转换都不同。从热学观点来看，材料的电火花加工性与其熔点、沸点有很大关系。表 3-7 所示为常用工件材料的有关元素或物质的熔点和沸点。由表可知，常用的电极丝材料钼的熔点为 2 625 ℃，沸点为 4 800 ℃，比铁、硅、锰、铬、铜、铝的熔点和沸点都高，而比碳化钨、碳化钛等硬质合金基体材料的熔点和沸点要低。在单个脉冲放电能量相同的情况下，用铜丝加工硬质合金比加工钢产生的放电痕迹小，加工速度低，表面粗糙度好，同时电极丝损耗大，间隙状态恶化时则易引起断丝。

表 3-7　常用工件材料的有关元素或物质的熔点和沸点

	碳（石墨）C	钨 W	碳化钛 TiC	碳化钨 WC	钼 Mo	铬 Cr	钛 Ti	铁 Fe	钴 Co	硅 Si	锰 Mn	铜 Cu	铝 Al
熔点/℃	3 700	3 410	3 150	2 720	2 625	1 890	1 820	1 540	1 495	1 430	1 250	1 083	660
沸点/℃	4 830	5 930	—	6 000	4 800	2 500	3 000	2 740	2 900	2 300	2 130	2 600	2 060

7. 机械传动等的影响

　　数控线切割的切割精度主要受机械传动精度，如导轨、轴承、导轮等的磨损和传动误差的影响，加工过程稳定性对表面粗糙度的影响也很大，为此，要保证储丝筒和导轮的制造和安装精度，控制储丝筒和导轮的轴向及径向跳动。导轮转动要灵活，防止导轮跳动和摆动，这样有利于减少钼丝的振动，加工过程稳定。必要时可适当降低走丝速度，增加正反换向及走丝的平稳性。

　　1）快走丝线切割导轮的组装和拆卸

　　由于导轮的使用状况与磨损对线切割的精度影响很大，因此导轮的组装和拆卸应受到足够重视，其详细介绍见第 77 页。

　　2）导轮和导轮轴承的维护

　　导轮和导轮轴承是线切割机床的关键零件，好的精度，好的表面粗糙度，高的效率都依靠一副平衡、轻盈、精确的导轮。导轮和轴承的维护要从安装开始，要求所用工具及装配环境应是洁净的，不可使轴承工作位置带进污物。杜绝一切过紧的安装，整个过程中是不允许敲砸和大力压配的，这种安装造成的变形会彻底破坏导轮和轴承的原始精度。使用中的导轮要格外注意，当轴承旋转不够灵活或有异物卡阻导轮时，丝会在 V 形槽内干勒，瞬间 V 形槽的形状精度就损失掉了。轴承工作环境不可进污水，含杂质的污水研磨轴承是非常快的。更值得注意的是，轴承和导轮绝不允许流过电流，如果高频电源以此做通道，瞬间的腐蚀都是非常严重的。过脏的水，特别是切铝的脏水要及时更换。运转过几十个小时的机床，一定要擦拭导轮和轴承套的根部，清除充塞的油泥。并滴入少量机油，让丝全速运转几分钟，使滴入的机油携带污物一同甩出，再滴入机油，如此往复几次。装配合理，使用得当，维护有效的一副导轮，通常应能使用 2~3 年，一副轴承也应能使用半年以上。要注意目前从某些市场上购得的轴承质量很是堪忧，内、外环的径向跳动，轴向间隙及珠粒和弹道的耐磨性都不可信，尽管它的包装和标记都无可挑剔，还是慎选慎用为好。

三、电火花线切割工艺制定

电火花线切割工艺一般要经过工艺分析、工艺准备及工艺参数的选择、工件的装夹、编程、加工、检验等几个步骤。其工艺准备和工艺过程可参考图 3-33 所示，由于线切割一般是工件加工的最后一道工序，因此应合理控制线切割加工的各工艺参数和影响因素，以便加工出理想的工件。

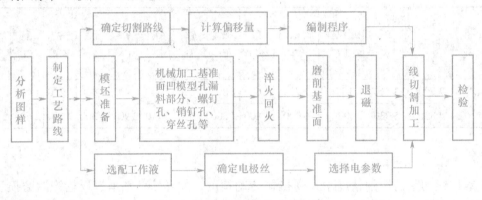

图 3-33　工艺准备和工艺过程

1. 工艺分析

1）对图样进行分析和审核

在采用线切割加工之前要对图样进行分析，首先要分析零件是否适合用电火花线切割加工，其次要分析图样零件的特点，根据特点选择加工方式、电极丝、工作液、工艺参数等。不能或不宜用电火花线切割加工的工件大致有以下几种。

（1）非导电材料。

（2）厚度超过丝架跨度的零件，或虽在丝架范围内，但厚度较大的。受放电加工蚀除条件的制约，厚到一定程度，加工就很不稳定，直至有电流无放电的短路发生。伴随着拉弧烧伤很快会断丝，在很不稳定的加工中，切割面也会形成条条沟槽，表面质量严重破坏。切缝里充塞着极黏稠的蚀除物，甚至是近乎粉状的炭黑及蚀物微粒。大厚度通常是指 200 mm 以上的钢，至于电导率更高，热导率更高或耐高温的其他材料还到不了 200 mm，如紫铜、硬质合金、纯钨、纯钼等，70 mm 厚就已非常困难了。

（3）表面粗糙度和尺寸精度要求很高，切割后无法进行手工研磨的工件。

（4）对于冲裁模类零件，凸凹模一次切割成型，其单边检查小于电极丝直径加放电间隙的工件，或图形内拐角处不允许带有电极丝半径加放电间隙所形成的圆角工件。

（5）加工长度超过 X、Y 轴拖板的有效行程长度，且精度要求较高的工件。

在分析零件加工特点时，则应着重考虑工件厚度、工件材料、尺寸大小、表面粗糙度、尺寸精度和配合间隙等方面。

2）数控线切割加工工艺分析

对于可以数控线切割的工件，主要分析零件的凹角和尖角是否符合线切割加工的工艺条件，零件的加工精度、表面粗糙度是否在线切割加工所能达到的经济精度范围内。

（1）凹角和尖角的尺寸分析。

由于线电极的直径和放电间隙的存在，线切割加工时，在工件的凹角（内拐角）处永远也不能加工成尖角，而只能加工成圆角，线电极的半径和放电间隙越大，该拐角处的圆弧误差也越大，由于直径和放电间隙的影响，加工凸模类零件时，线电极中心轨迹应放大 L 距离；加工凹模类零件时，线电极中心轨迹应缩小一个 L 距离，L 距离为线电极中心轨迹距切割面的距离。

（2）合理确定过渡圆半径。

线切割加工中的线线、线圆、圆圆相交处，特别是小角度的拐角上都应加过渡圆，过渡圆的大小可根据工件形状及有关技术条件考虑，随着工件的增厚，过渡圆亦可相应增大一些，一般可在 $0.2 \sim 0.5$ mm 范围选用，为了得到良好的凸、凹模配合间隙，一般在图形拐角处也要加一个过渡圆，因为电极丝加工轨迹会在拐角处自然加工出半径为 1 的过渡圆。

此外，还要分析零件图上的加工精度是否在数控线切割加工精度所能达到的范围内，根据加工精度的要求来合理确定线切割加工的有关工艺参数。

2. 工艺准备及工艺参数的选择

工艺准备主要包括工件准备、线电极准备、工作液选配，而工艺参数的选择则主要为电参数的选择和非电参数的选择。

1）工件准备

（1）工件的材料与毛坯。

数控线切割加工的模具零件一般用锻造的方法制作毛坯，因此工件表面常会有氧化皮或锈斑，有些工件还有含有电导率低的夹杂物。这些对线切割都很不利，要进行去除表面氧化皮和锈斑的处理，同时正确进行模具毛坯锻造及热处理工艺，避免含有电导率低的夹杂物，对于锻打后的材料，在锻打方向与其垂直方向会有不同的残余应力，淬火后也会出现残余应力。加工过程中残余应力的释放会使工件变形，从而影响加工精度，淬火不当的工件还会在加工过程中出现裂纹。因此，工件需经两次以上回火或高温回火。

其线切割加工常在淬火与回火后进行。由于受材料淬透性的影响，当大面积去除金属和切断加工时，会使材料内部残余应力的相对平衡状态遭到破坏而产生变形，影响加工精度，甚至在切割过程中造成材料突然开裂。为减少这种影响，除正确进行模具毛坯锻造及热处理工艺外，在设计时还应选用锻造性能好、淬透性好、热处理变形小的合金工具钢（如 Cr12、Cr12MoV、CrWMn）作模具材料。此外，加工前还要进行消磁处理。

（2）模具线切割前加工工序。

冲裁模的凸模或凹模在线切割加工之前的全部加工工序一般如下。

凹模的准备工序。

a. 下料：用锯床切出所需棒料。

b. 锻造：改善内部组织，锻造成型。

c. 退火：消除锻造内应力，改善加工性能。

d. 刨（铣）六面体：厚度留磨削余量约 0.5 mm。

e. 磨基准：磨出上下平面及相邻两侧面。

f. 划线：划出刃口轮廓线及孔（螺孔、销孔、穿丝孔等）的位置。

g. 加工型孔部分：当凹模较大时，为减少线切割加工量，需将型孔漏料部分铣（车）出，只切削刃口高度；对淬透性差的材料，可将型孔的部分材料去除，留约 4 mm 切割余量。

h. 孔加工：加工螺孔、销孔、穿丝孔等。

i. 淬火：满足设计要求。

j. 磨：磨削上下平面及相邻两侧面。

k. 退磁处理。

凸模的准备工序。

凸模的准备工序，可根据凸模的结构特点，参照凹模的准备工序，去掉其中不需要的工序即可。但应注意这样几点：为便于加工装夹，一般都将毛坯锻造成平行六面体。对尺寸、形状相同，断面尺寸较小的凸模，可将几个凸模制成一个毛坯；凸模的切割轮廓线与毛坯侧面之间应留足够的切割余量（一般不小于5 mm），毛坯上还要留出装夹部位；有时为防止切割时模坯产生变形，应在模坯上加工出穿丝孔，切割时从穿丝孔开始。

（3）工件加工基准的选择。

工件加工基准应尽量与图样的设计基准一致。为了便于线切割加工，根据工件外形和加工要求，应准备相应的校正和加工基准。工件加工基准常见的有以下两种形式。

a. 以外形为校正和加工基准。外形是矩形的工件，一般需要有两个相互垂直的基准面并垂直于工件的上、下平面，如图3-34所示。

b. 以外形和内孔分别作为校正基准和加工基准。如图3-35所示，工件无论是矩形、圆形还是其他异形，都应准备一个与其上、下平面保持垂直的校正基准，此时其中一个内孔可作为加工基准。在大多数情况下，外形基面在线切割加工前的机械加工中就已准备好。工件淬硬后，若基面变形很小，稍加打光便可用线切割加工；若变形较大，则应当重新修磨基面。

（4）穿丝孔的确定。

a. 切割凸模类零件，为避免将坯件外形切断引起变形，常在坯件内部接近外形附近预制穿丝孔。

图 3-34　外形校正

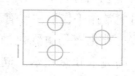

图 3-35　外形和内孔分别校正

b. 切割凹模、孔类零件，可将穿丝孔位置选在待切割型腔（孔）内部。当穿丝孔位置选在待切割型腔（孔）的边角处时，切割过程中无用的轨迹最短；而穿丝孔位置选在已知坐标尺寸的交点处则有利于尺寸推算。切割孔类零件时，将穿丝孔位置选在型孔中心可使编程操作容易。因此，要根据具体情况来选择穿丝孔的位置。

c. 穿丝孔大小要适宜。如果穿丝孔孔径太小，不但钻孔难度增加，而且也不便于穿丝。相反，若穿丝孔孔径太大，则会增加钳工工艺的难度。穿丝孔常用直径一般为 $\phi 3 \sim 10$ mm。如果预制孔可用车削等方法加工，则穿丝孔孔径也可大些。

2）线电极准备

（1）线电极材料的选择。

所选择的电极丝应具有良好的导电性和抗电蚀性，抗拉强度高，材质均匀。电极丝材料的选择可根据前面对电极丝的介绍来定。

（2）线电极直径的选择。

电极直径 d 应根据工件加工的切缝宽窄、工件厚度及拐角尺寸大小等来选择。同时考虑电极丝直径对线切割工艺指标的具体影响来分析选择。一般有这样的规律：若加工带尖角、窄缝的小型模具，宜选用较细的电极丝；若加工大厚度工件或进行大电流切割，则应选较粗的电极丝。由图 3-36 可知，线电极直径 d 与拐角半径 R 的关系为 $d < 2(R-\delta)$。

因此，在拐角要求小的微细线切割加工中，需要选用线径细的电极，如果线径太细，加工工件的厚度将受到限制。表 3-8 列出线径与拐角极限和工件厚度的关系。

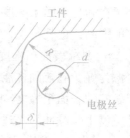

图 3-36　电极丝直径与拐角的关系

表 3-8　线径与拐角极限和工件厚度的关系　　　　　　　　　　　　mm

线电极直径 d	拐角极限 R_{min}	切割工件厚度
钨 0.05	0.04 ~ 0.07	0 ~ 0.10
钨 0.07	0.05 ~ 0.10	0 ~ 0.20
钨 0.10	0.07 ~ 0.12	0 ~ 0.30
黄铜 0.15	0.10 ~ 0.16	0 ~ 0.50
黄铜 0.20	0.12 ~ 0.20	0 ~ 100 以上
黄铜 0.25	0.15 ~ 0.22	0 ~ 100 以上

3）工作液的选配

工作液对线切割的工艺指标，如切割速度、表面粗糙度、加工精度等都有较大的影响，应正确选配。目前常用工作液主要有乳化液和去离子水。快走丝线切割加工中，目前最常用的是乳化液。乳化液是由乳化油和工作介质配制而成的。工作介质可用自来水，也可用蒸馏水、高纯水和磁化水。同时还有很多种类的工作液适合快走丝线切割，参见前面工作液对工艺指标的影响章节。对于慢走丝线切割加工，目前普遍使用去离子水。为了提高切割速度，在加工时还要加进有利于提高切割速度的导电液以增加工作液的电阻率。加工淬火钢，使电阻率在 2×10^4 $\Omega \cdot cm$ 左右；加工硬质合金，电阻率在 30×10^4 $\Omega \cdot cm$ 左右。在选配工作液时，在选定工作液种类的同时，还应正确选择工作液的配比、工作液注入方式、方向。具体选配原则参见前面工作液介绍章节。

4）工艺参数的选择

影响工艺指标的因素很多，如机床精度、脉冲电源的性能、工作液脏污程度、电极丝与工件材料及切割工艺路线等。它们是互相关联又互相矛盾的。其中，脉冲电源的波形及参数的影响是相当大的，如矩形波脉冲电源的参数主要有电压、电流、脉冲宽度、脉冲间隔等，所以，根据不同的加工对象选择合理的电参数是非常重要的。

（1）合理选择电参数。

a. 要求切割速度高时：当脉冲电源的空载电压高、短路电流大、脉冲宽度大时，则切割速度高。但是切割速度和表面粗糙度的要求是互相矛盾的两个工艺指标。所以，必须在满足表面粗糙度的前提下再追求高的切割速度。而且切割速度还受到间隙消电离的限制，也就是说，脉冲间隔也要适宜。

b. 要求表面粗糙度好时：若切割的工件厚度在 80 mm 以内，则选用分组波的脉冲电源为好，它与同样能量的矩形波脉冲电源相比，在相同的切割速度条件下，可以获得较好的表面粗糙度。无论是矩形波还是分组波，其单个脉冲能量小，也就是说，脉冲宽度小、脉冲间隔适当、峰值电压低、峰值电流小时，表面粗糙度较好。

c. 要求电极丝损耗小时：多选用前阶梯脉冲波形或脉冲前沿上升缓慢的波形，由于这种波形电流的上升率低，故可以减小丝损。

d. 要求切割厚工件时：选用矩形波、高电压、大电流、大脉冲宽度和大的脉冲间隔，可充分消电离，从而保证加工的稳定性。

若加工模具厚度为 20 ~ 60 mm 时，表面粗糙度为 $Ra1.6 \sim 3.2 \mu m$ 时，脉冲电源的电参数可在以下范围内选取：脉冲宽度为 5 ~ 20 μs；脉冲幅值为 60 ~ 80 V；功率管数为 4 ~ 6 个；加工电流为 1 ~ 2 A；切割速度为 20 ~ 40 mm^2/min。

选择上述的下限参数，表面粗糙度为 $Ra1.6 \mu m$，随着参数的增大，表面粗糙度值增至 $Ra3.2 \mu m$。

加工薄工件和试切样板时电参数应取小些，否则会使放电间隙增大。加工厚工件时，电参数应适当取大些，否则会使加工不稳定，工件质量下降。快走丝线切割加工脉冲参数的选择见表 3 - 9。

表 3 – 9 　快走丝线切割加工脉冲参数的选择

应　　用	脉冲宽度 $t_1/\mu s$	电流峰值	脉冲间隔 $t_0/\mu s$	空载电压/V
快速切割或加工厚度工件	20 ~ 40	> 12	为实现稳定加工，一般选择 $t_0/t_1 = 3 \sim 4$ 以上	一般为 70 ~ 90
半精加工 $Ra1.25 \sim 2.5\ \mu m$	6 ~ 20	6 ~ 12		
精加工 $Ra < 1.25\ \mu m$	2 ~ 6	< 4.8		

（2）线电极的张力。

加工工件的精度要求较高时，应尽量增大线电极的张力。但张力过大易增大导轮支撑件的磨损或断丝。加工精度要求不太高而希望切割速度较高时，可适当减小其张力，但张力过小会增大电极丝的振动或发生短路现象。

（3）切割速度。

切割速度慢，表面粗糙度好，但出现鼓形误差的可能性增大；切割速度高，虽效率高，但容易产生短路和断丝。

（4）走丝速度。

在导轮支撑件（如轴承）能承受和丝筒驱动电机允许的情况下，走丝速度应尽量高，这不仅有利于工件的冷却和排屑，还有利于减小因线电极损耗对高精度加工的影响。尤其是对厚工件的加工，线电极的损耗会使加工面产生锥度。一般走丝速度是根据工件厚度和切割速度来确定的。

（5）工作液的流量和压力。

在保证上、下喷嘴同时喷洒工作液的情况下，工作液的流量和压力常选择最大值，使冷却和排屑处于最佳状态，并有利于提高切割速度。但在精切割时，为了减小线电极受液流的影响而增大振动，故宜适当减小其流量和压力。

（6）多次切割加工参数的选择。

多次切割加工也叫二次切割加工，它是在对工件进行第一次切割之后，利用适当的偏移量和更精的加工规准，使线电极沿原切割轨迹逆向或顺向再次对工件进行精修的切割加工，对快走丝线切割机床来说，一定要求其数控装置具有以适当的偏移量沿原轨迹逆向加工的功能。对慢走丝来说，由于穿丝方便，因而一般在完成第一次加工之后，可自动返回到加工的起始点，重新设定适当的偏移量和精加工规准之后，就可沿原轨迹进行精修加工了。多次切割加工可提高线切割的精度和表面质量，修整工件的变形和拐角塌角。一般情况下，采用多次切割能使加工精度达到 ± 0.005 mm，圆度和不垂直度小于 0.005 mm，表面粗糙度 $Ra < 0.63\ \mu m$。但如果粗加工后工件变形过大，多次切割不仅达不到提高线切割精度和表面质量的效果，甚至反而更差。对凹模切割，第一次切除中间废心后，一般工件留 0.2 mm 左右的多次切割加工余量即可，大型工件应留 1 mm 左右。凸模加工时，若一次必须切下就不能进行多次切割。除此之外，第一次加工时，小工件要留 1 ~ 2 处 0.5 mm 左右的固定留量，大工件要多留些。对固定留量部分切割下来后的精加工，一般采用抛光等方法。多次切割加工的有关参数可按表 3 – 10 所示选择。

表 3 – 10　多次切割加工的有关参数

条　件		薄工件	厚工件
空载电压/V		80 ~ 100	
峰值电流/A		1 ~ 5	3 ~ 10
脉宽/间隔		2/5	
电容量/μF		0. 02 ~ 0. 05	0. 04 ~ 0. 2
加工进给速度/(mm · min⁻¹)		2 ~ 5	
线电极张力/N		8 ~ 9	
偏移量增范围 /mm	开阔面加工	0. 02 ~ 0. 03	0. 02 ~ 0. 06
	切槽中加工	0. 02 ~ 0. 04	0. 02 ~ 0. 06

5）合理调整变频进给的方法

整个变频进给控制电路有多个调整环节，其中大都安装在机床控制柜内部。出厂时已调整好，一般不应再变动；另有一个调节旋钮则安装在控制台操作面板上，操作工人可以根据工件材料、厚度及加工规准等来调节此旋钮，以改变进给速度。不要以为变频进给的电路能自动跟踪工件的蚀除速度并始终维持某一放电间隙（即不会开路不走或短路闷死），便错误地认为加工时可不必或可随便调节变频进给量。实际上某一具体加工条件下只存在一个相应的最佳进给量，此时钼丝的进给速度恰好等于工件实际可能的最大蚀除速度。如果人们设置的进给速度小于工件实际可能的蚀除速度（称欠跟踪或欠进给），则加工状态偏开路，无形中降低了生产率；如果设置好的进给速度大于工件实际可能的蚀除速度（过跟踪或过进给），则加工状态偏短路，实际进给和切割速度反而也将下降，而且增加了断丝和"短路闷死"的危险。实际上，由于进给系统中步进电动机、传动部件等有机械惯性及滞后现象，不论是欠进给还是过进给，自动调节系统都将使进给速度忽快忽慢，加工过程变得不稳定。因此，合理调节变频进给，使其达到较好的加工状态是很重要的，主要有以下两种方法。

（1）用示波器观察和分析加工状态的方法。如果条件允许，最好用示波器来观察加工状态，它不仅直观，而且还可以测量脉冲电路的各种电参数。数控线切割机床加工效果的好坏，在很大程度上还取决于操作者调整进给速度是否适宜，为此可将示波器接到放电间隙，根据加工波形来直观地判断与调整。

a. 进给速度过高。此时间隙中空载电压波形消失，加工电压波形变弱，短路电压波形浓。这时工件蚀除的线速度低于进给速度，间隙接近于短路，加工表面发焦呈褐色，工件的上下端面均有过烧现象。

b. 进给速度过低。此时间隙中空载电压波形较浓，时而出现加工波形，短路波形出现较少。这时工件蚀除的线速度大于进给速度，间隙近于开路，加工表面亦发焦呈淡褐色，工件的上下端面也有过烧现象。

c. 进给速度稍低。此时间隙中空载、加工、短路 3 种波形均较明显，波形比较稳定。这时工件蚀除的线速度略高于进给速度，加工表面较粗、较白，两端面有黑白交错相间的条纹。

d. 进给速度适宜。此时间隙中空载及短路波形弱，加工波形浓而稳定。这时工件蚀除的速度与进给速度相当，加工表面细而亮，丝纹均匀。因此在这种情况下，能得到表面粗糙度好、精度高的加工效果。

（2）用电流表观察分析加工状态的方法。利用电压表和电流表以及用示波器等来观察加工状态，使之处于较好的加工状态，实质上也是一种调节合理的变频进给速度的方法。现在介绍一种用电流表根据工作电流和短路电流的比值来更快速、有效地调节最佳变频进给速度的方法。根据工人长期操作实践，并经理论推导证明，用矩形波脉冲电源进行线切割加工时，无论工件材料、厚度、规准大小，只要调节变频进给旋钮，把加工电流（即电流表上指示出的平均电流）调节到大约等于短路电流（即脉冲电源短路时表上指示的电流）的 70%～80%，就可保证为最佳工作状态，即此时变频进给速度最合理、加工最稳定、切割速度最高。

3. 工件的装夹

在线切割加工中工装夹具对线切割加工精度有直接影响。电火花线切割加工机床的夹具一般是在通用夹具上采用压板螺钉固定工件，都比较简单。但有些工件形状比较复杂，精度要求也比较高，需要设计专用夹具或使用磁性夹具、旋转夹具等。

1）常用夹具

一般地，线切割机床在出厂时只提供一套通用的压板夹具，适合加工多数零件。另外，线切割机床也常用磁性夹具和分度夹具。

（1）压板夹具。

压板夹具主要用于固定平板状的工件，夹具上加工出 V 形的基准，则可用以夹持轴类工件。对于稍大的工件要成对使用。夹具上如有定位基准面，并且工件的加工形状也有自身基准的精度要求时，则应在加工前预先将夹具定位基准面与工作台对应的导轨校正平行，可以采用划针或百分表来校准。这样在加工工件时能够保证工件的加工精度。另外，夹具的水平基准面与夹具底面的距离是有要求的，夹具成对使用时两件基准面的高度一定要相等，否则切割出的型腔与工件端面不垂直，造成精度超差。

（2）磁性夹具。

采用磁性工作台或磁性表座夹持工件，不需要压板和螺钉，操作快速方便，定位后不会因压紧而变动，如图 3-37 所示。

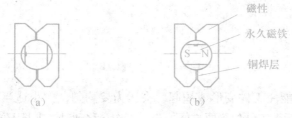

图 3-37　磁性夹具的基本原理

上述两类夹具的基准面要保护好，避免工件将其划伤或拉毛。压板夹具还要保持两件夹具的等高性，应定期修磨基准面。夹具的绝缘性也应经常检查和测试，因有时绝缘体受损造成绝缘电阻减小，影响正常的切割。

（3）分度夹具。

分度夹具（图 3 – 38）适合圆周上型孔的加工，可保证较高的分度精度。

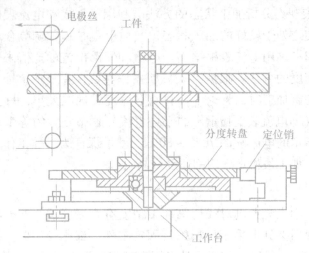

图 3 – 38　分度夹具

2）对工件装夹的基本要求

线切割加工对工件装夹提出了一些基本要求。

（1）工件的装夹基准面应清洁、无毛刺，经过热处理后，夹具的表面、孔等处应去除氧化皮等。

（2）夹具精度要高，如图 3 – 39 所示。

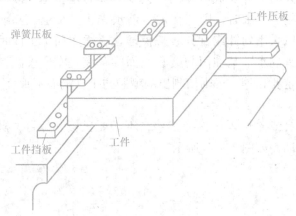

图 3 – 39　工件的固定

（3）装夹时不能使工件变形或翘起，夹紧力要均匀，大小适当。

（4）工件装夹后，工件位置要方便找正；工作台移动时，夹具不能与丝架干涉。

（5）装夹困难的细小、精密、壁薄工件，可采用如图 3 – 40 所示的辅助夹具。

（6）大批零件加工时，应设计专用夹具，以提高生产效率。

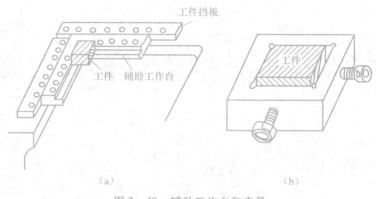

图 3 - 40　辅助工作台和夹具

（a）辅助工作台；（b）夹具

3）工件的支撑

（1）悬臂支撑。

如图 3 - 41 所示，悬臂支撑装夹方便，通用性强。但由于工件单端压紧，另一端悬空，在工件较薄，伸出部分自重较大时，会出现工件下摆或倾斜，使得工件底面不易与工作台平行，从而导致切割表面与工件上下平面不垂直或精度超差。因此，只有在工件的刚度较好、技术要求不高或悬臂部分较小的情况下才采用。

（2）两端支撑（图 3 - 42）。

工件两端支撑是将工件的两端支撑起来，并加以固定。这种方法的装夹支撑稳定，平面定位精度高，工件底面与切割面垂直度好，但对较小的零件不适用。

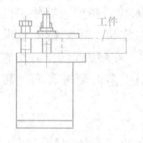

图 3 - 41　悬臂式支撑夹具

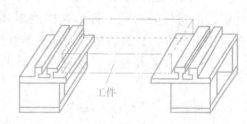

图 3 - 42　两端支撑夹具

（3）桥式支撑（图 3 - 43）。

桥式支撑是在双端夹具体上垫两个支撑架。这种支撑方式通用性强、装夹方便，对大小工件装夹适合。

（4）平板式支撑（图 3 - 44）。

平板式支撑夹具是将工件固定在中间开有相应型孔的平板上加工。型板可加工出定位基准，其装夹精度较高，适于常规生产和批量生产。

（5）复式支撑方式（图 3 - 45）。

复式支撑夹具是桥式夹具和专用夹具复合组装而成，其装夹方便，适用于成批零件加工，既大幅减少工件找正和电极丝调整等辅助工时，同时又可以保证工件的加工一致性。

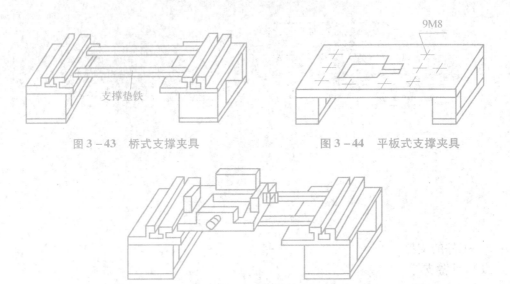

图 3 - 43　桥式支撑夹具　　　　　　　　图 3 - 44　平板式支撑夹具

图 3 - 45　复式支撑夹具

4）工件的装夹

工件的装夹对工件的找正、变形及线切割编程都有影响。

（1）工件的校正。

有好的装夹和找正才能取得好的线切割效果。在装夹工件时，要通过对工件的校正调整，来保证工件的定位基准面分别与机床的工作台面和工作台的进给方向 X、Y 保持平行，从而保证所切割的表面与基准面之间的相对位置精度。有些工件线切割是切割外形，落料件为所需工件，这样的工件只需大概定位，无需精确校准。而如一些自身有加工基准，且为各道工序加工的共同基准时，则需要线切割时用它靠紧夹具基面，既省打表，又省划线。也有的方形工件需磨削更多的侧垂直面，甚至需磨六面。

常用校正调整的方法有以下几种。

a. 划线校正。划线校正（图 3 - 46）可利用固定在丝架上的划针对正工件上划出的基准线，往复移动工作台，目测划针、基准间的偏离情况，将工件调整到正确位置。线切割加工型腔的位置和其他已成型的型腔位置要求不严格时，可靠紧基面后，穿丝可按划线定位。同一工件上型孔之间的相互位置要求严格，但与外形要求不严，又都是只用线切割一道工序加工时，也可按基面靠紧，按划线定位、穿丝，切割一个型孔后卸丝，走一段规定的距离，再穿丝切第二个型孔，如此重复，直至加工完毕。

b. 用百分表校正。百分表校正是在相互垂直的 3 个方向上进行的。如图 3 - 47 所示，用磁力表将百分表固定在丝架上，百分表的头与工件基面接触，往复移动工作台，并按百分表指示值不断调整工件位置，直至百分表指针的偏摆范围达到所要求的数值为止。

图 3 - 46　划线法校正

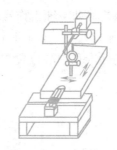

图 3 - 47　百分表校正

c. 按外形校正。当线切割型孔位置与外形较严格时，可按外形尺寸来定位。此时最少要磨出侧垂直基面，有的甚至要磨六面。对于圆形工件，通常要求圆柱面和端面垂直，这样，靠圆柱面即可定位。当切割型孔在中心且与外形同轴度要求不严，又无方向性时，可直接穿丝，然后用钢尺比一下外形，丝在中间即可。若与外形同轴度虽要求不严但有方向性时，可按线找正。若同轴度要求严，方向性也严时，则要求磨基准孔和基面。当基准孔无法磨时（如很小）也可按线仔细找正。

d. 按已成型孔或基准孔找正。当线切割型孔位置工件上其他工艺已成型的型腔位置要求严，而与外形要求不严时，可靠紧基面后按成型型孔找正后走相应距离再加工。线切割加工工件较大，外形基准和型孔的总行程超过了机床行程，但切割型孔总的行程未超过机床行程，又要求按外形找正时，可按外形尺寸作出基准孔，线切割时按基准孔定位。

（2）线电极的起始位置调整。

线切割时需要有个起始位置，在切割前，应将电极丝调整在起始坐标上，其调整方法有以下 3 种。

a. 目测法。如图 3 - 48 所示，目测法是以穿丝孔处划出的十字线为基准，沿划线方向观察电极丝与基准线的相对位置，利用直接目测或借助放大镜的方式，根据两者的偏离情况移动工作台。当电极丝中心分别与纵横方向基准线重合时，根据工作台纵、横方向的读数就确定了电极丝的起始位置坐标。

b. 火花法。如图 3 - 49 所示，火花法是利用线电极与工件在一定间隙时发生火花放电的瞬时，记下拖板的相应

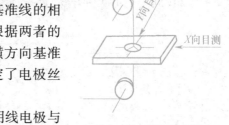

图 3 - 48　目测法调整

坐标值来推算线电极中心坐标的。线电极与基准面的靠近通过移动工作台来实现。此法简便、易行，但会损伤工件的基准面；同时，还因线电极易抖动而会出现误差；线电极逐渐逼近基准面产生的放电间隙与正常切割产生的放电间隙不完全相同，也会产生误差。

c. 自动找中心。图 3 - 50 所示为线电极在基准孔中的自动找中心。此法是通过电极丝与工件的短路信号来自动确定电极丝的中心位置的。这种方法需要机床数控系统有此功能才能实现。具体操作为：通过移动工作台，使电极丝与孔壁接触，移动 x 轴

得到坐标值 x_1、x_2，移动 y 轴工作台得到 y_1、y_2 点坐标值。则线电极的中心位置坐标为 $((|x_1|+|x_2|)/2, (|y_1|+|y_2|)/2)$，通过数控系统自动移动工作台到坐标值，线电极即已到标准孔中心位置。

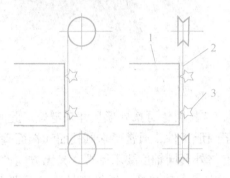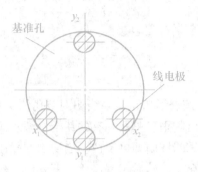

图 3-49　火花法校正线电极位置　　　　　　图 3-50　自动找中心

1—工件；2—电极丝；3—火花

5）工件的变形开裂及防止方法

机床精度、数控柜和程序都正常，但有些工件切割后，尺寸仍然出现明显偏差，经分析检查最后才发现是变形引起。

变形和开裂的几种情况及防止方法列举如下。

（1）切缝张开变形。如图 3-51 所示的凸模，由坯料外切入后，经 A 点至 B 点，按顺时针方向再回到 A 点。切至后半段，AB 切缝明显张开而变形。继续切割 FG 段时，凸模上的 AB 和 FG 间平行的尺寸将会逐渐减小。

（2）切缝闭合变形。图 3-52 所示的凸模，由坯料外切入后，按顺时针方向切割。在切完 EF 圆弧的大部分后，BC 切缝明显变小甚至闭合，当继续切割至 A 点时，凸模上 FA 与 BC 间平行的尺寸增大了一个等于切缝宽度的尺寸。

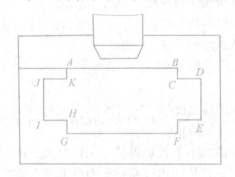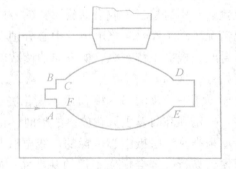

图 3-51　切缝张开变形　　　　　　　图 3-52　切缝闭合变形

（3）淬火工件切割后开口变小。图 3-53 所示为淬火材料的切割，切割后开口部位的尺寸变小。未淬火件张口变形，如图 3-54 所示，切割后在开口处张开，使开口尺寸增大。

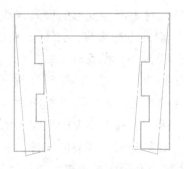

图 3 – 53　淬火工件切割后口部变小

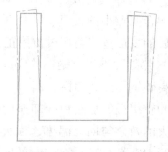

图 3 – 54　未淬火件张口变形

（4）凹模中间部位宽度变小。图 3 – 55 所示为一个长宽比较大的窄长凹模。由于图形中的长槽和小槽的应力变形，造成在切割后测量时发现槽的中间部位变窄。

（5）尖角处开裂。图 3 – 56 所示为较大的凹模，因内腔尖角处没有较大的工艺回角，所以当切去内框体积较大时，使材料应力平衡受到严重破坏，导致尖角处应力集中而开裂。

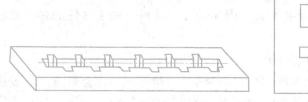

图 3 – 55　长槽中部变窄

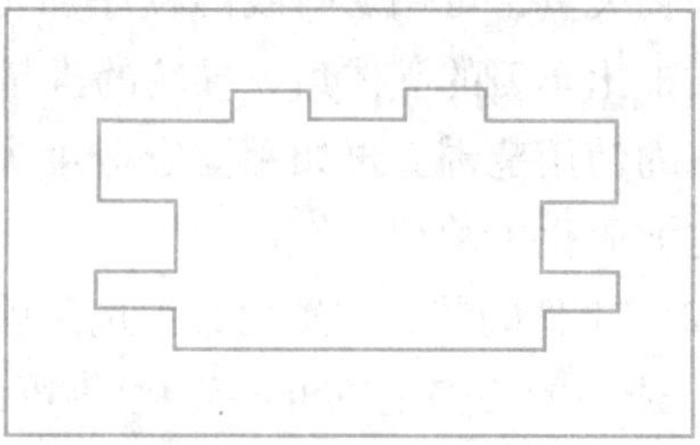

图 3 – 56　尖角处开裂

原因及改善：

（1）切割顺序不当。此处的切割变形是由于按顺时针切割时，未切割部分形成悬臂，且壁弱自重大，而造成变形。可以通过钻凸模外形起点穿丝孔的方式解决，当钻孔不便时，也可通过改变切割路线及夹压位置，来减小或避免变形对切割工件尺寸精度的影响。图 3 – 51 所示的凸模，若把切割路线改为 $A—K—J—I$，按逆时针方向至 $B—A$，由于夹压工件的位置在最后一条程序处，所以在切割过程产生的变形不致影响凸模的尺寸精度。

（2）无凸模外形起点穿丝孔。当从坯料外直接切入切割凸模时，因材料应力不平衡产生变形，如张口或闭口变形。所以，在切割凸模时，应在坯料上钻出凸模外形起点的穿丝孔。

（3）淬火工件尖角处易产生应力集中。大框形淬火工件的尖角处易产生应力集中，而在切割中引起开裂，因此应在尖角处增设大小适当的工艺圆角，以缓和应力集中。

（4）未淬火件切去的实体部分太多。对于面积较大的未淬火件，由于切去了框内较大的体积，使应力变化很大（图 3 – 54），容易产生变形，甚至开裂。对于这种未淬火件，应在淬火前将中部镂空，给线切割留 2 ~ 3 mm 的余量，这可使线切割时产生的应力减小。

（5）各种原因造成的变形。对于一些图形复杂、易于产生变形的模具，或要求精度高、配合间隙小的模具，可以采用粗、精二次切割的方法来满足工件的精度要求，使粗切后的变形量在精切时被修正，粗切后为精切留的余量为0.5 mm左右。

（6）热处理不当。钢件的应力随含碳量的增加而增加，使高碳钢易开裂，故应避免使用高碳钢作凸、凹模材料。淬火时在确保硬度的情况下，应尽可能使用较低的淬火温度和较缓慢的加热和冷却速度，以减小应力。回火是减小淬火产生应力的重要手段，回火的效果与回火温度、回火持续时间有关。对易变形、开裂的工件，有时切割后再进行180 ℃ ~ 200 ℃、4 h 的回火，以达到减小应力和稳定金相组织的目的。

有时采用单点夹压来代替多点夹压，以及多次更换夹压点的方法，也可以使变形减小。

6）夹具及装夹对程序的影响

（1）夹具对编程的影响。

采用适当的夹具，或可用一般编程方法使加工范围扩大，或可使编程简化。如用自动回转夹具，可用切斜线的程序加工出正确的阿基米德螺旋面；还可以用适当的夹具，加工出车刀的立体角、导轮的沟槽、样板的椭圆线和双曲线等。这就扩大了线切割机床的使用范围。再如用固定分度夹具，用几条程序就可以加工零件的多个旋转图形，这就简化了编程工作。

（2）工件的装夹位置对编程的影响。

a. 适当的装夹定位可以简化编程工作。工件的装夹位置不同，会影响工件轮廓线的方位，也就影响各点坐标的计算结果，进而影响各段程序。在图 3 - 57（a）中，如果工件的 α 角不是 0°或 90°，则矩形轮廓各线段都成了切割程序中的斜线，这样计算各点的坐标、填写程序单穿制纸带等都比较麻烦，还可能发生错误。如条件允许，使工件的 α 角成 0°和 90°，则各条程序皆为直线程序，这就简化了编程，从而减少差错。同理，图 3 - 57（b）中的图形，当 α 角为 0°、90°或 45°时，也会简化编程，提高质量，而 α 为其他角度时，会使编程复杂些。但特殊角度的摆放要进行精确校准，目前很多线切割机床都比较先进，无论怎样摆放，只要在计算机中绘图正确，系统会自动编程，反而随意的摆放会简单且更灵活。

b. 合理的定位可充分发挥机床的效能。有时工件摆放不当会超出机床的加工范围，只要进行适当调整则可调整到加工范围内。如图 3 - 58 所示，当工作台行程为 100 mm ×

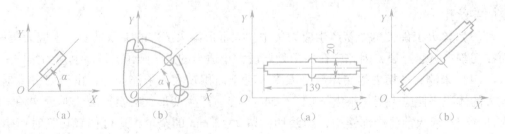

图 3 - 57　工件定位对编程影响的示意图之一　　　图 3 - 58　工件定位对编程影响示意图之二

200 mm 的机床加工时，显然需要调整位置。对于需要手工编程的机床程序会有些烦琐，但却增加了机床的效能，对于数控程度较高的机床则不存在程序复杂的问题。

（3）程序的走向及起点的选择。

为了避免材料内部组织及内应力对加工精度的影响，除了考虑工件在坯料中的取出位置之外，还必须合理地选择程序的走向和起点。另外，程序的起点（一般也是终点）选择不当，会使工件切割表面上残留切痕，尤其是当起（终）点选在圆滑表面上时，其残痕更为明显。所以，应尽可能把起（终）点选在切割表面的拐角处或是选在精度要求不高的表面上，或在容易修整的表面上。

（4）附加程序。

附加程序一般有以下几种。

a. 引入程序。当线切割起点不在材料实体外形上时，一般引入点（如图3-59中的 A 点）不能与起点（a 点）重合，这就需要一段引入程序。引入程序的引入点有时可选在材料实体之内（如凹模加工），这时需要预制工艺孔，以便穿丝。有时也可选在材料实体之外（如大多数凸模的加工）。

预制工艺孔虽会带来制孔、穿丝的麻烦，但可以选择合适的起始点，来避免或减少由加工过程中产生的材料变形，提高了加工效率和精度。另外，引入点应尽量靠近程序的起点，以使引入程序最短，缩短切割时间。

b. 切出程序。有时工件轮廓切完之后，铂丝还需要沿切入程序反向切出。如图3-60 所示，如果材料的变形使切口闭合，当钼丝切至边缘时，会因材料的变形而卡断钼丝。这时应在切出过程中，附加一段保护钼丝的切出程序（见图3-60中的 A'-A"）。A'点距材料边缘的距离，应依变形力大小而定，一般为1 mm左右。A'-A"斜度可取 30°或 45°。

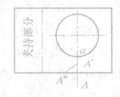

图 3-59　程序起点对加工精度的影响　　　　图 3-60　附加切出程序示意图

c. 超切程序和回退程序。因为钼丝有弹性，加工时受放电压力、工作液压力等的作用，使丝在上下支点之间呈圆弧状，即钼丝工作段会发生挠曲，见图3-61（a）；这样拐弯时就会抹去工件轮廓的清尾，影响加工质量，见图3-61（b）。为了避免抹去清角，可增加一段超切程序，如图3-61 中的 A-A'段。钼丝切割的最大滞后点达到程序节点 A，然后再附加 A'点返回 A 点的返回程序 A'-A。接着再执行原程序，便可割出清角。

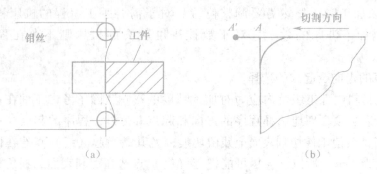

图 3 - 61　加工时钼丝挠曲及其影响

4. 编程、加工

1）编程

（1）冲模间隙和过渡圆半径的确定。

①合理确定冲模间隙。冲模间隙的合理选用，是关系到模具的寿命及冲制件的边缘质量。不同材料的冲模间隙可以根据冲压手册的相关资料和公式进行查询计算。但在线切割时所确定的切割间隙一般比计算值要小一些，约小 20%。因为线切割加工的工件表面有一层组织脆松的熔化层，加工电参数越大，工件表面粗糙度越差，熔化层越厚。随着模具冲次的增加，这层脆松的表面会渐渐磨去，使模具间隙逐渐增大。

②合理确定过渡圆半径。过渡圆的大小随着冲制件的增厚，可相应增大，具体可根据冲制件的技术条件、冲裁材料厚度、模具形状和要求寿命等来考虑。对于冲件材料较薄、模具配合间隙很小、冲件又不允许加大的过渡圆，为了得到良好的凸、凹模配合间隙，一般在图形拐角处也要加一个过渡圆。因为电极丝加工轨迹会在内拐角处自然加工出半径等于电极丝半径加单面放电间隙的过渡圆。

（2）计算和编写加工用程序。

编程时，要根据坯料的情况，确定一个合理的起割点和切割路线。同时装夹位置也要合理。起割点应取在图形的拐角处，或在容易将凸尖修去的部位。防止或减少模具变形是选择切割路线的首要原则，一般应考虑使靠近装夹这一边的图形最后切割为宜。

2）加工

线切割的加工包括加工时的调整和正式切割加工。加工时的调整主要包括电极丝的垂直调整、脉冲电源电参数的调整和进给速度的调整等，具体方法如下。

（1）加工时的调整。

①调整电极丝垂直度。在装夹工件前必须调整好电极丝的垂直度。电极丝要和工作台相垂直。在调整好后最好以角尺刀口再复测一次电极丝对装夹好工件的垂直度。如发现不垂直，说明工件装夹可能有翘起或低头等问题，或电极丝没挂进导轮、工件有毛刺，需立即调整，因为垂直度会直接影响工件加工精度。

②调整脉冲电源的电参数。模具的表面粗糙度、精度及线切割速度主要是由脉冲电源的电参数选择来决定的。电参数与加工工件技术工艺指标的关系是：脉冲宽度减小、脉冲间隔增大、脉冲电压幅值减小、峰值电流减小都会提高加工的表面粗糙度和精度，但切割速度会下降。反之则会提高加工速度而降低表面粗糙度和加工精度。随着峰值电流的增大，脉冲间隔减小、频率提高、脉冲宽度增大、电极丝损耗增大，脉冲波形前沿变陡，电极丝损耗也增大。

③调整进给速度。变频进给跟踪是否处于最佳状态，可用示波器监视工件和电极丝之间的电压波形。

（2）正式切割加工。

经过以上各方面的调整准备工作，可以正式加工模具。一般是先加工固定板、卸料板，然后加工凸模，最后加工凹模。凹模加工完毕，先不要松压板取下工件，而要把凹模中的废料心拿开，把切割好的凸模试插入凹模中。看看模具间隙是否符合要求，如过小可再修大一些，如凹模有差错，可根据加工的坐标进行必要的修补。

5. 检验

检验内容如下。

（1）模具的尺寸精度和配合间隙。

凸模和凹模的尺寸应符合模具图纸的尺寸精度要求；对于固定板核对尺寸后最好要试验一下和凸模的静配合情况；卸料板则要考虑其尺寸不小于凹模尺寸；级进模则应重点检测步距尺寸精度。检测工具：游标卡尺、内外径千分尺、塞规和投影仪等。具体选用可根据模具精度的不同来定。模具间隙均匀性亦可用透光法目测。

（2）垂直度。可采用平板、刀口角尺来检测。

（3）表面粗糙度。在现场可采用电火花加工表面粗糙度等级比较样板目测或手感，在实验室中采用轮廓仪检测。

四、电火花线切割加工产生废品的原因及预防方法

1. 电火花线切割加工产生废品的原因

由于多种因素的相互作用和影响，造成了电火花线切割加工的工件报废或质量差。如机床、材料、工艺参数、操作人员的素质及工艺路线等，只有各方面的因素都能得到有效控制，加工的工件才会有较好的质量，减少报废。表3-11所示为归纳整理出的各种因素对线切割质量的影响。

表3-11 电火花线切割产生废品及质量差的因果关系

序号	工件报废或质量差的几个方面	造成工件报废或质量差的成因
1	切割表面粗糙	进给失滑；工件质量差；导丝轮磨损；电参数不当；工作液质量差

续表

序号	工件报废或质量差的几个方面	造成工件报废或质量差的成因
2	工件上下面与周边垂直度不好	装夹不当；夹具精度差；电极丝不垂直；电极丝未进导轮；工件有毛刺
3	形状轨迹出错	控制器失控；步进电动机失步；操作不当；编程出错；纸带误穿
4	工件精度超差	材料变形；导轮磨损；环境温差大；电参数不当；进给不佳；切割路线错误；电极丝损耗大
5	断丝、烧丝	导轮磨损；工件变形、夹杂；工作液脏；电极丝质量差；电参数过大，进给欠跟踪；进电不良
6	其他	热处理残物；辅助工作不周；操作不当；图样理解错；工艺路线错

2. 预防电火花线切割加工中工件报废或质量差的方法

1）机床、控制器、脉冲电源工作要稳定

（1）经常检查导电块、导丝轮、导丝块，保证导丝机构必要的精度。导电块和钼丝不允许出现火花放电，应使脉冲能量全部送往工件与电极丝之间。要保持良好的接触性能，磨损后要及时调整。支撑导丝轮的轴承间隙要严格控制，以免电极丝运转时破坏了稳定的直线性，使工件精度下降，放电间隙变大，导致加工不稳定。同时，导丝轮的底径应小于电极丝半径。导丝块应调整到合适位置，保证电极丝在丝筒上排列整齐，否则会出现夹丝或叠丝现象。

（2）系统保持良好的工作状态，控制器要有较强的抗干扰能力。步进电动机进给要平稳、不失步。变频进给系统要有调整环节。

（3）脉冲电源的功率管个数、脉冲间隔及电压幅值要能调节。

2）操作人员必须具有专业素质

图纸要理解透彻，编程要正确；工作液要保持一定的清洁度，并及时更换；保证上下喷嘴不堵塞，流量合适。工件装夹正确，电极丝校准垂直；合理选用电参数，加工不稳定时及时调整变频进给速度；加工时每个工件都要记录起割坐标；对于数控程度较高的线切割机床，能够正确绘图和操作，保证线切割的路线正确。

3）工件材料选择要正确

工件材料（如凸凹模）要尽量使用热处理淬透性好、变形小的合金钢，如 Cr12 及 Cr12MoV 等。毛坯经锻造后，要进行回火，并保证适当硬度。在线切割加工前，需将工件被加工区热处理后的氧化皮、残渣等清理干净。因为这些残存氧化皮、残渣等不导电，会导致断丝、烧丝或使工件表面出现深痕，严重时会使电极丝离开加工轨迹，造成工件报废。

五、电火花线切割的工艺技巧

1. 同时加工凸、凹模的方法

凸、凹模同时加工会有很多好处。因为凸模和凹模是在同一条件下加工出来的，所以其配合间隙即使在非恒温的条件下也能比较均匀地加工出来，且由于加工出的凹模为单锥形孔，因而孔内的摩擦力和胀裂力都较小。如图 3 - 62 所示，通过设定加工锥度的大小来控制凸、凹模之间的间隙，其同时加工的方法是利用了数控线切割机的锥度加工功能。电极丝加工出的槽宽必须恒定，这是保证凸、凹模间隙均匀的关键，因此就要求在线切割加工中各项参数要保持稳定。凸、凹模如果不同时加工，则需要用两块坯料分别加工出凸模和凹模。这种方法加工出的凸、凹模，不仅凸、凹模之间间隙的均匀性难以控制，而且还浪费材料。

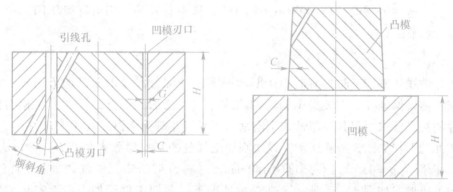

图 3 - 62 同时加工凸、凹模的方法

在加工高精度薄板冲模时，可在坯料上加工出倾斜一定角度的引线孔进行引线，如图 3 - 62 所示。这种方法可得到高质量的工件，因为加工出来的凸、凹模没有引入线所切出的槽破坏刃口，工件不会因引入线切出的槽而产生较大的毛刺。但由于这种方法需加工倾斜的孔，因而加工略有困难。

在加工一般的冲模时，可直接加工出垂直的引线孔，如图 3 - 63 所示。这种加工方法由于引入线所切出的槽破坏了刃口，会使工件在此处产生较大的毛刺，但引线孔

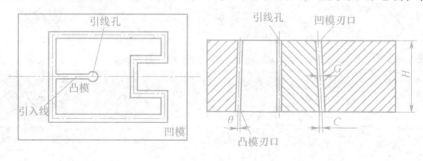

图 3 - 63 加工冲模时的引线孔

的加工比较简单。因此，当工件要求为冲孔时，可将引入线放在凹模上；当工件要求为落料时，可将引入线放在凸模上，这样就可减小工件在冲裁时产生的缺陷。

在凸、凹模加工过程中，电极丝所倾斜的角度 θ 是根据凸、凹模的配合间隙而定的。从图 3 – 63 中可得到电极丝在加工时倾斜的角度 θ，（$\theta = \arctan(G - C)/H$）。式中，$H$ 为冲模坯料的厚度；C 为凸、凹模单边间隙；G 为电极丝放电所加工出的槽宽。

利用凸凹模同时线切割的方法可得到配合间隙均匀的高精度冷冲模，但要线切割之前在凸、凹模坯料上和上、下模板配作出各销孔，然后用数控线切割同时加工出凸、凹模。装配时，只要将凸模和凹模分别定位、固定在对应的上、下模板上就可以了。这样可省去烦琐的对间隙工序，使装配简单，同时还能保证凸凹模配合间隙的均匀性。这种方法特别适合于间隙调节难度很大的冷冲模。由于同时加工凸、凹模的方法是一次切割出来的，因而在加工前要注意材料的内应力及凸、凹模的形状可能引起的变形问题。另外，采用这种凸、凹模加工方法所切割的锥度较小，因此当模具刃口有磨损时，可适当地磨削端面。凸、凹模间隙的增大是很有限的，仍可继续使用，对工件不会有多大影响。

2. 零件二次装夹的线切割加工方法

在零件线切割加工时，有时由于断丝或零件一部分尺寸形状已加工完成，需要继续切割，需要保证在二次装夹中的切割路线与零件已加工部分的尺寸形状相吻合，保证零件的技术要求，将其完整地加工出来。下面以花键为例讲述其加工方法。

工件的形状如图 3 – 64 所示，线切割加工部分的基本参数为径节 $D_p = 8$ mm，齿数 $z = 16$，齿形角 $\alpha = 45°$，工件厚度为 180 mm，材料为 42CrMo。在线切割前工件已有 12 个齿加工成型，如图 3 – 65 所示。在这种情况下，要把工件已加工齿形安装到与切割路线相吻合的状态，难度是比较大的。

在 DK7740 线切割机上，采用以下方法可以较好地解决上述问题。

（1）钳工划线。选择一个完整的齿，在齿端面划出齿顶圆的中心线，如图3 – 65所示。

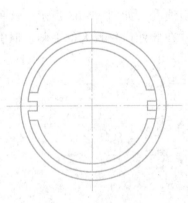

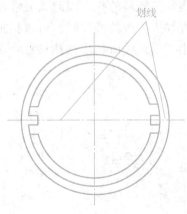

图 3 – 64   短齿内花键   图 3 – 65   线切割前的花键

（2）把工件安装在机床上，找正端面水平，端面跳动小于 0.02 mm，所划的齿顶圆中心线尽可能地与机床 Y 方向一致，然后固定好。

（3）利用"接触感知/自动找中心"功能中的找正功能，找出加工部分的圆心。之后，再感知 Y 方向，利用移动功能，向圆心方向移动齿顶圆半径。如果与未切割部分的圆心一致（误差小于工件的形位公差），圆心就确定了。

（4）移动钼丝至穿孔点位置。为防止试切过程中损伤已加工表面，应取较精的电规准（指加工过程中的一组电参数，如电压、电流、脉宽、脉间等）开始试切。

（5）判断与实际齿形的位置误差是多少。如图 3-66 所示，面 1 没有电火花，面 2 电火花较大，一般划线找正精度为 0.2 mm 左右，初步判断取为 0.1 mm。

（6）重新作图编程。将原图逆时针（切割路线为顺时针）旋转一个角度，可用近似公式 $\alpha = \arcsin(0.1/R)$（R 为齿顶圆半径）计算旋转的角度；再确定穿孔点，排序（顺时针方向不变）。

（7）再次试切判断与实际齿形位置的误差是多少，重复步骤（4）~步骤（6）的过程，直至 1、2 面电火花均匀为止。

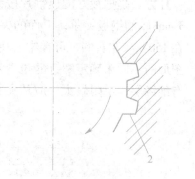

图 3-66 钼丝找正
1，2—面

（8）利用移动功能，使钼丝回到最后确定的穿孔点位置，确定合理的切割较大厚度的电规准参数，调整好工作液流量，开始正式切割。

通过上述步骤，较好地保证了原有齿形与加工齿形的吻合。加工结果可以证明这一点。由此可见，利用工件形状中特殊的点，通过编程移动图形及感知功能等手段，把钼丝确定在工件的特殊点上，解决已加工成型部分与线切割路线的吻合问题，是一个比较好的方法。

3. 复杂工件的电火花线切割加工工艺方法

（1）对要求精度高、表面粗糙度好的工件及窄缝、薄壁工件的加工。

对这类工件的加工，电参数宜采用小的峰值电流和小的脉宽，电极丝导向机构必须良好，电极丝张力要大，进给跟踪必须稳定，且要严格控制短路。在一个工件加工过程中，中途不能停机，要注意加工环境的温度，并保持清洁。同时，工作液浓度要大些，喷流方向要包住上下电极丝进口，流量适中。

（2）对大厚度、高生产率及大工件的加工。

这类工件的加工，电极丝容易烧损，因此要求进给系统保持稳定，严格控制烧丝，保证良好的电极丝导向机构。同时，工作液浓度要小些，喷流方向要包住上下电极丝进丝口，流量应稍大。并且电参数宜采用大的峰值电流和大的脉冲宽度，脉冲波形前沿不能太陡，脉冲搭配方案应考虑控制电极丝的损耗。

4. 切割薄片工件

（1）切割不锈钢带。

将长 10 m、厚 0.3 mm 的不锈钢带预先在线切割机床上加工成不同的宽度。制作一个转轴和一个套筒，将不锈钢带头部折弯，插入转轴的槽中，并利用转轴上两端的孔，穿上小销钉，然后将钢带紧紧地缠绕在转轴上，并装入套筒里，利用钢带的弹力自动胀紧（图 3 - 67）。安装后固定在数控线切割机床上进行加工。切割时按照所需宽度，转轴、套筒、钢带一道切割，即可切出所需钢带。

（2）切割硅钢片。

用线切割可加工各种形状的硅钢中电机定、转子铁芯，它适合单件小批生产。第一种方法是把裁好的硅钢片按铁芯所要求的厚度（超过 50 mm 的分几次切割），用两块 3 mm 厚的钢板夹紧，下面的夹板两侧比铁芯长 30 ~ 50 mm，作装夹用。对于铁芯外径在 150 mm 左右的，可在中心用一个螺钉，四角 4 个螺钉吊紧（图 3 - 68）。可根据加工图形的不同来确定螺钉的位置和个数，既能保证夹紧又不影响加工。由于硅钢片之间有绝缘层，电阻较大，应从夹紧螺钉处进电。

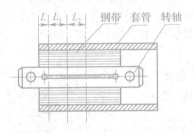

图 3 - 67　切割不锈钢带

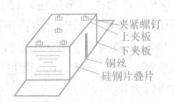

图 3 - 68　硅钢片的夹紧方法

另一种方法是用胶将裁好的硅钢片黏成一体。这样既保证切割过程中硅钢片不变形，又使加工完的铁芯成为一体，不用再重新叠片。黏结工艺是：清洗、烘干、涂 420 胶、夹紧，放到烘箱加温到 160 ℃，保持 2 h，自然冷却后即可上机切割。420 胶黏结能力较强，不怕乳化液浸泡，一般情况下切割的铁芯仍成一体。此方法片间绝缘较好（420 胶不导电），所以，进电一定要由夹紧螺钉进入每张硅钢片，并要求螺钉与每张硅钢片孔接触良好（轻轻打入即可）。另外一种进电方法是将叠片的某一侧面打光后用铜导线把每片焊上，从这根铜导线进电效果更好。

六、典型零件的数控线切割加工工艺

数控线切割加工的典型零件为凸、凹模及各种特殊的微细、薄片类零件。下面分别举例说明这些典型零件的线切割加工工艺路线及一些工艺问题。

1. 冷冲模加工

1）冷冲模的工艺特点

冷冲模由于其加工性能，凸凹模的材料多为模具钢，硬度一般都在 60HRC 以上，由于需要淬火处理，在热处理过程中会发生变形，因此多数成型加工都在淬火以后，即高硬度下加工成型的。另外，冷冲模的精度要求较高，一般为 0.01 ~ 0.002 mm；冲裁模的型面多为二维曲面，拉深模的型面多为三维曲面，模型孔多为二维曲面，凸、凹模的型面质量要求也很高，并要求具有耐腐蚀性、装饰性、高耐磨性，型面粗糙度甚至要达到镜面。为保证加工精度，在制造中凸凹模的加工多采用"实配法""同镗法"等。因此，冷冲模具多采用电火花成型、数控线切割成型加工、电解成型加工等物理和化学的特种成型工艺技术。由于模具属单件生产，冷冲模的主要零件凸、凹模的型面又为二维型孔曲面，故在加工中采用数控线切割机床加工其主要部分。这里着重讨论数控线切割在冲压模加工中的应用。

2）冲裁模的加工工艺

（1）加工工艺路线。

多数凸模类工件的工艺路线。图 3 – 69 所示为一凸模，其加工工艺路线安排如下：下料→锻造加工→退火→刨或铣上、下平面→钻穿丝孔→淬火与回火→磨上、下平面→线切割加工成型→钳工修整。

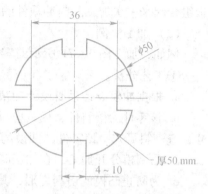

图 3 – 69　凸模示例

多数凹模类工件的工艺路线。图 3 – 70 所示为一凹模工件，其加工工艺路线如下：下料→锻造加工→退火→刨或铣六面→磨上、下平面和基面→钳工划线，钻穿丝孔→淬火与回火→磨上、下平面和基面→线切割加工→钳工修配。

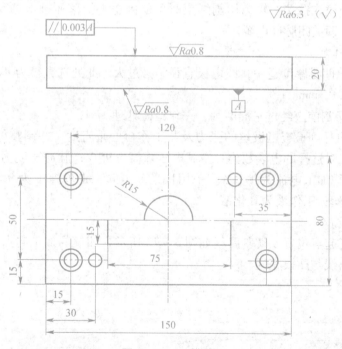

图 3 – 70　凹模示例

本例中安排两次磨削有利于保证上、下平面的平行度。在钻削穿丝孔前对工件的定位和找正基面进行磨削，是为了保证穿丝孔与定位面的垂直度，以免影响电极丝与穿丝孔的正确定位。

（2）冲模各零件加工顺序。

冲模一般主要由凸模、凹模、凸模固定板、卸料板、侧刃、侧导板等部件组成。凸凹模作为主要零件一般放在最后加工，而卸料板、凸模固定板等非主要件一般先线切割成型。这样的加工顺序可以通过对非主要件的切割，来检验操作人员在编程过程中是否存在错误，同时也能检验机床和控制系统的工作情况，若有问题可及时得到纠正。在加工中，如果材料厚度在 0.5 mm 以下，也可用圆柱销及其螺钉将固定板、凹模、卸料板组合起来一次加工。当冲裁件的厚度大于 0.5 mm 时，则可凹模和卸料板一起线切割。

（3）加工实例。

例如，加工图 3-71 所示的零件，其凸、凹模为线切割的典型零件，板厚 0.8 mm。

①工艺分析。

a. 根据冲模设计手册设计冲裁模，并计算和确定凸凹模尺寸及配合间隙。

b. 该零件为落料件，模具应以凹模为基准，凸模尺寸为凹模去除配合间隙后的尺寸，查资料可知，该零件凸凹模的单边间隙应为 0.08 mm。

c. 凸凹模分开加工，在加工时考虑线电极直径和放电间隙的补偿。

d. 为防止凸模的切割变形，其坯件上应预先钻有穿丝孔，此处为 ϕ4 mm，以便穿丝后进行封闭式切割。

e. 为避免产生突尖或凹坑，轮廓交接处应选择在其轮廓线相交位置。

f. 为保证凸模或铁芯在轮廓切割结束时可能因歪斜掉落而被电蚀受损，应考虑在轮廓切割完后立即关闭脉冲电源。

②工艺准备。

a. 由于凸、凹模厚度适中，线电极直径不必过大，此处选直径为 ϕ0.12 mm，其单面火花间隙为 0.01 mm。

b. 坯件在切割前应经过平面磨削，并作退磁处理。

c. 切割前应仔细检查电极丝的张力及与工作台的垂直度，并调整好脉冲电源的有关电参数。加工时选择的电参数为：空载电压峰值为 95 V；脉冲宽度为 25 μs；脉冲间隔为 78 μs；平均加工电流为 1.8 A。采用快走丝方式，走丝速度为 9 m/s；线电极为 ϕ0.12 mm 的钼丝；工作液为乳化液。

③切割路线。

凸模的加工起点位置及切割路线如图 3-72 所示，凹模的加工起点位置在 ϕ14 mm 圆心处，切割路线与凸模相同。

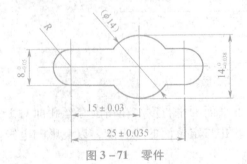

图 3-71　零件　　　　　　　　　　　图 3-72　凸模切割路线

2. 零件加工

1）加工零件的特点

（1）品种多，批量一般不确定。

（2）具有薄壁、窄槽、异形孔等普通机加工难以实现的复杂结构图形。

（3）不仅有直线和圆弧组成的图形，还有阿基米德螺旋线、抛物线、双曲线等特殊曲线图形。

（4）图形大小和材料厚度常有很大的差别；技术要求高，特别是在加工精度和表面粗糙度方面有着不同的要求。

2）加工实例

图 3 – 73 所示为喷丝板异形孔的几种孔形。其孔形特殊、细微、复杂，图形外接参考圆的直径在 1 mm 以下，深径比达 20 以上，缝宽为 0.08 ~ 0.1 mm。孔的一致性要求很高，加工精度在 ± 0.005 mm 以下，表面粗糙度 $Ra < 0.4$ mm。喷丝板的材料是不锈钢 1Cr18Ni9Ti。在加工中，为了保证高精度和小表面粗糙度的要求，可采取以下措施。

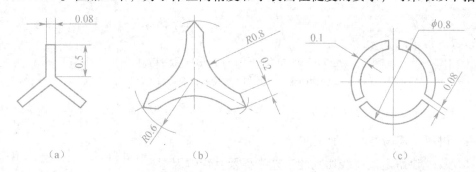

图 3 – 73　喷丝板异形孔的几种孔形
（a）三叶形；（b）变形三角形；（c）中空形

（1）正确加工穿丝孔。用细钼丝作电极在电火花成型机床上加工细小的穿丝孔。穿丝孔在异形孔中的位置要合理，一般选择在窄缝的相交处，以便于校正和加工。穿丝孔的垂直度也有一定的要求，应在 0.5 mm 高度内，穿丝孔孔壁与上、下平面的垂直度应不大于 0.01 mm，否则会影响线电极与工件穿丝孔的正确定位。

（2）保证一次加工成型。当线电极进退轨迹重复时，应当切断脉冲电源，使得异形孔诸槽能一次加工成型，有利于保证缝宽的一致性。

（3）选择合适的线电极直径。线电极直径应根据异形孔缝宽来选定，通常采用直径为 0.035 ~ 0.10 mm 的线电极。

（4）确定合理的线电极线速度。实践表明，对快走丝线切割加工，当线速度在 0.6 m/s 以下时，加工不稳定；线速度为 2 m/s 时，工作稳定性显著改善；线速度提高到 3.4 m/s 以上时，工艺效果变化不大。因此，目前线速度常用 0.8 ~ 2.0 m/s。

（5）保持线电极运动稳定。利用宝石限位器保持线电极运动的位置精度。

（6）线切割加工参数的选择。可选择的电参数如下：空载电压峰值为 55 V，脉冲宽度为 1.2 μs，脉冲间隔为 4.4 μs，平均加工电流为 100 ~ 120 mA；采用快走丝方式，走丝速度为 2 m/s；电极丝为 φ0.05 mm 的钼丝；工作液为油酸钾乳化液。

　　电火花线切割一般只用来切割型孔，即用于切割二维曲面，不能加工立体曲面（即三维曲面）。然而对于一些由直线组成的三维直纹曲面，如螺纹面、双曲面及一些特殊表面等，用电火花线切割加工仍是可以实现的，这时只需增加一个数控回转工作台附件，工件装在用步进电机驱动的回转工作台上，采取数控移动和数控转动相结合的方式编程，用 θ 角方向的单步转动来代替 Y 轴方向的单步移动，即可完成这些加工工艺。图 3-74 所示为工件数控转动 θ 和 X、Y 两轴或三轴联动加工多维复杂曲面实例的示意图。

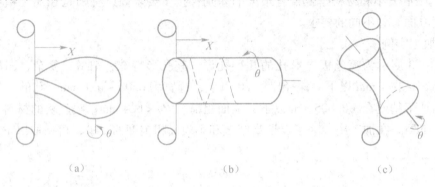

图 3-74　电火花线切割加工直纹曲面
(a) 加工平面凸轮；(b) 加工螺旋面；(c) 加工双曲面

任务实施

课堂讲解、现场参观、加工演示。

　　(1) 课堂讲解电火花线切割的工艺指标及其影响因素。

　　(2) 现场参观零件电火花线切割的整个工艺过程，包括工艺参数的选取、工作液的添加与配比、工件的装夹与对位、电极丝的穿丝与校准等。强化实际操作的重要性。

　　(3) 分布详解、现场演示，介绍操作方法与注意事项。

归纳总结

一、总结

　　电火花线切割的主要工艺指标有表面粗糙度、切割精度、切割速度、电极丝损耗量。影响这些工艺指标的因素很多，如电极丝、工作液、工件材料、电参数、穿丝孔、进给速度、工件装夹、机床的传动精度等。获得好的工艺能力需要充分考虑各因素对工艺指标的影响，进行合理的选择、调节和使用。制定线切割工艺需要遵循一定的原则和步骤，不可随意而行。

　　电火花线切割的加工能力很强，能够加工窄缝、内清角（小圆角）、复杂形状等，同时还可以加工带一定锥度的二维曲面，同时可以加工螺纹面、双曲线等三维曲面。

　　在线切割加工过程中常会出现精度不达标、产品报废等情况，这就需要线切割的操作人员要有一定的专业素质，能够透彻理解图纸、熟练编程、熟悉工作液的配比更换及清洁保持工作，能够合理选择电参数及熟练工件装夹的操作等。同时应保持机床各零部件良好的运行精度，并合理选择线切割的材料及前面的加工工艺。

二、习题与思考

（1）电火花线切割的主要工艺指标有哪些？
（2）电火花线切割工艺指标的影响因素有哪些？
（3）工作液对工艺指标的影响如何？
（4）电参数对线切割工艺指标的影响规律是什么？
（5）电火花线切割的工艺步骤是怎样的？
（6）工件的校正都有哪些方法？线电极的起始位置该如何调整？
（7）简述电火花线切割过程中产生报废的原因及其防止方法。

拓展提高

切割不易装夹工件的加工方法

一、切割圆棒工件时的装夹方法

线切割圆棒形坯料时，或当加工阶梯式成形冲头或塑料模阶梯嵌件时，可用图 3－75 所示的装夹方法。圆棒可装夹在六面体的夹具内，夹具上钻一个与基准面平行的孔，用内六角螺钉固定。圆棒也可以用 V 形块夹具来夹持，可实现不同规格圆棒的安装。有时把圆棒坯料先加工成需要的片状，卸下夹子把夹具体转 90°，再加工成需要的形状。

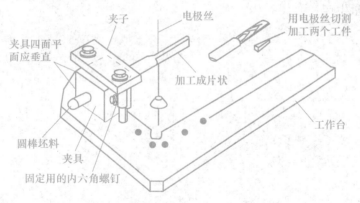

图 3－75　切割圆棒工件时的装夹方法

二、坯料余量小时的装夹方法

有些线切割的工件其坯料会比较小，没有足够的夹持空间。由于模具质量大，单端夹持往往夹不住或造成低头，而造成无法装夹或使加工后的工件不垂直，致使模具达不到技术要求。但可以采用增加支撑的办法来解决。比如在坯料边缘处不加工的部位加一块托板，使托板的上平面与工作台面在一个平面上，就能使加工工件保持垂直，如图 3 – 76 所示。

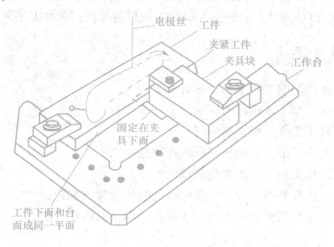

图 3 – 76　坯料余量小的工件装夹方法

三、切割六角形薄壁工件时的装夹方法

薄壁零件容易装夹变形，因此装夹六角形薄壁工件用的夹具，主要应考虑工件夹紧后不应变形，可采用图 3 – 77 所示的装夹方法，即让六角管的一面接触基准块。靠贴有许多橡胶板的胶夹由一侧加压，夹紧力由夹持弹簧产生。在易变形的工件上可分散设置许多个弹性加压点，这样不仅能达到减小变形的目的，而且工件固定也很可靠。此方法适合批量生产。

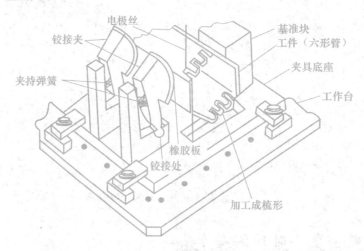

图 3 – 77　六角薄壁零件加工用的夹具

四、加工多个形状复杂工件的装夹方法

图 3 – 78 所示是一个用环状毛坯加工具有菠萝图形工件的夹具，工件加工完后切

断成 8 个。夹具分为上板和下板，上、下板固定在一起，下板的中心有 4 个突起，用来支撑工件，突出部分比切割外形小，避开了加工位置。用螺钉、压板将工件夹固在下板突起上。这种安装方法也适合批量生产。

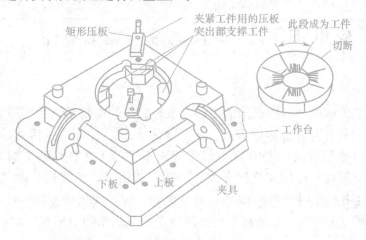

图 3-78 加工多个复杂工件的夹具

五、加工无夹持余量的工件装夹的方法

图 3-79 所示是用基准凸台装夹工件侧面来加工异形孔的夹具。在夹具的 A 部有与工件凹槽相吻合的突起，用来对工件进行定位。B 部由螺钉固定在 A 部上，而工件用夹紧螺钉固定。此夹具可使没有夹持余量的工件进行切割加工，其定位精确，夹紧牢固，保证了精度要求。如果夹具的基准凸台由线切割加工，根据基准凸台的坐标再加工两个异形孔，这样更易于保证工件的精度和垂直度，且可保证批量加工时精度的一致性。由此夹具可以进行延伸，如果工件的基准在相互垂直的两个侧面无夹持余量，则可在夹具上加工出两个内侧面作为基准，加工时将工件基准与两侧面贴合，同时用螺钉或螺钉加压板来夹紧加工。

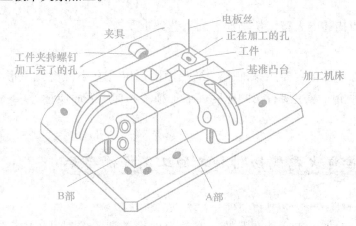

图 3-79 加工无夹持余量工件用的基准凸台夹具

项目四　应用 ISO 及 3B 代码编程加工零件

数控电加工机床属于数控机床的一种，数控机床的控制系统是按照人的"指令"去控制机床的。只有对数控程序有充分的了解和认识，才能避免因程序错误而产生加工废品，同时也能解决一些因自动编程解决不了的工艺性难题，简化加工步骤，缩短加工时间。因此，必须实现把要加工的图形，用机器所能接受的"语言"编排好"指令"，这项工作叫做数控编程，简称编程。为了便于编程时描述机床的运动，简化程序的编制方法及保证记录数据的互换性，数控机床的坐标和运动的方向均已标准化。

预期目标

（1）掌握数控电火花线切割加工的工艺特点。

（2）掌握数控机床坐标系及运动方向的确定方法。

（3）掌握 ISO 代码编程方法。

（4）掌握 3B 格式代码编程方法。

（5）能根据所给定的零件图，使用 ISO、3B 代码编写其程序。

任务4.1　数控电火花线切割加工的工艺特点

任务描述

本任务主要描述电火花线切割加工的工艺评价要素。

任务分析

电火花线切割加工主要用来加工二维平面图形以及有小锥度几何形状的零件。线切割加工工艺评价要素主要有切割速度、加工精度和加工表面质量等。

知识准备

一、数控电火花线切割加工的工艺评价要素

1. 切割速度对加工工艺的影响

线切割加工的加工速度是在保持一定的表面粗糙度的切割过程中，单位时间内电极丝中心线在工件上切过的面积总和，其单位为 mm^2/min。目前快走丝切割最高切割速

度可达 180 mm²/min，而慢走丝线切割因峰值电流高，最大切割速度可达350 mm²/min。

线切割的切割速度主要受到放电脉冲、极性、工件材料和运动速度的影响。

（1）单个脉冲能量的大小是影响加工速度的重要因素。对于矩形波脉冲电源，当峰值电流一定时，脉冲能量与脉冲宽度成正比。脉冲宽度增加，加工速度随之增加，因为随着脉冲宽度的增加，单个脉冲能量增大，使加工速度提高。但若脉冲宽度过大，加工速度反而下降。这是因为单个脉冲能量虽然增大，但转换的热能有较大部分散失在电极与工件之中，不起蚀除作用。同时，在其他加工条件相同时，随着脉冲能量过分增大，蚀除产物增多，排气排屑条件恶化，间隙消电离时间不足导致拉弧，加工稳定性变差，因此加工速度反而降低。

（2）在放电加工中，相同材料的两电极蚀除量是不同的，这和两电极与脉冲电源的极性连接有关。一般把工件接脉冲电源正极、电极接脉冲电源负极的加工方法称为正极性加工，反之把工件接脉冲电源负极、电极接脉冲电源正极的加工方法称为负极性加工。放电加工中介质被击穿后对两极材料的蚀除与放电通道中的正、负离子对两电极的轰击能量有关。负极性加工时带负电的电子向工件移动，而带正电的阳离子向电极移动，由于电子质量小容易加速，在小脉宽加工时容易在较短的时间内获得较大的动能，而质量较大的阳离子还未充分加速介质就已经消电离，因此工件阳极获得的能量大于阴极电极，造成工件阳极的蚀除量大于阴极电极。在电火花线切割加工中，快走丝一般采用中、小脉宽加工，因此通常采用正极性加工；而电火花则采用负极性加工。

（3）工件材料对切割速度也有很大的影响，材料的熔点、沸点、热导率较高，放电时蚀除量较小。因为热导率高，热传导快，能量损失大，导致蚀除量低。钨、钼、硬质合金等材料的切割速度比加工钢、铜、铝时低。

（4）电极丝的运动速度对切割速度也有较大的影响。走丝速度越快，放电区域温度升得越小。由于工作液更新速度加快，电蚀物排除速度也加快，确保了稳定加工，有利于切割速度的提高。

2. 线切割的加工精度

线切割的加工精度指被加工零件的尺寸精度、形状及位置精度等。影响加工精度的因素主要有以下几个方面。

（1）机床的机械精度。如丝架与工作台的垂直度、工作台拖板的直线度及其相互垂直度、夹具的制造精度及定位精度等，对加工精度有直接的影响。

（2）电参数如脉冲波形、脉冲宽度、间隙电压等对工件的蚀除量、放电间隙及电极损耗有较大的影响。因此，在加工过程中应尽量保持脉冲宽度、间隙电压的稳定，使放电间隙保持均匀一致，从而有利于加工精度的提高。

3. 影响加工表面质量的因素

线切割机床属于高精度机床，线切割加工表面质量主要看工件表面质量粗糙度的高低及表面变质层的厚薄。表面加工质量主要受到以下因素的影响。

（1）电极丝的张紧力对加工工件的表面质量有很大的影响，加工表面质量要求高的工件，应在不断丝的前提下适当提高电极丝的张力。张紧力提高，会减少电极丝的抖动，提高加工表面质量，但如果上丝过紧，往往会在换向的瞬间发生断丝，严重时即使空走也会断丝。

（2）高速走丝线切割机床一般采用乳化油与水配制而成的工作液。火花放电必须在具有一定绝缘性能的液体介质中进行，工作液的绝缘性能可使击穿后的放电通道压缩，从而局限在较小的通道半径内火花放电，形成瞬时和局部高温来熔化并气化金属，放电结束后又迅速恢复放电间隙成为绝缘状态。加工前要根据不同的工艺条件选择不同型号的乳化液。再者必须检查与冷却液有关的条件，检查加工液的液量及脏污程度，保证加工液的绝缘性能、洗涤性能、冷却性能达到要求。

（3）快走丝线切割机一般在加工 50 ~ 80 h 后就须考虑改变导电块的切割位置或者更换导电块，有脏污时需用洗涤液清洗。必须注意的是：当变更导电块的位置或者更换导电块时，必须重新校正电极丝的垂直度，以保证加工工件的精度和表面质量。

（4）导轮的转动情况不好会影响加工零件的表面质量，必须仔细检查上、下喷嘴的损伤和脏污程度，用清洗液清除脏物，有损伤时需及时更换。还应经常检查储丝筒内电极丝的情况，电极丝损耗过大就会影响加工精度及表面质量，需及时更换。此外，导电块、导轮和上、下喷嘴的不良状况也会引起电极丝的振动，这时即使加工表面能进行良好的放电，但因电极丝振动，加工表面也很容易产生波峰或条纹，最终引起工件表面粗糙度变差。

二、编程前的加工工艺安排

线切割加工的工艺技术十分重要，只有工艺合理，才能高效率地加工出质量好的零件。因此在零件编程安排前应仔细做好准备工作，认真地对零件进行分析，制定合适的加工工艺，合理地安排加工路线。

1. 对图样进行分析和审核

分析图样对保证工件加工质量和工件的综合技术指标是具有决定意义的第一步。在分析图样时首先要挑出不能或不宜用电火花线切割加工方法加工的工件图样，大致有以下几种。

（1）表面粗糙度和尺寸精度要求很高，切割后无法进行手工研磨的工件。

（2）窄缝小于电极丝直径加放电间隙的工件，或图形内拐角处不允许带有电极丝半径加放电间隙所形成的圆角的工件。

（3）非导电材料。

（4）厚度超过丝架跨距的零件。

（5）加工长度超过 X、Y 拖板的有效行程长度，且精度要求较高的工件。

在符合线切割加工工艺的条件下，应着重在表面粗糙度、尺寸精度、工件厚度、工件材料、尺寸大小、配合间隙和冲制件厚度等方面仔细考虑。

2. 工艺基准的选择

对零件图样进行分析后，明确加工要求，选择主要定位基准，保证将工件正确、可靠地装夹在机床或夹具上。选择某些工艺基准作为电极丝的定位基准，用来将电极丝调整到相对于工件的位置上。

3. 加工路线的选择

编程时要根据坯料的情况，选择一个合理的装夹位置，同时确定一条合理的切割路线。在加工过程中，工件背部应力的释放要引起工件的变形，所以在选择加工路线时，应尽量避免破坏工件结构的刚性。切割路线主要以防止或减少模具变形为原则，一般应考虑使靠近装夹这一边的图形最后切割为宜。

4. 穿丝孔位置的选择

当加工凸模时，穿丝孔的位置可设置在加工轨迹的拐角附近，以简化编程，如图4-1所示。

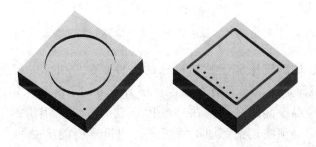

图4-1 穿丝孔的位置

加工凹模零件的内表面时，穿丝孔的位置可设置在对称中心，这对编程计算和电极丝定位都较方便，但切入行程较长，对大型工件不太使用。穿丝孔的设置具有一定的灵活性，应根据具体情况来确定。

任务4.2 采用补偿方式加工凸模零件

任务描述

本任务要求运用线切割机床加工如图4-2所示的凸模零件，工件厚度为20 mm，加工表面粗糙度为 $Ra=3.6\ \mu m$，电极丝直径为 $\phi0.18$ mm，单边放电间隙为 0.01 mm。试采用ISO代码中的自动补偿指令编制其程序。

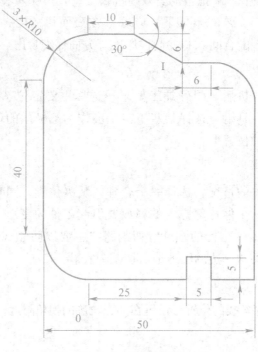

图 4 - 2 凸模零件

任务分析

  数控电火花线切割机床属于数控机床的一种，数控机床的控制系统是按照人的"指令"去控制机床加工的。只有对数控程序有充分的了解和认识，才能避免因程序错误而产生加工废品，同时也能解决一些因自动编程解决不了的工艺性难题，简化加工步骤。因此，必须实现把要加工的图形，用机器所能接受的"语言"编排好指令，这项工作叫做数控编程，简称编程。为了便于编程时描述机床的运动，简化程序的编制方法及保证记录数据的互换性，数控机床的坐标和运动的方向均已标准化。

  在企业生产实际中，线切割机床常用来加工凸模、凹模和样板零件等。ISO 代码是一种很常见的线切割机床手工编程方法，在本任务中主要介绍线切割机床 ISO 代码中直线、圆弧、自动补偿指令的用法，并运用自动补偿指令加工凸模零件。

知识准备

一、电火花线切割机床坐标系的确定

  由于前面已经详细介绍过数控机床的坐标系确定方法，因此这里简单介绍电加工机床的坐标系确定方法。线切割机床坐标系也是采用右手直角笛卡儿坐标系，如图 4 - 3 所示。在图中，大拇指的方向为 X 轴的正方向；食指为 Y 轴的正方向；中指为 Z 轴的正方向。线切割机床的坐标系如图 4 - 4 所示。

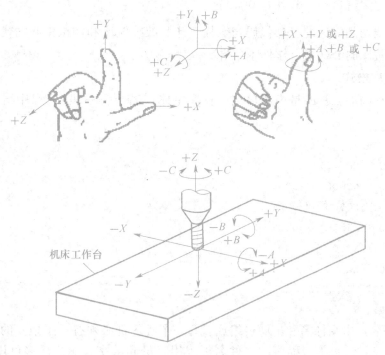

图 4-3　右手笛卡儿坐标系

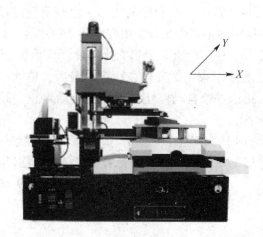

图 4-4　线切割机床坐标系

二、线切割基本编程方法

　　线切割机床除了使用 ISO 代码外，还有用 3B、4B 和 EIA 等指令代码，其中使用较多的是 ISO 和 3B 程序，慢走丝多采用 ISO 格式。本任务主要介绍 ISO 代码和 3B 代码。

1. ISO 格式（G 代码）数控程序

电火花线切割机床的 ISO 代码与数控车床、数控铣床和加工中心的代码类似，下面就线切割机床的 ISO 指令作具体介绍。

（1）程序格式。

一个完整的加工程序是由程序名、程序主体（若干程序段）、程序结束指令组成的。如：

```
O0061；
N01  G92  X0  Y0；
N02  G01  X2000  Y2000；
N03  G01  X7500  Y2000；
N04  G03  X7500  Y5000；1  J
N05  G01  X2000  Y5000；
N06  G01  X2000  Y2000；
N07  G01  X0    Y0；
N08  M02；
```

a. 程序名。由文件名和扩展名组成。每一个程序都必须有一个独立的文件名，目的是为了查找、调用等。程序的文件名可以用字母和数字表示，最多可用 8 个字符，如 O10，但文件名不能重复。扩展名最多用 3 个字母表示，如 O10. CUT。

b. 程序的主体。程序主体是整个程序的核心，由若干程序段组成，如上面加工程序中 N01～N07 段。在程序的主体中又分为主程序和子程序。一段重复出现的、单独组成的程序，成为子程序。子程序取出命令后单独存储，即可重复调用。

c. 程序结束指令。程序结束指令安排在程序的最后，单列一段。当数控系统执行到程序结束指令段时，机床进给自动停止，工作液自动停止，并使数控系统复位，为下一个工作循环做好准备。

可以作为程序结束标记的 M 指令有 M02 和 M30，它们代表零件加工主程序的结束。为了保证最后程序段的正常执行，通常要求 M02/M30 也必须单独占一行。

此外，子程序结束有专用的结束标记，ISO 代码中用 M99 来表示子程序结束后返回主程序。

（2）程序段格式。

程序段是程序的组成部分，用来命令机床完成或执行某一动作。在书写、打印和显示程序时，每一个程序段一般占一行，在各程序段之间用程序段结束符号分开。在数控行业中，现在使用最多的是可变程序段格式，因为可变程序段格式程序简短直观，不需要的字及与上一段相同的续效字可以写出来，也可以不写，各字的排列顺序要求不严格，每个字的长度不固定，每个程序段的长度、程序段中字的个数都是可变的。

每个程序段由若干个数据字组成，而数据字又由表示地址的英文字母、特殊文字和数字组成，如 X30、G90 等。

程序段格式是指一个程序段中字、字符、数据的排列、书写方式和顺序。通常情况下，程序段格式有字—地址程序段格式、使用分隔符的程序段格式、固定程序段格式3种。后两种程序段格式在线切割机床中的"3B"指令中使用较多。

字—地址程序段格式如下：

N＿＿＿ G＿＿＿ X＿＿＿ Y＿＿＿ Z＿＿＿ F＿＿＿ S＿＿＿ T＿＿＿ M＿＿＿ LF：

程序	准备	尺寸	进给	主轴	刀具	辅助	结束
段号	功能	功能	功能	功能	功能	功能	标记

a. 顺序号（程序段号）。所谓顺序号，就是加在每个程序段前的编号。顺序号位于程序段之首，用大写英文字母 N 或 O 开头，后续 2~4 位，如 N03、N0010，以表示各段程序的相对位置。顺序号可以省略，但使用顺序号对查询一个特定程序很方便，使用顺序号有以下两种目的：

· 用作程序执行过程中的编号。

· 用作调用子程序时的标记编号。

注：N9140~N9165 是固循子程序号，用户在编程过程中不得使用这些顺序号，但可以调用这些固循子程序。

b. 程序段的内容。程序段的中间部分是程序段的内容，程序内容应具备 6 个基本要素，即准备功能字、尺寸功能字、进给功能字、主轴功能字、刀具功能字和辅助功能字。但并不是所有程序都必须包含所有功能字，有时一个程序段内仅包含其中一个或几个功能字也是允许的。

c. 程序段结束。程序段以结束标记"CR"或"LF"结束。在实际使用时，常用符号";"或"＊"表示"CR"或"LF"，如：

```
N01  G92  X0  Y0;
```

d. 程序段注释。为了方便检查、阅读数控程序，在许多数控程序系统中允许对程序进行注释，注释可以作为对操作者的提示显示在荧屏上，但注释对机床动作没有丝毫影响。

程序的注释应放在程序的最后，不允许将注释插在地址和数字之间，如下列程序段所示。本书为了便于读者阅读，一律用";"表示程序段结束，之后直接跟程序注释。

```
T84  T86  G90  G92  X0  Y0;        确定穿丝点,打开切削液,电极丝,绝对编程
G01  X3000  Y8000;                 直线切割
G01  X6000  Y9000;                 直线切割
```

（3）ISO 代码及其程序编制。

目前我国的数控线切割系统使用的指令代码与 ISO 基本一致。表 4-1 所示为数控线切割机床常用的 ISO 指令代码。

表 4-1　数控线切割机床常用指令代码

代 码	功 能	代 码	功 能
G00	快速定位	G59	加工坐标系
G01	直线插补	G80	接触感知
G02	顺圆插补	G82	半程移动
G03	逆圆插补	G84	微弱放电找正
G05	X 轴镜像	G90	绝对坐标
G06	Y 轴镜像	G91	相对坐标
G07	X、Y 轴交换	G92	确定起点坐标值
G08	X 轴镜像，Y 轴镜像	M00	程序暂停
G09	X 轴镜像，X、Y 轴交换	M02	程序结束
G10	Y 轴镜像，X、Y 轴交换	M05	接触感知解除
G11	Y 轴镜像，X 轴镜像，X、Y 轴交换	M98	调用子程序
G12	消除镜像	M99	调用子程序结束
G40	取消间隙补偿	T82	切削液保持 OFF
G41	左偏间隙补偿	T83	切削液保持 ON
G42	右偏间隙补偿	T84	打开切削液
G50	取消锥度	T85	关闭切削液
G51	锥度左偏	T86	送电极丝（阿奇公司）
G52	锥度右偏	T87	停止送丝（阿奇公司）
G54	加工坐标系 1	T80	送电极丝（沙迪克公司）
G55	加工坐标系 2	T81	停止送丝（沙迪克公司）
G56	加工坐标系 3	W	下导轮到工作台面高度
G57	加工坐标系 4	H	工作台厚度
G58	加工坐标系 5	S	工作台面到上导轮高度

①G00——快速定位。

线切割机床在没有脉冲放电的情况下，以点定位控制方式快速移动到指定位置。它只是指定点位置，而不能加工工件。程序格式是：

　　G00　X＿＿＿　Y＿＿＿；

②G01——直线插补。

直线插补指令是最基本的一种直线运动指令，可使机床加工任意斜率的直线轮廓或用直线逼近的曲线轮廓。程序格式为：

　　G01　X＿＿＿　Y＿＿＿；

图 4-5 所示为从起点 A 直线插补到指定点 B，其程序为：

```
G00  X5000  Y5000;
G01  X16000  Y20000;
```

目前，可加工锥度的电火花线切割数控机床具有 X、Y 坐标轴及 U、V 附加轴工作台，其程序段格式为：

```
G01  X____  Y____  U____  V____;
```

③G02——顺时针圆弧插补；

G03——逆时针圆弧插补。

用圆弧插补指令编写的程序段格式为：

```
G02  X____  Y____  I____  J____;
G03  X____  Y____  I____  J____;
```

其中：

X、Y——圆弧终点坐标；

I、J——圆心坐标，是圆心相对圆弧起点在 X、Y 方向上的增量值。

图 4-6 所示为从起点 A 加工到指定点 B，再从 B 加工到指定点 C，其程序为：

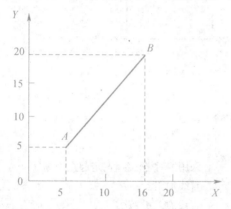

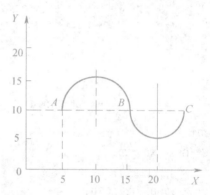

图 4-5　从起点 A 直线插补到指定点 B　　　图 4-6　从起点 A 加工到指定点 C

```
G02  X15000  Y10000  I5000  J0;
G03  X25000  Y10000  I5000  J0;
```

④G90——绝对坐标指令；

G91——相对（增量）坐标指令。

G90 为绝对坐标编程指令，当采用该指令时，代表程序中的尺寸是按照绝对尺寸给定的，即移动指令终点坐标值 X、Y 都是以工件坐标系原点（程序的零点）为基准来计算的。

G91 为相对坐标编程指令，也叫做增量坐标编程指令。当采用该指令时，代表程序中的尺寸是按照相对尺寸给定的，即坐标值均以以前一个坐标位置作为起点来计算下一点的位置值的。3B、4B 程序均采用此方法来计算坐标点。

用绝对坐标或相对坐标编写的指令段格式为：

```
G90;
G91;
```

⑤G92——定起点坐标指令。

指定电极丝当前位置在编程坐标系中的坐标值，一般情况下将此坐标值作为加工程序的起点。

用定起点坐标指令编写的指令段格式为：

G92　X＿＿＿　Y＿＿＿；

绝对坐标与相对坐标编程举例分析。

例 4-1　图 4-7 所示的凸模零件，指定起点为 A，假设不考虑电极丝半径和放电间隙，加工路线为：$A \to B \to C \to D \to E \to F \to G \to H \to I \to J \to A$，加工起点为 A 点。

采用绝对坐标编程，其程序如下：

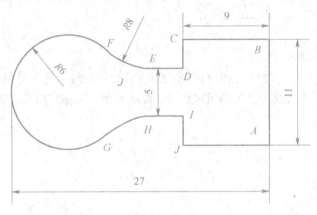

图 4-7　凸模零件加工

```
O0001
G90  G92  X0  Y0;                                采用绝对坐标编程,定起点坐标(0,0)
G01  X0  Y11000;                                 直线加工A →B
G01  X-9000  Y11000;                             直线加工B →C
G01  X-9000  Y8000;                              直线加工C →D
G01  X-11740  Y8000;                             直线加工D →E
G02  X-17031  Y10658  I0     J8000;              顺时针加工圆弧E →F
G03  X-17031  Y1000   I-3969  J4500;             逆时针加工圆弧F →G
G02  X-11740  Y3000   I5292   J6000;             顺时针加工圆弧G →H
G01  X-9000  Y3000;                              直线加工H →I
G01  X-9000  Y0;                                 直线加工I →J
G01  X0  Y0;                                     直线加工J →A
M02;                                             程序结束
```

采用相对（增量坐标）编程，其程序如下：

```
O0002
G91  G92     X0  Y0;                             采用相对坐标编程,定起点坐标(0,0)
G01  X0     Y11000;                              直线加工A →B
G01  X-9000  Y0;                                 直线加工B →C
G01  X0     Y-3000;                              直线加工C →D
```

```
G01   X-2740   Y0;                          直线加工 D →E
G02   X-5291   Y2658   I0        J8000;     顺时针加工圆弧 E →F
G03   X0       Y9000   I-3969    J4500;     逆时针加工圆弧 F →G
G02   X5291    Y2658   I5292     J6000;     顺时针加工圆弧 G →H
G01   X2740    Y0;                          直线加工 H →I
G01   X0       Y-3000;                      直线加工 I →J
G01   X9000    Y0;                          直线加工 J →A
M02;                                        程序结束
```

⑥G41、G42、G40——间隙补偿指令。

线切割机床加工零件时，实际是电极丝中心点沿着零件尺寸移动，由于电极丝自身的半径，加上放电间隙等，会产生一定的尺寸误差。如果没有间隙补偿指令，就只能先根据零件轮廓尺寸和电极丝直径及放电间隙计算出电极丝中心点的轨迹尺寸，计算量较大不说，还容易出错。此时采用间隙补偿指令，不仅能简化编程难度，还提高了准确性，对于手工编程具有重要的意义。

G41——左偏移。沿着电极丝加工的方向看，电极丝在工件的左边，如图4-8所示。

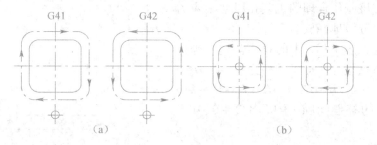

图4-8 偏移方向的确定
(a) 凸模加工；(b) 凹模加工

程序格式是：G41   D____；

G42——右偏移。沿着电极丝加工的方向看，电极丝在工件的左边，如图4-9所示。

程序格式是：G42   D____；

G40——取消间隙补偿。

程序格式是：G40。

程序段中，D表示补偿值为电极丝半径与放电间隙之和。

电极丝半径补偿的建立和取消与数控铣削加工中的刀具半径补偿的建立和取消过程完全相同。图4-9表示补偿建立的过程。在第1段中无补偿，电极丝中心轨迹与编程轨迹重合。第2段中补偿从无到有，称为补偿的初始建立段，规定这一段只能用直线插补指令，不能用圆弧插补指令，否则会出错。第3段中补偿已经建立，故称为补偿进行段。

撤销补偿时也只能在直线段上进行，在圆弧段撤销补偿时将会引起错误，如图4-10所示。

图4-9 补偿建立

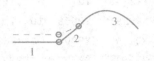

图4-10 补偿撤销

正确的方式：G40　G01　X0　Y0；

错误的方式：G40　G02　X20　Y0　I10　J0；

当补偿值为零时，运动轨迹与撤销补偿一样，但补偿模式并没有被取消。当补偿值大于圆弧半径或两线段间距的1/2时，就会发生过切，在某些情况下，过切有可能会中断程序的执行。因此必须注意零件的允许补偿值。

任务实施

1. 工艺分析

加工任务见图4-11。由于零件材料被切割，在很大程度上会破坏材料内应力的平衡状态，使材料变形，可能会夹断钼丝。从加工工艺上考虑，应该制作合理的工艺孔以便于应力对称、均匀、分散地释放。

穿丝孔定在图4-12中的O点。建立坐标系，计算各节点坐标。加工顺序为$O \to A \to B \to C \to D \to E \to F \to G \to H \to I \to J \to K \to L \to M \to A \to O$。凸模零件的补偿间隙$f = 0.18/2 + 0.01 = 0.1$ mm。

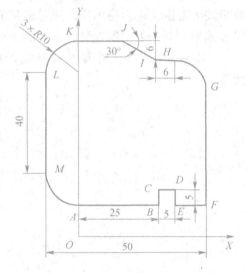

图4-11　凸模零件图

2. 工艺实施

（1）加工穿丝孔。

（2）装夹工件，穿丝，校正电极丝并定位。

工件装夹后可用百分表定位找正。穿丝后应检查电极丝是否在导轮内，然后测试张力。张力大小应保持在一定值内，太小容易引起抖动，影响加工精度；太大会影响电极丝的使用寿命。电极丝校正可用机床的自动找中功能定位。

（3）开机床总电源、开机床控制柜。

（4）计算各节点坐标，编制程序。

（5）加工零件。

加工程序如下：

程序	说明
T84　T86　G90　G92　X0　Y0；	确定电极丝初始点坐标为(0,0)，打开切削液，启动运丝机构，采用绝对编程
G42　D100；	采用半径右补偿，补偿值为100 μm
G01　X0　Y10000；	直线加工$O \to A$
G01　X25000　Y10000；	直线加工$A \to B$

```
G01   X25000   Y15000;                直线加工B →C
G01   X30000   Y15000;                直线加工C →D
G01   X30000   Y10000;                直线加工D →E
G01   X40000   Y10000;                直线加工E →F
G01   X40000   Y54000;                直线加工F →G
G03   X30000   Y64000   I-10000   J0;  逆时针圆弧加工G →H
G01   X24000   Y64000;                直线加工H →I
G01   X13608   Y70000;                直线加工I →J
G01   X0   Y70000;                    直线加工J →K
G03   X-10000   Y60000   I0   J-10000;  逆时针圆弧加工K →L
G01   X10000   Y20000;                直线加工L →M
G03   X0   Y10000   I10000   J0;       逆时针圆弧加工M →A
G40;                                  取消电极丝半径补偿
G01   X0   Y0;                        直线加工A →O
T85   T87   M02;                      关闭切削液,关闭运丝机构,程序结束
```

归纳总结

一、总结

本任务以加工带补偿的凸模零件为例介绍了 ISO 代码补偿指令的编程方法。通过本任务的学习，读者对 ISO 代码编程有了一个较全面的了解。ISO 代码在手工编程中应用越来越广泛，在编程过程中要准确计算坐标，正确使用钼丝偏移指令。

二、习题与思考

（1）标准 ISO 代码中补偿指令有哪些？分别代表什么意思？

（2）在电火花线切割放电加工中，电极丝与工件之间有相互接触的作用力吗？

（3）数控电火花线切割机床的加工精度完全取决于机床工作台的机械运动精度吗？

拓展提高　线切割加工精度和表面质量影响因素

电火花线切割加工精度，是指切割后工件的实测尺寸相对于所要求的理论尺寸的偏差；表面质量主要指工件表面粗糙度和表面变质层。它们是评价线切割加工质量的两个重要指标。影响加工精度和表面质量的因素很多，既有电参数的影响，也有非电参数主要是电极丝、工艺参数、工作液、工件材料、机床的热变形等因素的影响。

1. 电参数的影响

（1）脉冲宽度。脉冲宽度加大时，电蚀产物也随之增加，当电蚀产物来不及排除时，加工变得不稳定，表面粗糙度增大。脉冲宽度越窄，放电所产生的热量就越来不及传导扩散，被限制在很小的范围内，放电坑小，不存在烧伤现象；同时放电坑重叠较好，从而可以得到较好的表面质量。

（2）峰值电流。峰值电流越大，单脉冲的能量越多，工件表面粗糙度变差，加工

精度降低。所以粗加工及切割厚件时取较大值，精加工时取较小值。

（3）脉冲间隔。其他条件不变时，减小脉冲间隙对表面粗糙度值影响不大。但脉冲间隙不能太小，否则将使消电离不充分，电蚀产物来不及排除，造成加工不稳定，影响表面粗糙度。粗加工及切割厚工件时脉冲间隙应取大些，而精加工时取小些，但不能过小，否则会引起电弧和断丝。

（4）开路电压。随着开路电压峰值的提高，加工电流增大。切缝变宽、排屑容易，表面粗糙度值有所增加。由于开路电压高时加工间隙会变大，所以加工精度略有降低。精加工时，开路电压应比粗加工时低，在切割厚工件时应取较高的开路电压。

2. 电极丝的影响

（1）直径的影响。电极丝直径过小，所能承受的电流小。切缝窄，不利于加工的稳定。在一定范围内，电极丝直径越大，允许通过的加工电流就越大，切缝越大，排屑越容易，而使加工稳定，有利于切割厚工件，但加工精度和表面粗糙度会下降。通常使用的电极丝直径一般为 $0.05 \sim 0.25$ mm。

（2）空间位置与运动稳定性的影响。电极丝的振动，对快走丝线切割加工精度和表面粗糙度的影响很大；电极丝在加工时的受力弯曲变形，也会造成加工精度的下降。影响电极丝空间位置与运动稳定性的原因也是众多的，主要有以下几个。

①电极丝张力的影响。快走丝线切割机床采用单储丝筒往复走丝的方式，电极丝张力大小通常由上丝时的拉力决定。然而上丝过程通常是人工操作，丝的张力是非恒定的，这势必影响电极丝的运动平稳性。若电极丝上丝过松，张力过小，电极丝动得厉害，会造成频繁短路，以致加工不稳定，工件精度不高；同时张力过小，会使电极丝在加工过程中过度弯曲变形，将导致电极丝切割速度落后并偏离工件轮廓，出现加工滞后现象，从而造成形状与尺寸误差，影响了工件的加工精度。若上丝过紧，则容易造成疲劳断丝，而重新穿丝则会对加工质量造成重大的影响。电极丝张力的大小，因电极丝的材料与直径的不同而不同，快走丝线切割机床钼丝张力一般为 $5 \sim 10$ N。让电极丝在加工过程中获得恒定的张力，是提高加工质量的一个重要方法。快走丝电火花线切割机恒张力控制系统，主要有重锤式和机电式两种，但这两种张力控制在加工过程中都存在一些缺点。

②导轮、导电块的影响。导轮对电极丝的振动有直接的影响。如果导轮有径向圆跳动或轴向窜动，电极丝就会发生振动，加工工件精度就会降低。走丝系统中，所有导轮的中心都应该严格处于同一平面之中，任何一只导轮中心偏离该平面，或导轮轴线与该平面在垂直度上有差异，都会加剧电极丝的振动；导轮 V 形槽的圆角半径超过电极丝半径时，将不能保持电极丝的精确位置。这些都直接影响加工精度和表面粗糙度。运丝系统的导轮数越少越好；机床运行一定时间后，应更换导轮或更换导轮轴承；导轮轴承的工作环境很差，最好能采用强制润滑方式，严格做到消除间隙。在加工一段时间后，导电块上通常会磨出比较深的凹槽，影响正常放电，降低加工品质。因此需要定时清理导电块，并更换磨损严重的导电块，保证工件的加工精度和表面质量。

③储丝筒的影响。当储丝筒内外圆不同轴时，或储丝筒的轴和轴承等零件因磨损

而产生间隙时，就会引起电极丝抖动，导致加工过程的不稳定。这时应将储丝筒拆下，重新磨圆再组装，以恢复原来的精度。

④走丝速度的影响。在一定加工范围内，走丝速度的提高，有利于电蚀产物的排除、放电通道迅速消电离和加工的稳定。但走丝速度过高，会使电极丝的振动加大、精度降低、表面粗糙度差，易造成断丝。所以一般高速走丝切割加工时的走丝速度小于 10 m/s。

⑤丝架高度的影响。上下丝架高度过大，电极丝会振动，因此对于可调丝架的机床，使跨度尽可能小。

⑥工件厚度的影响。工件较薄时，工作液容易进入，有利于排屑和消除电离，加工稳定性好。但工件太薄，电极丝容易产生振动，对加工精度和表面粗糙度不利。工件较厚时，工作液难以进入加工区域，加工稳定性差，但电极丝不易抖动，因此加工精度高，表面粗糙度值较小；但工件太厚，也不利于表面质量的提高。

（3）换向的影响。线切割加工过程中，电极丝在储丝筒的带动下往复运动进行加工。电极丝在换向的瞬间会造成松紧不一，电极丝张力不均匀，从而引起电极丝振动，直接影响加工表面质量，所以，应尽量减少电极丝往复运动的换向次数。在加工条件不变的情况下，加大电极丝的有效工作长度，可减少换向次数，减少电极丝的抖动，促进加工过程的稳定，提高加工表面质量。

3. 工艺参数的影响

（1）切割路径的影响。线切割加工时需要合理安排切割路线，尽量避免破坏工件材料原有的内部应力平衡，防止工件材料在切割过程中因在夹具的作用下，产生显著变形，致使切割表面质量下降，甚至夹断电极丝。在加工中，工件与其夹持部分的分离应安排在最后，使其加工过程中刚性较好；避免从工件端面由外向里开始加工，防止破坏工件的强度，引起变形；不能沿工件端面加工，这样放电时电极丝单向受电火花冲击力，使电极丝运行不稳定，难以保证尺寸和表面精度；尽量采用封闭切割型腔。

（2）穿丝点的选择。从毛坯外部切入时会出现一些问题，因为工件在加工时会产生材料内部应力平衡被打破的问题，从而产生了材料变形，影响了加工精度。如果采用打穿丝孔的方法就可以避免这些问题。穿丝孔的位置要合适，打穿丝孔时需注意这样几点：加工孔类零件时，穿丝孔要尽量位于加工孔的中心；穿丝点应尽量靠近工件加工表面，否则会增加加工的长度；穿丝孔的表面质量和精度不能太差。

（3）进给速度的调节。预置进给速度对表面质量的影响较大。进给速度过快，超过工件的蚀除速度，会出现频繁短路的现象，表面粗糙度也差；反之，进给速度太慢，落后于工件的蚀除速度，极间将偏于开路，加工表面发焦呈淡褐色，上、下端面有过烧现象。这两种情况都会大大影响工艺指标。一般来说，当系统的加工电流达到加工电源短路电流的 75% ~ 80% 时，步进频率大致恒定，电流表指针稳定，加工进给速度比较合适。加工时应根据电流表指针的摆动调节进给速度，使表针稳定不动，此时工件表面粗糙度达到最佳值。

4. 工作液的影响

快走丝线切割常选用乳化液作为加工介质。工作液浓度的配制取决于工件的厚度，并与加工精度和材质有关。工作液浓度大时，放电间隙小，表面粗糙度较小，但不利于排屑，易造成短路；工作液浓度低时，工件表面粗糙度较差，但利于排屑。工作液的脏污程度对工艺指标也有较大的影响，往往经过一段时间放电切割加工之后，脏污程度又不大的工作液加工效果较好。在加工中工作液上下冲水时需均匀，并尽量包住电极，减少电极的振动，从而改善工件表面粗糙度。

5. 不同工件材料的影响

不同的工件材料，因熔点、气化点、热导率等不相同，线切割加工性能也不同。切割铜、铝、淬火钢时，加工过程稳定，切割速度高；切割不锈钢、磁钢、未淬火高碳钢时，稳定性差，切割速度较慢，表面质量较差；切割硬质合金时，比较稳定，切割速度较慢，表面粗糙度好。

任务4.3　加工对称凸模

任务描述

本任务要求运用线切割机床加工如图 4 – 12 所示的凸模零件，工件厚度为20 mm，加工表面粗糙度为 $Ra3.2$ μm，电极丝直径为 $\phi0.18$ mm，单边放电间隙为 0.01 mm。试采用 ISO 代码中的镜像及交换指令编制其程序。

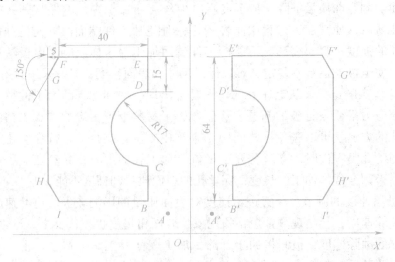

图 4 – 12　对称凸模

任务分析

模具零件很多都是对称零件，采用 ISO 代码编程时，可以采用镜像及交换指令对其进行编程，这样可以大大简化编程工作量，提高工作效率。本任务主要介绍镜像及交换指令的用法，并运用镜像及交换指令对对称凸模进行编程。

知识准备

1. G05、G06、G07、G08、G09、G10、G11、G12——镜像及交换指令

模具零件上的图形有些是对称的，虽然也可以用前面介绍的基本指令编程，但是很烦琐，此时可以用镜像及交换指令进行加工。使用镜像及交换指令单独成为程序段，在该程序段的以下程序段中，X、Y坐标按照指定的关系式发生变化，直到出现取消镜像加工指令为止才结束。

镜像及交换指令的程序格式为：G05；其他程序格式与此相同。

G05——X轴镜像，函数关系式：$X = -X$，如图 4 – 13 中的 AB 段曲线与 BC 段曲线。

G06——Y轴镜像，函数关系式：$Y = -Y$，如图 4 – 13 中的 AB 段曲线与 AD 段曲线。

G07——X、Y轴交换，函数关系式：$X = Y$，$Y = X$，如图 4 – 14 所示。

G08——X轴镜像，Y轴镜像，函数关系式：$X = -X$，$Y = -Y$。即 G08 = G05 + G06，如图 4 – 13 中的 AB 段曲线与 CD 段曲线。

G09——X轴镜像，X、Y轴交换，即 G09 = G05 + G07。

G10——Y轴镜像，X、Y轴交换，即 G10 = G06 + G07。

G11——X轴镜像，Y轴镜像，X、Y轴交换，即 G11 = G05 + G06 + G07。

G12——消除镜像，每个程序镜像结束后使用。

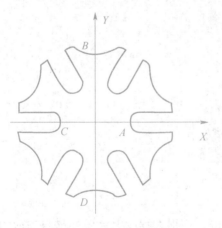

图 4 – 13 X、Y 轴镜像

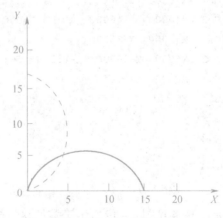

图 4 – 14 X、Y 轴交换

2. 镜像加工举例

例 4 – 2 如图 4 – 15 所示对称零件，应用镜像及交换指令，编制加工程序。

编制程序时，只需要先编制第一象限的加工程序，然后再对程序稍加修改即成为镜像加工程序。

先在图形中建立坐标系，如图 4 – 15 所示，然后编制程序。

项目四 应用ISO及3B代码编程加工零件

第一、第四象限图形程序：

O00010

G90　G92　X0　Y0；

G01　X6000　Y0；

G01　X6000　Y26000；

G02　X22000　Y26000　I0　J-16000；

G01　X40000　Y26000；

G01　X40000　Y16000；

G03　X40000　Y-16000　I0　J-16000；

G01　X40000　Y-26000；

G02　X6000　Y-26000　I-16000　J0；

G01　X6000　Y26000；

G01　X0　Y0；

M02；

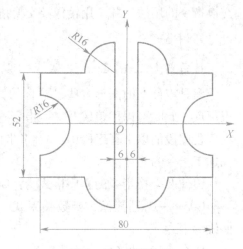

图 4－15　镜像加工

镜像加工程序：

O00020

G05；

G90　G92　X0　Y0；

G01　X6000　Y0；

G01　X6000　Y26000；

G02　X22000　Y26000　I0　J-16000；

G01　X40000　Y26000；

G01　X40000　Y16000；

G03　X40000　Y-16000　I0　J-16000；

G01　X40000　Y-26000；

G02　X6000　Y-26000　I-16000　J0；

G01　X6000　Y26000；

G01　X0　Y0；

G12；

M02；

任务实施

1. 工艺分析

加工任务见图 4－12。由于零件材料被切割，在很大程度上会破坏材料内应力的平衡状态，使材料变形，可能会夹断钼丝。从加工工艺上考虑，应该制作合理的工艺孔以便于应力对称、均匀、分散地释放。

图 4－12 所示的凸模成型零件为对称零件，如采用镜像指令，可使编程简单。将加工坐标原点设定在 O 点，穿丝孔设置在 A 和 A'，退出点与穿丝点重合。加工完成左边凸模后，利用程序暂停指令 M00 进行拆丝，然后用 G00 指令将机床定位在右边凸模的穿丝点 A' 点，再运行暂停指令 M00，重新穿丝，启动机床加工右边的凸模。

加工顺序为 $O \rightarrow A \rightarrow B \rightarrow C \rightarrow D \rightarrow E \rightarrow F \rightarrow G \rightarrow H \rightarrow I \rightarrow B \rightarrow A$。凸模零件的补偿间隙 $f = 0.18/2 + 0.01 = 0.1$（mm）。

2. 工艺实施

（1）加工穿丝孔。

（2）装夹工件，穿丝，校正电极丝并定位。

工件装夹后可用百分表定位找正。穿丝后应检查电极丝是否在导轮内，然后测试张力。张力大小应保持在一定值内，太小容易引起抖动，影响加工精度；太大会影响电极丝的使用寿命。电极丝校正可用机床的自动找中功能定位。

（3）开机床总电源、开机床控制柜。

（4）计算各节点坐标，编制程序。

（5）加工零件。

加工程序如下：

O0010

程序	说明
T84 T86 G90 G92 X-10000 Y10000;	采用绝对坐标编程，A 点（-10,10）为穿丝点，开切削液，开启运丝机构
G42 D100 G01 X-20000 Y20000;	补偿值为 $100\ \mu m$，直线加工 $A \rightarrow B$
G01 X-20000 Y35000;	直线加工 $B \rightarrow C$
G02 X-20000 Y69000 I0 J17000;	顺时针加工圆弧 $C \rightarrow D$
G01 X-20000 Y84000;	直线加工 $D \rightarrow E$
G01 X-60000 Y84000;	直线加工 $E \rightarrow F$
G01 X-65000 Y75340;	直线加工 $F \rightarrow G$
G01 X-65000 Y28660;	直线加工 $G \rightarrow H$
G01 X-60000 Y20000;	直线加工 $H \rightarrow I$
G01 X-20000 Y20000;	直线加工 $I \rightarrow B$
G01 X-10000 Y10000;	退出到穿丝点 A
M00;	程序暂停，拆丝
G05 G00 X-10000 Y10000;	采用 X 镜像指令，快速移动到穿丝点 A'
M00;	程序暂停，穿丝
G01 X-20000 Y20000;	直线加工 $A \rightarrow B$
G01 X-20000 Y35000;	直线加工 $B \rightarrow C$
G02 X-20000 Y69000 I0 J17000;	顺时针加工圆弧 $C \rightarrow D$
G01 X-20000 Y84000;	直线加工 $D \rightarrow E$
G01 X-60000 Y84000;	直线加工 $E \rightarrow F$
G01 X-65000 Y75340;	直线加工 $F \rightarrow G$
G01 X-65000 Y28660;	直线加工 $G \rightarrow H$
G01 X-60000 Y20000;	直线加工 $H \rightarrow I$
G01 X-20000 Y20000;	直线加工 $I \rightarrow B$
G40 G01 X-10000 Y10000;	退出到穿丝点 A
G12;	取消镜像指令

T85　T87　M02；　　　　　　　　　　切削液停,关闭运丝机构,程序结束

归纳总结

一、总结

本任务以加工对称凸模零件为例介绍了 ISO 代码的镜像及交换指令的编程方法。通过本任务的学习，读者对 ISO 代码编程有了一个较全面的了解。ISO 代码在手工编程中应用越来越广泛，在编程过程中要准确计算坐标，正确使用钼丝偏移指令。

二、习题与思考

(1) 数控机床标准代码中哪些用于工作坐标系?

(2) 镜像及交换指令分别有哪些? 各代表什么意思?

(3) 在线切割机床中，电极丝的张力提高会带来什么影响?

拓展提高　高速走丝线切割机床断丝原因与解决方法

由于高速走丝线切割机的电极丝运动速度快（8～10 m/s），且是双向往复运动，因此在加工过程中极易出现断丝现象。绕筒电极丝（以 $\phi0.16$ mm 为例），可以完成 26 600 mm^2 工件断截面的切割加工。电极丝直径由原来的 $\phi0.16$ mm 损耗到 $\phi0.15$ mm 左右，还有继续使用的价值。若切割过程中多次出现断丝，不但造成经济损失，还带来重新绕丝的麻烦，耽误时间，工件上也易产生断丝痕迹，影响加工质量，降低效率，严重时还会造成工件报废。以下详细分析高速走丝线切割断丝原因和相应的解决方法。

1. 与电极丝相关的断丝

(1) 电极丝的选择。电极丝直径大小是影响断丝的一个主要原因，一般在满足加工要求的前提下，应尽量选用较粗的电极丝，一方面能提高电极丝的张力，减少电极丝的抖动；另一方面由于粗的电极丝加宽了切缝，工作液容易渗透进去，有利于排出电蚀产物。当电极丝使用损耗到一定程度时，为避免因电极丝变细变脆断丝，应及时更换。

(2) 电极丝的松紧程度。若电极丝安装太松，则电极丝抖动后易造成断丝，且影响工件的表面粗糙度及尺寸精度。但电极丝也不宜安装太紧，太紧内应力会增大，断丝的可能性也较大，因此在电极丝的切割加工过程中，松紧程度调节应适当。电极丝要按规定的走向绕在储丝筒上，同时固定两端，绕丝的长短可根据储丝筒的长度而定，一般除两端各留 10 mm 外，中间绕满不重叠，宽度以大于储丝筒长度一半为宜。如果绕丝量较少，电动机频繁换向会使机件加快损坏，并使电极丝因频繁参与切割而断丝。

(3) 电极丝的储存。根据经验，电极丝有 3 怕：一怕潮、二怕折、三怕晒，受潮会氧化，折后易断，晒后会变脆。电极丝应妥善保存在密封的器皿中，随用随取。

2. 与导丝机构相关的断丝

与导丝机构相关的断丝有以下几个原因。

(1) 导轮在径向跳动、轴向窜动严重的情况下易掉丝，造成断丝，应消除超差跳

动与窜动。

（2）导轮位置不正确，会使储丝筒上的电极丝叠绕引起断丝，应将导轮位置调准。

（3）导轮轴承卡死或严重滞动时，导轮会被电极丝拉出深槽，使电极丝拉断，应更换导轮及轴承。

（4）挡丝块、导电轮被钼丝拉出深槽或在电极丝高速运行中发热变形、夹丝也会造成断丝，应更换挡丝块或导电轮。

3. 与材料有关的断丝

在以线切割加工为主导工艺时，应合理选用工件材料并严格规范材料的锻造和热处理以减少材料的变形。一般应选用锻造性能好、淬透性好、热处理变形小的材料。在材料处理中应注意以下几个方面。

（1）切割薄板工件时，由于切开部分错位变形，将丝夹住，也会造成断丝，此时可以采用提高电源脉冲幅值、加大脉冲宽度等方法，使火花间隙加大，或用较粗的电极丝切割薄件以防止断丝。

表4-2所示为电极丝的直径与所适合切割的工件厚度比较。

表4-2 电极丝直径与所适合切割的工件厚度比较表

电极丝直径/mm	适合切削厚度/mm
0.08	<30
0.1	<40
0.12	<50
0.13	<80
0.14	<150
0.15	<200
0.16	<250
0.2	<400

（2）因切割锻打淬火材料时不容易断丝，故对不经锻打、淬火的材料，在线切割加工前，最好采用低温回火，消除内应力。因淬火钢中回火次数少的比回火次数多的容易引起断丝，故淬火钢应严格执行热处理工艺，低温回火要充分。T84钢比其他钢易引起断丝，在线切割加工中应尽量少用，尤其是淬火后。

（3）材质不纯。锻造的工件或气割件有时会有夹层和夹碴，或表面覆盖有氧化皮异物，这些杂物在切割过程中与钼丝接触会发生剧烈的摩擦，使切进速度为零，而此时高频电流仍呈未短路状态，控制系统会继续按程序指令向步进电动机发出前进脉冲，工作台照样运动，结果把钼丝勒断。

（4）加工结束后，由于工件自重的原因，往往在工件脱落或倾斜时（凸形工件）会产生加工短路或夹丝造成断丝，应采取一定的措施（如用强磁铁吸住脱落工件）加以预防。

4. 与工作液浓度有关的断丝

在线切割加工中，工作液具有4个作用：较好的冷却性能；一定的绝缘强度；压缩放电通道和消电离作用；良好的洗涤性能和润滑性。通常皂化液按3%～5%（冷却剂与水体积比）的比例进行配制，皂化液浓度较大时（如浓度超过10%）有利排屑，但切割速度较慢；皂化液浓度较小时，如低于2%则不利于排屑，此时放电间隙里被切屑堵住，工作液进不去，高温火花区得不到冷却和润滑，结果往往会断丝。要保证工作液通道无阻塞，可使工作液保持一定压力和流量，而冷却装置在切割时上下喷水应均匀，及时把腐蚀物排出，这样就会因具有良好的排渣能力和冷却性能而防止断丝。

5. 与高频电源参数选用不当或进给速度调节不当有关的断丝

（1）一般来说，电极丝较细应选用较小能量的电源参数，反之则选用较大能量的电源参数。脉冲宽度与脉冲间隔比不能太小，一般选在1:3以下，因脉冲间隔小时，工作液来不及恢复绝缘强度，会产生电弧断丝，故应根据加工工艺适当选用电源参数。

（2）进给速度太大时易产生短路—拉弧—空载循环，一方面使加工效率下降，另一方面可能由于拉弧造成断丝；当进给速度太慢，即俗称欠跟踪时，则加工经常偏空载，且呈周期性，特别是加工厚件时，更易断丝。只有进给速度适当，才能提高加工效率和防止断丝。

任务4.4　加工带锥度的凹模

任务描述

本任务要求运用线切割机床加工如图4－16所示带锥度的正方形凹模零件，工件

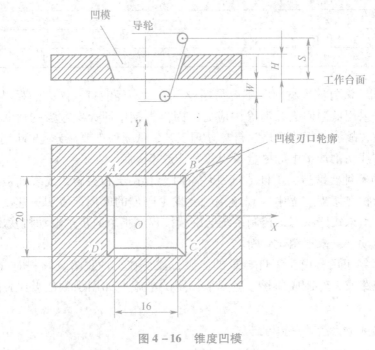

图4－16　锥度凹模

厚度为18 mm，刃口斜度为 $A = 15°$，下导轮中心到工作台面高度 $W = 68$ mm，工作台面到上导轮中心高度 $S = 116$ mm，加工表面粗糙度为 $Ra3.2$ mm，电极丝直径为 $\phi0.18$ mm，单边放电间隙为0.01 mm。试采用ISO代码编制其程序。

任务分析

线切割机床不仅能加工平面零件，还能按一定的规律进行偏摆，形成一定的倾斜角，加工出带锥度的工件或上、下形状不同的异形件，这就是锥度加工。

要运用ISO代码对锥度零件进行编程，就必须对锥度指令的用法比较熟悉，了解要使用的锥度指令，必须在程序中输入上导轮中心到工作台面的距离 S、工作台面到下导轮中心的距离 W 以及工件厚度 H 这3个必要的参数。本任务主要介绍锥度指令的相关知识，并运用锥度指令对锥度零件进行编程。

知识准备

1. G51、G52、G50——锥度指令

电极丝在进行二维切割的同时，还能按一定的规律进行偏摆，形成一定的倾斜角，加工出带锥度的工件或上、下形状不同的异形件，如图4-17所示。这就是所谓的四轴联动，锥度加工。

在目前的一些电火花线切割数控机床上，锥度加工都是通过装在导轮部位的 U、V 附加轴工作台实现的。加工时，控制系统驱动 U、V 附加轴工作台，使上导轮相对于

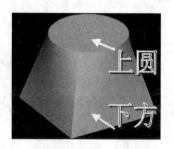

图4-17　V异形件

X、Y 坐标轴工作台移动，以获得所要求的锥度角。用此方法可以解决凹模的漏料问题。

G51——左偏，沿着电极丝加工方向看，电极丝向左偏。

程序格式是：G51　A ____；

G52——右偏，沿着电极丝加工方向看，电极丝向右偏。

程序格式是：G52　A ____；

G50——取消锥度加工。

程序格式是：G50。

程序段中，A 表示工件要求加工的锥度，用角度表示。图4-16中，D 为锥形大端边长，d 为锥形小端边长，L 为工件上圆锥段长度，则锥度 A 为

$$A = \frac{D - d}{L}$$

顺时针加工时，锥度左偏加工的工件为上大下小，如图4-18（a）所示；锥度右偏加工的工件为上小下大，如图4-18（b）所示。

逆时针加工时，锥度左偏加工的工件为上小下大，如图4-18（c）所示；锥度右偏加工的工件为上大下小，如图4-18（d）所示。

需要注意的是，建立锥度加工（G51或G52）和退出锥度加工（G50）程序段必须是 G01 直线插补程序段，分别放在进刀线和退刀线中完成。在进行锥度线切割加工之

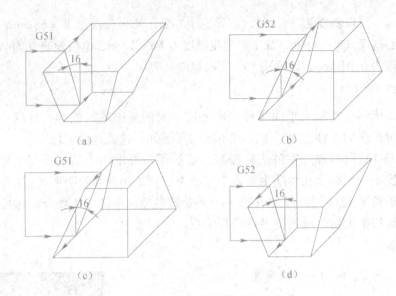

图 4 - 18　锥度加工指令的意义

（a）顺时针方向加工：G51；（b）顺时针方向加工：G52；
（c）顺时针方向加工：G51；（d）顺时针方向加工：G52

前，首先应该输入上导轮中心到工作台面的距离 S、工作台面到下导轮中心的距离 W 及工件厚度 H 3 个参数。

2. 锥度加工举例

例 4 - 3　图 4 - 19 所示的正三棱锥零件，电极丝直径 $\phi = 0.18$ mm，单边放电间隙为 0.01 mm，工件厚度 10 mm，刃口斜度为 $A = 15°$，下导轮中心到工作台面高度 $W = 65$ mm，工作台面到上导轮中心高度 $S = 108$ mm，加工表面粗糙度为 $Ra3.2$ μm。加工方向为 $O \rightarrow A \rightarrow B \rightarrow C \rightarrow A \rightarrow O$，试采用 ISO 代码编制其加工程序。

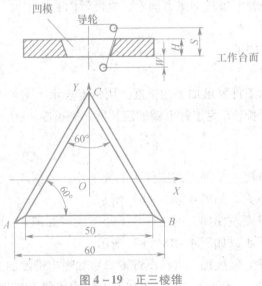

图 4 - 19　正三棱锥

对零件图建立坐标系，计算各个节点坐标，加工程序如下：

```
O0001
G90  G92  X0  Y0;              绝对坐标编程,定起点坐标O 点(0,0)
W65000;                        下导轮中心到工作台面高度为65 mm
H10000;                        工件厚度为10 mm
S108000;                       工作台面到上导轮中心高度为108 mm
G52  A0.250;                   采用右锥加工
G41  D100;                     采用电极丝左半径补偿
G01  X-30000  Y-17321;         O→A
G01  X30000   Y-17321;         A→B
G01  X0   Y34641;              B→C
G01  X-30000  Y-17321;         C→A
G50;                           取消锥度
G40;                           取消电极丝半径补偿
G01  X0   Y0;                  回原点A→O
M02;                           程序结束
```

3. G80、G82、G84——手动操作指令

G80——接触感知指令，使电极丝从现在位置移动到接触工件，然后停止。

G82——半程移动指令，使加工位置沿指定坐标轴返回一半的距离，即为前坐标系坐标值的一半。

G84——微弱放电找正指令，通过微弱放电校正电极丝与工作台垂直，在加工前一半要先进行校正。

任务实施

1. 工艺分析

由于零件材料被切割，在很大程度上会破坏材料内应力的平衡状态，使材料变形，可能会夹断钼丝。从加工工艺上考虑，应该制作合理的工艺孔以便于应力对称、均匀、分散地释放。

此任务加工的凹模零件为带锥度的零件。建立起如图 4 – 17 所示的坐标系，将加工坐标原点设定在 O 点，穿丝孔也设置在 O 点，计算各节点坐标。

加工顺序为 O→A→B→C→D→A→O，计算补偿间隙 $D = 0.18/2 + 0.01 = 0.1$（mm），选择电极丝右半径补偿，锥度方向为左锥。

2. 工艺实施

（1）加工穿丝孔。

（2）装夹工件，穿丝，校正电极丝并定位。

工件装夹后可用百分表定位找正。穿丝后应检查电极丝是否在导轮内，然后测试张力。张力大小应保持在一定值内，太小容易引起抖动，影响加工精度；太大会影响电极丝的使用寿命。电极丝校正可用机床的自动找中功能定位。

（3）开机床总电源、开机床控制柜。

（4）计算各节点坐标，编制程序。

（5）加工零件。

加工程序如下：

工件厚度为18 mm，刃口斜度为$A=15°$，下导轮中心到工作台面高度$W=68$ mm，工作台面到上导轮中心高度$S=116$ mm。

```
O0001
G90  G92  X0  Y0;            采用绝对坐标,定起点坐标为O(0,0)点
W68000;                      下导轮中心到工作台面高度为68 mm
H18000;                      工件厚度为18 mm
S116000;                     工作台面到上导轮中心高度为116 mm
G51  A0.250;                 采用左锥加工
G42  D100;                   采用电极丝右半径补偿
G01  X-10000  Y10000;        O→A
G01  X10000;                 A→B
G01  Y-10000;                B→C
G01  X-10000;                C→D
G01  Y10000;                 D→A
G50;                         取消锥度加工
G40;                         取消电极丝半径补偿
G01  X0  Y0;                 回原点A→O
M02;                         程序结束
```

归纳总结

一、总结

本任务以加工带锥度的凹模零件为例介绍了 ISO 代码编程中锥度指令的用法。通过本任务的学习，读者对 ISO 代码编程有了一个较全面的了解。ISO 代码在手工编程中应用越来越广泛，在编程过程中要准确计算坐标，正确使用锥度加工指令，正确设定机床的参数和工件厚度。

二、习题与思考

（1）在 ISO 代码中锥度加工指令是什么？

（2）在 ISO 代码锥度编程中要输入哪些参数？

（3）在机床操作中，加工带锥度的零件要设定机床的哪些参数？

拓展提高　工作液在线切割加工中的应用

一、工作液的作用与特点

电火花线切割加工的原理大致分为 4 个阶段：极间介质的电离、击穿；电极材料

的熔化、气化膨胀；电极材料的抛出；极间介质的消电离。由电火花线切割加工的原理过程知道，工作液在线切割加工过程中充当着放电介质的角色，同时还有冷却和洗涤的作用。在实际的加工生产中，工作液对加工工艺指标影响很大，如切割速度、表面粗糙度、加工精度等。目前市面上供应的乳化液有多种，各有特点，根据线切割的加工工艺性能，都应该具有以下特点。

（1）一定的绝缘性能。火花放电必须在具有一定的绝缘性能的液体介质中进行，工作液的绝缘性能可使击穿后的放电通道压缩，从而局限在较小的通道半径内火花放电，形成瞬时和局部高温来熔化并气化金属，放电结束后又迅速恢复放电间隙成为绝缘状态。绝缘性能要适中，绝缘性能太低，则工作液成了导电体，而不能形成火花放电；绝缘性能太高，则放电间隙小，排屑难，切割速度降低。

（2）较好的冷却性能。电火花放电的局部瞬时温度极高，为防止电极丝烧断和工件表面局部退火，必须使切削部位充分冷却，以带走火花放电时产生的大量热量。

（3）较好的洗涤性能。洗涤性能好的工作液，切割时的排屑效果好，切削速度高，切削后表面光亮清洁，割缝中没有油污黏糊。

（4）较好的防锈性能，对环境无污染、对人体无危害。在加工的过程中不应产生有害气体，不应对操作人员的皮肤、呼吸道产生刺激等，不应锈蚀工件、夹具和机床。

二、正确使用工作液

快走丝线切割机一般采用乳化油与水配制而成的工作液。加工前要根据不同的工艺条件选择不同型号的乳化液，检查加工液的液量及脏污程度，保证加工液的绝缘性能、洗涤性能、冷却性能达到要求。在生产实习教学的过程中，总结出以下几点经验供参考。

（1）工作液的配制比例一般在范围内（乳化油5%～20%，水80%～95%）。一般均按质量比例配制。在称量不方便或要求不太严格时，也可以大致按体积比例配制。

（2）从工件厚度来看，厚度小于30 mm的薄型工件，工作液浓度在10%～15%；30～100 mm的中厚型工件，浓度在5%～10%；大于100 mm的厚型工件，浓度在3%～5%。

（3）从加工精度来看，工作液浓度高，放电间隙小，工件表面粗糙度较好，但不利于排屑，易造成短路。工作液浓度低时，工件表面粗糙度较差，但利于排屑。

（4）在工作液中加入少量的洗涤剂、皂片等，切割速度可以大大提高。这是因为工作液中加入洗涤剂或皂片后，工作液洗涤性能变好了，有利于排屑，改善了间隙状态。

（5）新配制的工作液加工效果并非良好，而是要经过一段时间切割后，加工效果才能达到最佳。纯净的工作液不容易形成放电通道，经过一段时间放电后，工作液中有一些悬浮的放电产物，容易形成放电通道，有较好的加工效果。但工作液不能太脏，否则容易引起电弧放电。

三、合理判断工作液

根据工作的实际条件选择了合适的工作液及配制比例，但随着加工时间的增长，工作液会越来越脏。工作液太脏，会使间隙消电离变差，且容易发生二次放电，对放电加工不利，应及时更换工作液。如何判断工作液的使用情况，在生产实习教学的过程中，也总结出以下几点经验供参考。

（1）绕上新钼丝，在工件上试割约 1 h，观察钼丝工件部位的颜色，若呈灰白色，工作液可继续切割较薄工件，如灰白色中夹杂黑色斑点或黑条，黑条处直径明显变细，用力一拉就断，需要更换新的工作液。

（2）有时钼丝也呈灰白色，但在切割厚工件时，无论怎样调整加工规准，切割电流总是不稳定，这时工作液需要更换。

（3）工作液变黑后综合性能就会变差，极易造成断丝。因此要经常观其色，嗅其味，发现异常及时更换。要保证工作液不能太脏，电蚀物浓度不能太高，使工作液保持一定的介电能力。通过对电火花线切割工作液的分析，科学、合理地选择工作液及配比，正确地使用和判断工作液的使用情况，配合其他加工参数，可以有效地提高电火花线切割加工的质量和效率。

任务4.5 应用3B代码编程加工落料凹模

任务描述

本任务要求运用线切割机床加工如图 4 – 20 所示的凹模，此模具是落料凹模，钼丝半径为 ϕ0.18 mm，放电间隙为 0.01 mm，试采用 3B 代码编制其程序。

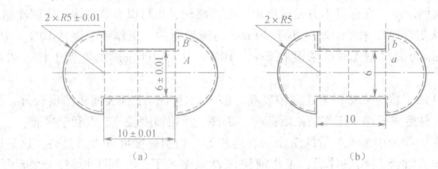

图 4 – 20 落料凹模
(a) 零件图；(b) 凹模零件图

任务分析

线切割机床除了使用 ISO 代码外，还使用 3B、4B 和 EIA 等指令代码。3B 代码编程是一种较常用的线切割机床手工编程方法，前面介绍过 ISO 代码的使用方法，本任务主要介绍 3B 代码的编程格式,并运用 3B 代码编程加工凹模零件。

知识准备

3B 代码编程格式是数控电火花线切割机床上最常用的程序格式,在该程序格式中无间隙补偿,但可以通过机床的数控装置或一些自动编程软件,自动实现间隙补偿。

一、3B 代码编程格式

1.3B 程序格式

3B 程序的具体格式见表 4 – 3。

表 4 – 3　3B 程序格式表

B	X	B	Y	B	J	G	Z
分隔符	X 坐标值	分隔符	Y 坐标值	分隔符	计数长度	计数方向	加工指令

例如:B　1000　B　2000　B　2000　GY　L2;

有的系统要求整个程序有一些辅助指令 T84(切削液开)、T85(切削液关)、T86(运丝机构开)、T87(运丝机构关)、停机符 M02(程序结束)。

2. 平面坐标系的确定

面对机床操作台,工作平台面为坐标系平面,左右方向为 X 轴,且右方向为正;前后方向为 Y 轴,前方为正,具体参见图 4 – 21。编程时,采用相对坐标系,即坐标系的原点随程序段的不同而变化。

3. X 和 Y 坐标值的确定

(1)加工直线时,建立正常的直角坐标系,以该直线的起点为坐标系的原点,X、Y 取该直线终点的坐标值,如在图 4 – 21 中,$X = 20\ 000$,$Y = 10\ 000$。若直线与 X 或 Y 轴重合,为区别一般直线,X 和 Y 均可写作 0,也可以不写。

(2)加工圆弧时,以该圆弧的圆心为坐标原点,X、Y 取该圆弧起点的坐标值。如在图 4 – 22 中,为顺时针圆弧,则 $X = 30\ 000$,$Y = 30\ 000$。

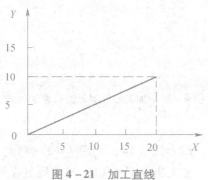

图 4 – 21　加工直线

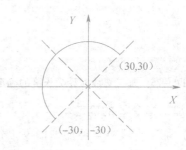

图 4 – 22　加工圆弧

（3）坐标值的单位为 μm，坐标值的符号可省略不写。

4. 计数方向 G 的确定

（1）加工直线时，终点靠近何轴，则计数方向取该轴，记作 GX 或 GY。加工与坐标轴成角 45°时，计数方向取 X 轴、Y 轴均可，记作 GX 或 GY，如图 4 - 23 所示。

（2）加工圆弧时，终点靠近何轴，则计数方向取另一轴，记作 GX 或 GY。加工圆弧的终点与坐标轴成角 45°时，计数方向取 X 轴、Y 轴均可，记作 GX 或 GY，如图 4 - 24 所示。

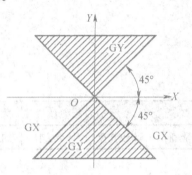

图 4 - 23　加工直线时计数方向的确定

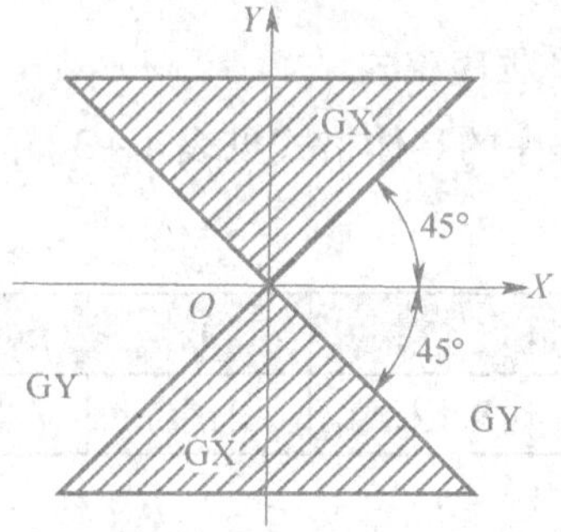

图 4 - 24　加工圆弧时计数方向的确定

5. 计数长度 J 的确定

J 为计数长度，以前编程时应写满 6 位数，不足 6 位数前面补零，现在的机床基本上可以不用补零。

计数长度是在计数方向的基础上确定的。计数长度是被加工的直线或圆弧在计数方向坐标轴上的绝对值的总和，以 μm 为单位。

例如，在图 4 - 25 中，加工直线 OA 时计数方向为 X 轴，计数长度为 OB，数值等于 A 点的坐标值；在图 4 - 26 中，加工半径为 5 000 的圆弧 MN 时，计数方向为 X 轴，计数长度为 5 000 × 3 = 15 000，即 MN 中 3 段圆弧在 X 轴上投影的绝对值的总和。

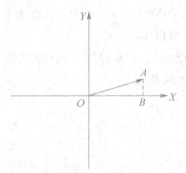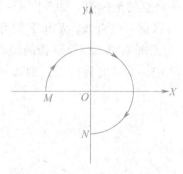

图 4 - 25　加工直线时计数长度的确定

图 4 - 26　加工圆弧时计数长度的确定

6. 加工指令 Z 的确定

（1）加工直线有 4 种加工指令，分别是 L1、L2、L3、L4，如图 4 - 27 所示。当直线处在第一象限（包括 X 轴而不包括 Y 轴）时，加工指令记作 L1；当直线处在第二象限（包括 Y 轴而不包括 X 轴）时，加工指令记作 L2；当直线处在第三象限（包括 X 轴而不包括 Y 轴）时，加工指令记作 L3；当直线处在第四象限（包括 Y 轴而不包括 X 轴）时，加工指令记作 L4。

（2）加工顺时针圆弧时有 4 种加工指令：SR1、SR2、SR3、SR4，如图4-28所示。当圆弧的起点处在第一象限（包括 Y 轴而不包括 X 轴）时，加工指令记作 SR1；当圆弧的起点处在第二象限（包括 X 轴而不包括 Y 轴）时，加工指令记作 SR2；当圆弧的起点处在第三象限（包括 Y 轴而不包括 X 轴）时，加工指令记作 SR3；当圆弧的起点处在第四象限（包括 X 轴而不包括 Y 轴）时，加工指令记作 SR4。

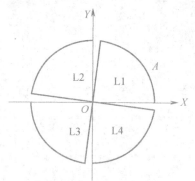
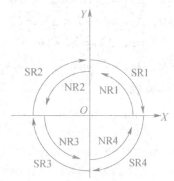

图 4-27　加工直线时加工指令的确定　　　图 4-28　加工圆弧时加工指令的确定

（3）加工逆时针圆弧时有 4 种加工指令：NR1、NR2、NR3、NR4，如图4-29所示。当圆弧的起点处在第一象限（包括 X 轴而不包括 Y 轴）时，加工指令记作 NR1；当圆弧的起点处在第二象限（包括 Y 轴而不包括 X 轴）时，加工指令记作 NR2；当圆弧的起点处在第三象限（包括 X 轴而不包括 Y 轴）时，加工指令记作 NR3；当圆弧的起点处在第四象限（包括 Y 轴而不包括 X 轴）时，加工指令记作 NR4。

二、3B 代码应用举例

例 4-4　如图 4-29 所示零件，试用 3B 代码编写该零件的线切割加工程序。

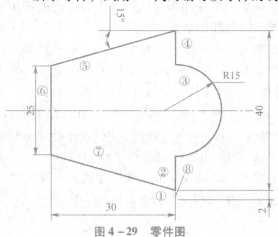

图 4-29　零件图

1. 确定加工路线

起始点为 A，加工路线按照图中所示的 $1\rightarrow2\rightarrow3\rightarrow4\rightarrow5\rightarrow6\rightarrow7\rightarrow8$ 段的顺序进行。第 1 段为切入段，第 8 段为切出段。

2. 分别计算各曲线段的增量值

$\Delta X_2 = 0$，$\Delta Y_2 = 10$ mm；

$\Delta X_3 = 0$，$\Delta Y_3 = 20$ mm；

$\Delta X_4 = 0$，$\Delta Y_4 = 10$ mm；

$\Delta X_5 = 0$，$\Delta Y_5 = 30 \times \tan15° = 8.04$ mm；

$\Delta X_6 = 0$，$\Delta Y_6 = 40 - 2 \times \Delta Y_5 = 23.92$ mm；

$\Delta X_7 = 30$ mm，$\Delta Y_7 = 30 \times \tan15° = 8.04$ mm；

$\Delta X_8 = 0$，$\Delta Y_8 = 2$ mm；

3. 程序编制

3B 程序如下：

```
B   0     B 2000    B 2000    GY  L2;
B   0     B 10000   B 10000   GY  L2;
B   0     B 10000   B 20000   GX  NR4;
B   0     B 10000   B 10000   GY  L2;
B 30000   B 8040    B 30000   GX  L3;
B   0     B 23920   B 23920   GY  L4;
B 30000   B 8040    B 30000   GX  L4;
B   0     B 2000    B 2000    GY  L4;
D D
```

任务实施

1. 间隙补偿量的计算

加工凸模时，电极丝中心轨迹应在所加工图形的外面；加工凹模时，电极丝中心轨迹应在图形的里面。所加工工件图形与电极丝中心轨迹间的距离，在圆弧的半径方向和线段垂直方向都等于间隙补偿量 f。

加工冲模的凸、凹模时，应考虑电极丝半径 $r_{丝}$、电极丝和工件之间的单边放电间隙 $\delta_{电}$ 及凸模和凹模间的单边配合间隙 $\delta_{配}$。当加工冲孔模具时（即冲后要求工件保证孔的尺寸），凸模尺寸由孔的尺寸确定。因 $\delta_{配}$ 在凹模上被扣除，故凸模的间隙补偿量 $f_{凸} = r_{丝} + \delta_{电}$，凹模的间隙补偿量 $f_{凹} = r_{丝} + \delta_{电} - \delta_{配}$。当加工落料模时（即冲后要求保证冲下的工件尺寸），凹模尺寸由工件尺寸决定。因 $\delta_{配}$ 在凸模上被扣除，故凸模的间隙补偿量 $f_{凸} = r_{丝} + \delta_{电} - \delta_{配}$，凹模的间隙补偿量 $f_{凹} = r_{丝} + \delta_{电}$。

此模具为落料模的凹模，凹模尺寸由工件尺寸决定，因此凹模的间隙补偿量 $f_{凹} = r_{丝} + \delta_{电}$，则间隙补偿量 $f_{凹} = 0.18/2 + 0.01 = 0.1$（mm）。

2. 程序的编制

3B 程序如下：

```
T 84 T 86;
B 0    B 2900 B 2900 GY L4;
B 5100 B 0    B 5100 GX L3;
B 0    B 2000 B 2000 GY L4;
B 100  B 4900 B 9800 GX SR3;
B 0    B 2000 B 2000 GY L4;
B 5100 B 0    B 5100 GX L1;
B 5100 B 0    B 5100 GX L1;
B 100  B 4900 B 9800 GX SR1;
B 0    B 2000 B 2000 GY L2;
B 5100 B 0    B 5100 GX L3;
B 0    B 2900 B 2900 GY L2;
T 84 T 86;
M02;
```

归纳总结

一、总结

本任务介绍了 3B 代码直线和圆弧的编程方法，通过本任务的学习，要能熟练运用 3B 代码编制由直线和圆弧构成的零件程序，并能运用线切割机床加工出合格的零件。在启动操作线切割机床加工零件之前，要将钼丝校正垂直，要正确装夹零件。工作结束之前，一定要清理机床，将工作台和夹具上的工作液擦干，否则机床很快会生锈。

二、习题与思考

（1）若线切割机床的单边放电间隙为 0.01 mm，钼丝直径为 0.18 mm，则加工圆孔时的补偿量为多少？

（2）线切割加工速度的单位是什么？

（3）从点 A（6，8）加工到点 B（15，18），则 3B 格式代码为什么？

拓展提高　线切割加工中间隙补偿值的确定

在数控线切割机床上，电极丝的中心轨迹和图纸上工件轮廓差别的补偿称为间隙补偿。钼丝半径加上单面放电间隙，即间隙补偿值，$f = r_{丝}$（钼丝半径）$+ \delta_{电}$（单面放电间隙），间隙补偿值通常指的是单边补偿值，它可以不小于零，也可以小于零。一般中走丝和高走丝线切割机床采用的是直径为 0.18 mm 的钼丝，那么钼丝半径 $r_{丝} = 0.09$ mm。钼丝半径值一般是可以确定的。加工时随着加工时间越长，钼丝会随之变细，这时只要用千分尺测量一下记下钼丝直径的大小即可。在工件尺寸精度要求较高时，精确地测量钼丝直径大小是非常重要的。

　　间隙补偿值的确定主要取决于单面放电间隙的大小，放电间隙与工件材料、结构、走丝速度、钼丝张紧情况、导轮的运行状态等因素有关。通常取 $\delta_{丝} = 0.01$ mm，这只是一个经验值。

放电间隙的确定

　　在弄清该问题前，必须先搞清楚如何确定补偿和切割方向问题。现以 HF 线切割编控一体化操作系统为例举例说明，加工一个外形零件（凸模零件）和加工一个内表面的零件（凹模零件）在补偿和切割方向的选择上是不同的。

　　例如，在加工一个 $\phi10$ mm 的外圆零件（见图 4-30）时，在 HF 系统中单击"全绘编程"菜单中的"引入线和引出线"命令，用端点法来确定引入线的位置和方向，根据提示输入起点（0，15）回车，提示输入引入线的终点，输入（0，10）回车，在该处显示一段黄色的引入线和引出线。提示指定补偿方向：显示一个红色的箭头则表示补偿和切割方向。选图 4-30 所示的方向，按右键确定该方向。根据提示对话框，按左键可更换补偿方向，则如图 4-30（b）所示的方向。图 4-30（a）、（b）所示的方向正好相反，那么图 4-30（a）、（b）所示的两个补偿和切割方向又该如何确定呢？一般情况下，掌握的原则就是加工时一定要在工件的外面进行。在加工一个外形零件（凸模零件）时，通常选定在零件的外轮廓即正方向上加工，即选图 4-30（a）所示的方向。

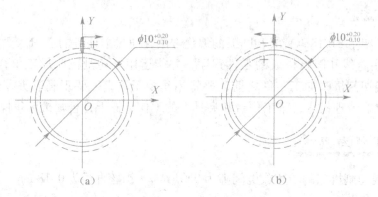

图 4-30　外圆零件

　　对于加工一个内表面的零件（凹模零件）时，则选图 4-31（a）所示的方向为正方向。正、负方向的确定是顺着箭头的方向看过去，左为"+"，即轮廓的外方向（虚线表示），右为"-"，即轮廓的内方向（双点画线表示）。

　　搞清楚补偿和切割方向确定问题以后，再来看看单面放电间隙值 $\delta_{电}$ 该如何确定。还是以加工一个外圆零件为例，为了保证图 4-30（a）所示外圆尺寸的公差要求，上偏差为 +0.20 mm，下偏差为 -0.10 mm，加工时取其公差中间的一个值 +0.10 mm 是可以保证尺寸精度的，由于间隙补偿值都是指单边的，所以取 0.10 mm 的一半即 0.05 mm，这个值还不能确定为单面放电间隙值，要与选定的补偿和切割方向结合起来才能确定。对加工 $\phi10^{+0.20}_{-0.10}$ mm 的外圆，若选图 4-30（a）所示的补偿和切割方向为正

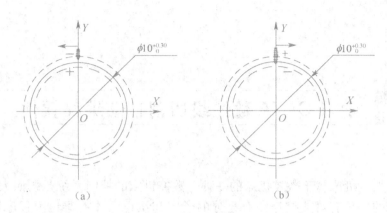

图 4 - 31　内孔零件

方向即轮廓的外方向的话，则单面放电间隙 $\delta_{电}$ 为 + 0.05 mm，间隙补偿值 $f = r_{丝}$（钼丝半径） + $\delta_{电}$（单面放电间隙） = 0.09 + 0.05 = 0.14（mm）。若选图 4 - 30（b）所示的补偿和切割方向为负方向即轮廓的内方向的话，则单面放电间隙值 $\delta_{电}$ 应为 - 0.05 mm，间隙值 $f = r_{丝}$（钼丝半径） + $\delta_{电}$（单面放电间隙） = 0.09 - 0.05 = 0.04（mm）。

再来看一个内孔零件的加工，为了保证图 4 - 31（a）所示内孔尺寸的公差要求，上偏差 + 0.30 mm，下偏差为 0，加工时同样取其公差的中间值 0.15 mm 即可以保证尺寸精度，取 0.15 mm 的一半即 0.075 mm，若选图 4 - 31（a）所示的补偿和切割方向为正方向即轮廓的外方向的话，则单面放电间隙值 $\delta_{电}$ 为 + 0.075 mm，间隙补偿值 $f = r_{丝}$（钼丝半径） + $\delta_{电}$（单面放电间隙） = 0.09 + 0.075 = 0.165（mm）。若选图 4 - 31（b）所示的补偿和切割方向为负方向即轮廓的内方向的话，则单面放电间隙值 $\delta_{电}$ 应为 - 0.075 mm，间隙补偿值 $f = r_{丝}$（钼丝半径） + $\delta_{电}$（单面放电间隙） = 0.09 - 0.075 = 0.015（mm）。

项目五   学习 CAXA 数控线切割自动编程软件

数控电加工机床属于数控机床的一种，数控机床的控制系统是按照人的"指令"去控制机床的。只有对数控程序有充分的了解和认识，才能避免因程序错误而产生加工废品，同时也能解决一些因自动编程解决不了的工艺性难题，简化加工步骤，缩短加工时间。因此，必须实现把要加工的图形，用机器所能接受的"语言"编排好"指令"。这项工作叫做数控编程，简称编程。为了便于编程时描述机床的运动，简化程序的编制方法及保证记录数据的互换性，数控机床的坐标和运动的方向均已标准化。

预期目标

（1）掌握 CAXA 线切割 XP 系统基础知识。

（2）掌握 CAXA 线切割 XP 软件常用功能命令的操作。

（3）掌握 CAXA 线切割 XP 软件快捷键的操作。

（4）能熟练运用 CAXA 绘制零件图形并对其进行编程。

任务5.1   应用CAXA线切割XP系统绘制模具零件图

任务描述

本任务要求运用 CAXA 线切割自动编程软件绘制如图 5-1 所示的零件图形。

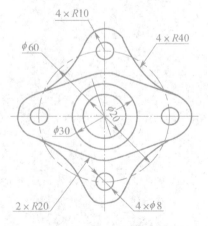

图 5-1   CAXA 零件图形绘制

任务分析

　　CAXA 线切割 XP 系统是一个面向线切割机床数控编程的软件系统，在我国线切割加工领域有广泛的应用。它可以为各种线切割机床提供快速、高效率、高品质的数控编程代码，极大地简化数控编程人员的工作。CAXA 线切割可以快速、准确地完成在传统编程方式下很难完成的工作，提供线切割机床的自动编程工具，可使操作者以交互方式绘制需切割的图形，生成带有复杂形状轮廓的两轴线切割加工轨迹。

　　要运用 CAXA 线切割软件绘制零件图形，首先要熟悉 CAXA 的基本操作界面，能熟练使用 CAXA 线切割 XP 系统的基本绘图命令。本任务先介绍 CAXA 线切割 XP 系统的操作界面和常用绘图功能键、系统菜单命令键，再介绍运用 CAXA 绘制零件图的步骤。

知识准备

一、用户界面

　　与传统的线切割编程软件相比，CAXA 线切割 XP 自动编程软件的界面更加人性化，操作更加方便、快捷。图 5 – 2 所示为 CAXA 线切割 XP 系统基本用户界面，它主要由 3 大部分组成：绘图功能区、菜单系统、状态显示与提示区等。

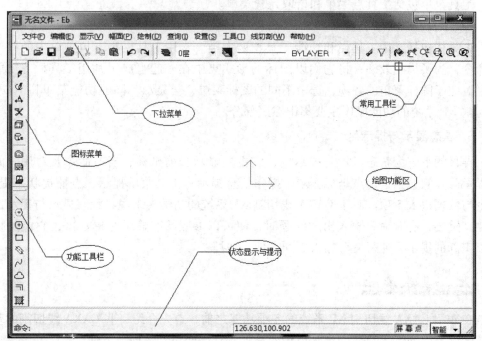

图 5 – 2　CAXA 线切割 XP 系统基本用户界面

1. 绘图功能区

　　绘图功能区主要是用户进行绘图设计的工作区域，它占据了屏幕的大部分面积。

绘图区中央设置了一个二维直角坐标系，是绘图的默认坐标系，此坐标系为用户提供进行设计的依据。

2. 菜单系统

1）下拉菜单

下拉菜单位于屏幕的顶部，由一行主菜单及其下拉子菜单组成。主菜单包括文件、编辑、显示、幅面、绘制、查询、设置、工具、线切割和帮助等，其中每个菜单又含有若干个下拉子菜单。

2）图标菜单

图标菜单默认是位于屏幕的左上部，它包括基本曲线、高级曲线、工程标注、曲线编辑、块操作、图库、轨迹生成、代码生成、代码传输后置9个部分，每个菜单又含有若干个命令项。

3）快捷菜单

快捷菜单是当功能命令项被选中时，在绘图区的左下角弹出的菜单，它描述了该项命令执行的各种情况和使用条件。用户可以根据当前的作图要求，正确选择其中的某一项，即可得到准确的响应。

4）工具菜单

工具菜单包括工具点菜单和拾取元素菜单。

5）工具栏

工具栏包括常用工具栏和功能工具栏两大类。常用工具栏为下拉菜单中的一些常用命令，为了提高效率，将它们以图标的形式集中在一起组成了常用工具栏。功能工具栏对应于图标菜单的各项，选中不同的图标菜单，会显示不同的功能菜单栏。CAXA线切割XP系统的功能操作主要集中在这部分。

3. 状态显示与提示区

屏幕的下方为状态显示与提示区，它主要显示当前坐标、当前命令及对用户的操作提示等。它包括当前点坐标显示、操作信息提示、工具菜单提示、点捕捉状态提示、命令与数据输入5项。对于CAXA线切割XP系统的初学者来说，状态显示与提示区显得尤其重要，有时命令输入出现问题时，便可以参照状态显示与提示区，它能给操作者以正确的提示，使得命令输入更加方便、快捷。

二、基本操作

在介绍CAXA线切割XP系统的各项功能之前，首先介绍一些CAXA线切割的基本操作知识，以便于用户在操作时更加容易上手，操作更加快捷、方便。

1. 常用功能键的含义

1）鼠标

鼠标左键：单击菜单、拾取选择，对各种命令操作进行选取，是系统进行运行的主要控制方法。

鼠标右键：确认拾取、终止当前命令、重复上一命令，用来对所选择的命令进行确认，或者实时地弹出操作菜单，供用户进行相应的操作。

2）回车键

确认选中的命令，结束数据输入或确认默认值和重复上一命令（相当于鼠标右键）。

3）空格键

在进行设计时弹出工具点菜单或拾取元素菜单，供用户进行选择使用。

4）快捷键 Alt + 1 ~ Alt + 9

快捷键的功能是快速激活快捷菜单相应数字所对应的菜单命令，使用户能够更方便地完成各种操作命令。

5）控制光标的键盘键

方向键：在输入框中移动光标，移动绘图区的显示中心。

Home 键：在输入框中将光标移至行首。

End 键：在输入框中将光标移至行尾。

6）功能热键

Esc 键：取消正在执行的命令。

F1 键：请求系统帮助。

F3 键：显示当前绘图区的所有设计图形。

F8 键：显示鹰眼，即显示当前设计的情况及整体情况。

F9 键：全屏显示。

2. 点的输入

CAXA 线切割 XP 系统对点的输入提供了 3 种方式：键盘输入、鼠标拾取输入和工具点的捕捉。

1）键盘输入

由键盘输入是通过输入点的 X、Y 坐标值以达到输入点的目的的。点的坐标分为绝对坐标和相对坐标两种，和 CAD 一样，绝对坐标输入只需输入点的坐标值，它们之间用逗号隔开，比如"60，30"；相对坐标的输入要在第一个数值前加一个"@"符号，比如输入"@60，30"表示输入一个相对于前点的坐标为"60，30"的坐标点。

2）鼠标拾取输入

鼠标拾取输入是指通过移动鼠标选择所要的点，按下鼠标左键，该点即被选中。这种方法比较方便直接，但是不能很好地控制绘图的尺寸，只适合于尺寸要求精度不高的情况。

3）工具点的捕捉

工具点是指作图过程中有几何特征的圆心点、切点、象限点、端点等，而工具点的捕捉就是利用鼠标捕捉工具点菜单中的某个特征点。当需要使用特征点时，只需按空格键即可弹出工具点的菜单，选择对应的工具点即可。工具点包括（S）屏幕点、

（E）端点、（M）终点、（C）圆心、（I）交点、（T）切点、（P）垂足点、（N）最近点、（K）孤立点和（Q）象限点。

3. 实体的拾取

实体的拾取是根据需要在已经绘出或生成的直线、圆弧等实体中选择需要的一个或多个。实体的拾取是经常要用到的操作，需熟练掌握。在当前交互操作处于拾取状态时，按下空格键可弹出拾取元素菜单，其包括以下几项。

1）拾取所有

将所有的绘图区的轨迹图形都拾取上。

2）拾取添加

用户根据需要在绘图区中逐个拾取需批量处理的各个加工轨迹。

3）取消所有

取消所有的用户已经拾取的加工轨迹。

4）拾取取消

可改变轨迹的拾取状态。与拾取轮廓线功能中的"拾取取消"相比，轨迹拾取取消不会自动取消最近的拾取记录，而是由用户根据需要在已经拾取的实体中指定需取消的轨迹。

5）取消尾项

取消最后拾取的一段加工轨迹，拾取元素菜单中的前两项可不需弹出菜单而直接使用。需注意的是，绘图时的拾取元素菜单和生成轨迹时的拾取元素菜单不同，要区别对待。

4. 快捷菜单的操作

用户在输入某些命令时，绘图区左下角会弹出一行快捷菜单，它描述了该项命令执行的各种情况和使用条件。用户可以根据当前的作图要求，正确选择其中的某一项，即可得到准确的响应。如输入绘制圆的命令（从键盘输入 circle 或用鼠标单击相应的命令），系统弹出如图 5 -3 所示的快捷菜单及相应的操作提示。

此菜单表示当前待画的圆为圆心半径方式，同时下面的提示框会显示提示"圆心点："，用户按要求输入圆心点后，系统会提示"输入半径或圆上一点："。

快捷菜单的主要作用是可以选择某一命令的不同功能。例如，想画一个圆，除了圆心半径方式，还可以用鼠标单击"2：半径"旁的按钮或利用快捷键 Alt +2 将其切换为"2：直径"。另外，还可以用鼠标单击"1：圆心_半径"旁的按钮，选择不同的画圆方式，将其切换为"1：两点_半径"，如图 5 -4 所示。

1：圆心_半径 ▾	2：半径 ▾
圆心点：	

图 5 -3　快捷菜单

1：两点_半径 ▾
第一点(切点)：

图 5 -4　两点半径画圆

例 5 -1　快捷操作应用实例。用 CAXA 线切割 XP 系统绘制如图 5 -5 所示的图形。
操作步骤：

（1）用鼠标单击功能命令项中的"圆"命令，选择"1：圆心＿半径""2：半径"画圆方式，系统提示"圆心点"，从键盘上输入"0，0"后，系统提示"输入半径或圆上一点"，用键盘输入"30"按回车键确认，此时屏幕上出现一个半径为30的圆。接着采用同样的方法绘制第二个半径为20的圆。

（2）用鼠标单击功能命令项中的"直线"命令，直线的输入方式有3种，分别是"两点线""连续""非正交"模式，系统提示输入起点时，按下空格键，此时弹出点工具菜单，如图5-6所示。

项目五　学习CAXA数控线切割自动编程软件

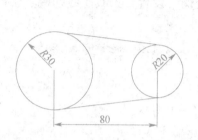

| S 屏幕点 |
| E 端点 |
| M 中点 |
| C 圆心 |
| I 交点 |
| T 切点 |
| P 垂足点 |
| N 最近点 |
| L 孤立点 |
| Q 象限点 |
| K 刀位点 |

图5-5　圆的公切线　　　　图5-6　点工具菜单

（3）选取"T切点"模式，当系统提示输入起点和终点时，分别用鼠标单击两圆，画出两圆的一条切线。

需要注意的是，在拾取圆时，拾取的位置不同，则切线绘制的位置也不同。图5-7和图5-8所示的是选取两圆上不同位置时画出的不同切线。

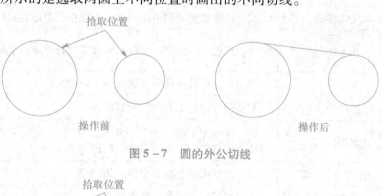

拾取位置　　　　　　　　　　　　　　　　　　　　　　　　
操作前　　　　　　　　　　　　　　　　操作后

图5-7　圆的外公切线

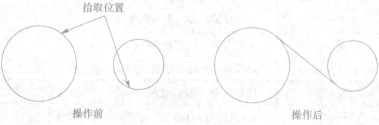

拾取位置　　　　　　　　　　　　　　　　　　　　　　　　
操作前　　　　　　　　　　　　　　　　操作后

图5-8　圆的内公切线

三、CAXA 线切割 XP 菜单命令系统简介

CAXA 线切割 XP 系统的功能都是通过各种不同的菜单和命令项来实现的。菜单系统包括下拉菜单、图标菜单、快捷菜单、工具菜单 4 个部分。下面对各菜单项和命令项做简要的介绍。

1. 下拉菜单

如图 5-9 所示，下拉菜单位于屏幕的顶部，由一行主菜单及其下拉子菜单组成。主菜单包括文件、编辑、显示、幅面、绘制、查询、设置、工具、线切割、帮助，其中每个部分又含有若干个下拉子菜单。

文件(F)　编辑(E)　显示(V)　幅面(P)　绘制(D)　查询(I)　设置(S)　工具(T)　线切割(W)　帮助(H)

图 5-9　下拉菜单

下拉菜单及下拉子菜单的命令功能简介如表 5-1 所示。

表 5-1　下拉菜单命令功能简介

下拉菜单	下拉子菜单	命令功能简介
文件	新文件	在当前绘图区中建立一个新的设计窗口
	打开文件	从已经保存的存档中打开一个文件
	存储文件	存储当前文件
	另存文件	用另一个文件名在另一个位置存储当前文件
	文件检索	从本地计算机或网络计算机上查找符合条件的文件
	并入文件	将一个已经设计好的文件与当前文件合并成一个新的文件
	部分存储	将当前文件的一部分存储为一个新的文件
	绘图输出	对当前设计好的图形进行打印输出
	数据接口	读入或输出 DWG、DXF、WMF、DAT、IGES、HPGL、AUTOP 等格式的文件，以及接受和输出视图
	应用程序管理器	管理电子图版二次开发的应用程序
	最近文件	显示最近打开过的一些文件名
	退出	退出 CAXA 线切割 XP 系统
编辑	取消操作	取消在图形设计中进行的上一项操作
	重复操作	恢复一个"取消操作"命令
	图形剪切	对设计图形中的实体对象执行剪切操作
	图形拷贝	对设计图形中的实体对象执行复制操作
	图形粘贴	将剪切或复制的实体对象粘贴在用户指定的位置上

下拉菜单	下拉子菜单	命令功能简介
编辑	选择性粘贴	选择剪贴板内容的属性后再进行粘贴
	插入对象	在当前绘图区中插入 OLE 对象
	删除对象	删除一个选中的 OLE 对象
	链接	实现以链接方式插入到文件中的对象的有关链接的操作
	对象属性	查看对象的属性及相关操作
	拾取删除	删除选中的对象
	删除所有	初始化绘图区，删除绘图区中所有的实体对象
	改变颜色	改变所拾取图形元素的颜色
	改变线型	改变所拾取图形元素的线型
	改变层	改变所拾取图形元素的图层
显示	重画	刷新屏幕，对绘图区图形进行重新生成操作
	鹰眼	打开一个窗口对主窗口的现实部分进行选择
	显示窗口	用窗口将图形放大
	显示平移	指定屏幕中心，将图形显示平移
	显示全部	显示全部图形
	显示复原	回复图形显示的初始状态
	显示比例	输入比例对显示进行放大或缩小
	显示回溯	显示前一幅图形
	显示向后	此功能与显示回溯对应，用来恢复回溯操作前的图形形状
	显示放大	按固定比例（1.25）将图形放大显示
	显示缩小	按固定比例（0.8）将图形缩小显示
	动态平移	利用鼠标的拖动平移图形
	动态缩放	利用鼠标的拖动缩放图形
	全屏显示	用全屏显示图形
幅面	图纸幅面	选择或定义图纸的大小
	图框设置	调入、定义和存储图框
	标题栏	调入、定义、存储或填写标题栏
	零件序号	生成、删除、编辑或设置零件序号
	明细表	有关零件明细表制作和填写的所有功能
绘制	基本曲线	绘制基本的直线、圆弧、圆等
	高级曲线	绘制多边形、公式曲线以及齿轮、花键和位图矢量化

续表

下拉菜单	下拉子菜单	命令功能简介
绘制	工程标注	标注尺寸、公差等
	曲线编辑	对曲线进行剪切、打断、过渡等编辑
	块操作	进行与块有关的各项操作
	库操作	从图库中提取图形以及相关的各项操作
查询	点坐标	查询点的坐标
	两点距离	查询两点间的距离
	角度	查询角度
	元素属性	查询元素的属性
	周长	查询封闭曲线的长度
	面积	查询封闭曲线包含区域的面积
	重心	查询封闭曲线包含区域的重心
	惯性矩	查询所选封闭曲线相对所选直线的惯性矩
	系统状态	查询系统状态
设置	线型	定制和加载线型
	颜色	设置颜色
	层控制	新建和设置图层以及图层管理器
	屏幕点设置	设置屏幕点的捕捉属性
	拾取设置	设置拾取属性
	文字参数	设置和管理字型
	标注参数	设置尺寸标注的属性
	剖面图案	选择剖面图案
	用户坐标系	设置和操作用户坐标系
	三视图导航	根据两个视图生成第三个视图
	系统配置	设定如颜色、文字之类的系统环境参数
	恢复老面孔	将用户界面恢复到 CAXA 以前的形式
	自定义	自定义菜单和工具栏
工具	图纸管理系统	打开图纸管理工具
	打印排版工具	打开打印排版工具
	EXB 文件浏览器	打开电子图版文档浏览器
	记事本	打开 Windows 工具记事本
	计算器	打开 Windows 工具计算器

下拉菜单	下拉子菜单	命令功能简介
工具	画笔	打开 Windows 工具画笔
线切割	轨迹生成	生成加工轨迹
	轨迹跳步	用跳步方式链接所选轨迹
	跳步取消	取消轨迹之间的跳步链接
	轨迹仿真	进行轨迹加工的仿真演示
	查询切割面积	计算切割面积
	生成 3B 代码	生成所选轨迹的 3B 代码
	4B/R3B 代码	生成所选轨迹的 4B/R3B 代码
	校核 B 代码	校核已经生成的 B 代码
	查看/打印代码	查看或者打印已经生成的加工代码
	代码传输	传输已经生成的加工代码
	R3B 后置设置	对 R3B 格式进行设置
帮助	日积月累	介绍软件的一些操作技巧
	帮助索引	打开如何健的帮助
	命令列表	查看各功能的键盘命令及说明
	服务信息	查看与售后服务有关的信息
	关于电子图版	显示版本及用户信息

2. 图标菜单

如图 5-10 所示，图标菜单默认是位于屏幕的左上部，它包括基本曲线、高级曲线、工程标注、曲线编辑、块操作、图库、轨迹生成、代码生成、代码传输后置 9 个部分，每个菜单又含有若干个命令项。

图 5-10　图标菜单

图标菜单比较形象地表达了各个图标的功能，用户可以根据情况进行自定义，选取最常用的工具图标，放在合适的位置，以适应个人的习惯。

图标菜单的命令功能简介如表 5-2 所示。

表5-2 图标菜单命令功能简介

图标菜单	图标子菜单	命令功能简介
基本曲线	直线	绘制各类直线
	圆弧	绘制圆弧
	圆	绘制圆
	矩形	绘制矩形
	中心线	绘制孔或轴的中心线
	样条线	绘制样条曲线
	轮廓线	绘制直线和圆弧首尾构成的首尾相接或不相接的一条轮廓线
	等距线	以等距方式生成一条或同时生成数条给定曲线的等距线
高级曲线	正多边形	绘制任意正多边形
	椭圆	绘制椭圆
	孔/轴	在给定位置画出带有中心线的孔和轴
	波浪线	按给定方式生成波浪曲线
	双折线	绘制双折线
	公式曲线	按给定公式绘制曲线
	填充	将一块封闭区域用一种颜色填满
	箭头	绘制单个的实心箭头或给圆弧、直线增加实心箭头
	点	生成孤立点实体
	齿轮设计	绘制齿轮
	花键设计	绘制花键
	图像矢量化	读入图形文件,并生成图形轮廓曲线
	文字	输入各种格式的文字、生成文字轮廓曲线
工程标注	尺寸标注	标注各种图形尺寸
	坐标标注	标注点的坐标
	倒角标注	标注直线的倒角
	引出说明	标注引出注释
	文字标注	在图形中标注文字
	基准符号	标注形位公差中的基准部位的代号
	粗糙度	标注表面粗糙度代号
	形位公差	标注形状和位置公差
	焊接符号	标注焊接符号

图标菜单	图标子菜单	命令功能简介
工程标注	剖切符号	标出剖面的剖切位置
	标注编辑	对所有的工程标注（尺寸、符号和文字）进行编辑
	尺寸风格编辑	修改尺寸标注风格
	尺寸驱动	根据尺寸的修改而改变图形的大小、形状
曲线编辑	裁剪	对给定曲线（称为被裁减线）进行修整
	过渡	处理曲线间的过渡关系（圆角、倒角或尖角）
	齐边	以一条曲线为边界对一系列曲线进行裁剪或延伸
	打断	将一条曲线在指定点处打断成两条曲线
	拉伸	对选中的直线、圆或圆弧进行拉长或缩短
	平移	对拾取到的实体进行平移或拷贝操作
	旋转	对拾取到的实体进行拷贝或旋转操作
	镜像	对拾取到的实体进行镜像操作
	比例缩放	按照一定比例对拾取到的实体进行缩小或放大
	阵列	圆形或矩形阵列选中的图形
	局部放大	用圆形窗口或矩形窗口将图形中的任意一个局部进行放大
轨迹生成	轨迹生成	生成线切割加工轨迹
	轨迹跳步	将多个轨迹连接成一个跳步轨迹
	取消跳步	将跳步轨迹分解成各个独立的加工轨迹
	轨迹仿真	对切割过程进行仿真
	切割面积	根据加工轨迹的尺寸和工件厚度计算切割面积
代码生成	生成 3B 代码	生成 3B 代码数控程序
	生成 4B/R3B 代码	生成 4B 或 R3B 代码数控程序
	校核 B 代码	校核生成的 B 代码数控程序的正确性
	查看打印代码	查看并可打印已生成的代码文件或其他文本文件
代码传输/后置设置	应答传输	将生成的代码以模拟电报头形式传输给线切割机床
	同步传输	将生成的代码快速同步传输给线切割机床
	串口传输	将生成的代码利用计算机串口传输给线切割机床
	纸带穿孔	将生成的代码传输给纸带穿孔机，给纸带打孔
	机床设置	根据不同的机床、数控系统设定数控代码及程序格式等
	后置设置	设置输出的数控程序的格式
	R3B 后置设置	设置 R3B 数控程序命令

3. 快捷菜单

当功能命令项被选中时，在绘图区的左下角弹出的菜单，它描述了该项命令执行的各种情况和使用条件。用户可以根据当前的作图要求，正确选择其中的某一项，即可得到准确的响应。

如图 5 – 11 所示，当绘制直线时，直线命令被选中后，快捷菜单会提示"1：两点线""2：连续""3：非正交"。

4. 工具菜单

工具菜单包括工具点菜单和拾取元素菜单，如图 5 – 12 所示。在绘图过程中按下空格键，就会弹出工具点菜单；当图形操作处于拾取状态时按下空格键，就会弹出拾取元素菜单。这两个菜单是分别帮助捕捉工具点和拾取元素的。

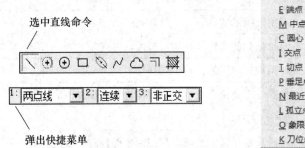

图 5 – 11　快捷菜单　　　　　　　图 5 – 12　工具点菜单和拾取元素菜单

任务实施

1. 图形特点

上下，左右均对称，如图 5 – 1 所示。

2. 绘图方法

绘制 1/2 或 1/4 的图形，再利用"镜像"命令完成剩余部分图形。

3. 绘图步骤

1）绘制全部的点画线

绘制不同的线型，要在不同的图层中进行，CAXA 线切割 XP 系统为方便操作，预先定义了 7 个图层，这 7 个图层分别是"0 层""中心线层""虚线层""细实线层""尺寸线层""剖面线层"和"隐藏层"。每个图层都按其名称设置了相应的线型和颜色。其中，粗实线应用最多。启动后的当前图层为"0 层"、线型为粗实线，颜色为黑色。当前层就是当前正在进行操作的图层。

选择图层中的中心线层，单击"基本曲线"中的"直线"按钮，绘制一条水平的和一条竖直的点画线；再单击"圆"按钮，用鼠标选择水平和竖直线的交点，输入30按回车键，绘制 $\phi60$ mm 的点画线圆，最后单击鼠标右键结束操作。

2）绘制 $\phi20$ mm、$\phi30$ mm、$\phi8$ mm、$R20$ mm 的同心圆

将"0层"设置为当前层，用鼠标左键单击"圆"按钮，利用工具点捕捉命令捕捉水平线和竖直线的交点，输入10按回车键确定，绘出 $\phi20$ mm 的圆；再输入数值15按回车键确定，绘出 $\phi30$ mm 的圆，再输入数值20按回车键确定，绘出 $R20$ mm 的圆。

用同样的方法绘制 $\phi8$ mm 和 $\phi20$ mm 的两个同心圆。

3）绘制 $R20$ mm 与 $\phi20$ mm 的公切线

单击"直线"按钮，按下空格键，此时弹出工具点菜单，选择切点，再用鼠标在 $\phi20$ mm 的圆上单击，出现一条与 $\phi20$ mm 相切的可拖动的直线；再按下空格键，在 $R20$ mm 的圆上单击，完成上侧公切线的绘制。

用同样的方法绘制下侧公切线。

4）绘制 $R40$ mm 圆弧

单击"圆弧"按钮，选择"两点_半径"模式，利用工具点菜单捕捉两个 $R10$ mm 圆的切点，输入半径40，按回车键确定。

用同样的方法绘制下侧的 $R40$ mm 圆弧。

5）裁剪多余图形

用鼠标单击"编辑工具"→"裁剪"命令，弹出"裁剪"快捷菜单，拾取应裁剪掉的线段，按回车键确定。

6）用"镜像"命令完成右半部分

用鼠标单击"编辑工具"→"镜像"命令，选择竖直线作镜像轴线，拾取需要做镜像的图形，按回车键确定。

绘制完成的图形如图5-1所示。

归纳总结

一、总结

本任务介绍了CAXA线切割用户界面、菜单系统、工具栏、常用功能键和快捷键的用法，最后还列举了线切割XP绘图实例。

通过本任务的学习，读者对数控线切割XP系统有了一个较全面的认识，并会运用一些常用的绘图功能进行绘图操作。对CAXA线切割XP系统软件要反复练习，多实践才能提高绘图水平。

二、习题与思考

运用CAXA线切割XP系统绘制如图5-13所示凹模零件图形。

拓展提高　CAXA线切割的位图矢量化

在线切割加工过程中，有时会遇到无尺寸图形，或者有实物、无图样的零件进行加工编程的情况，为此CAXA线切割编程系统软件超强版中增加了位图矢量化这一功能，以满足用户要求。

位图矢量化功能是读入以PCX格式存储的图像文件并进行矢量化，生成可进行加

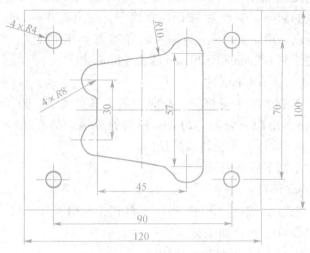

图 5 – 13　凹模零件图形

工编程的轮廓图形。可应用于实物的扫描切割、美术画、美术字的图案切割和图片的图形切割。

位图矢量化的过程分为两步：选择需要矢量化的 PCX 位图文件和控制矢量化的参数。

PCX 位图文件的选择是在"选择 PCX 文件"对话框中完成的，依次在磁盘符、路径列表和文件列表中选择即可。

矢量化的参数有背景选择、拟合方式、像素宽度比例、拟合精度和临界灰度值 5 项。下面分别对各参数加以说明。

1. 背景选择

当图像颜色较深而背景色较浅，且背景颜色较均匀时，选择"背景为亮色"。当图像颜色较浅而背景颜色较深，且图像颜色较均匀时，选择"背景为暗色"。

2. 拟合方式

矢量化处理后生成的边界图形可以用直线或圆弧来表示。若选择"直线拟合"，则整个边界图形由多段直线组成，若选择"圆弧拟合"，则边界图形由圆弧和直线组成，两种拟合方式均能保证拟合精度。圆弧拟合的优点在于生成的图形比较光滑，线段少，由此生成的加工代码也较少。

3. 像素宽度比例

像素宽度比例表示每个像素点的尺寸大小，单位为 mm。它的作用是调整位图矢量化后图形的大小。若希望矢量化后图形的大小与原图相同，则需要根据扫描图像时设置的分辨率来计算像素点的尺寸大小。在用扫描仪对图像或实物进行扫描时，需设置扫描精度，单位为 DPI，即每英寸长度内点的数量。例如，200 DPI 表示每英寸范围内 200 个点。每英寸范围内的点数越多，扫描精度越高，每个点的尺寸越小，图像越精密。若扫描分辨率为 300 DPI，则每个点的大小为 1/300 英寸，换算成以 mm 为单位，则每个点的大小为 25.4/300 = 0.085 mm。此时，在"像素宽度比例"中填入参数 0.085，则矢量化处理后的图形与原图像大小相同。

4. 拟合精度

拟合精度值越小，拟合精度越高，轮廓形状越精细，但有可能出现较多的锯齿。适当降低拟合精度，可以消除锯齿。精度过低会使轮廓形状出现较大偏差。拟合精度取值范围 1 ~ 2 为宜。

5. 临界灰度值

在有灰度的图像中，像素值的范围是 0 ~ 255。当像素值为 0，则图像的颜色为纯黑色，当像素值为 255，则图像的颜色为纯白色，其他的像素介于黑白之间。在矢量化过程中，区分黑、白像素的分界值即为"临界灰度值"。CAXA 软件在读入 PCX 图像文件时，自动以背景的灰度值为"临界灰度值"。当软件算出的图像灰度范围较大时，软件会提示输入临界灰度值，单击"临界灰度"菜单，其下括号中出现的范围就是软件算出的图像灰度范围。若背景灰度较为均匀，且与图形灰度对比较为明显，将临界灰度值设为背景的灰度值效果较好。假设背景为白色，那么软件给出的范围中最大值为背景灰度值，可将这一数值设为临界灰度值。反之，若图形灰度较为均匀，且与背景灰度对比较为明显，将临界灰度值设为图形的灰度值效果较好。

应当注意以下几点。

（1）CAXA 线切割超强版只处理 16 位以下的 PCX 图像文件。用户若有其他图像文件，如 JPG、BMP 等图像文件请转换为 PCX 图像文件。

（2）PCX 图像文件最好为黑、白两色图像。

（3）PCX 图像不能仅仅是封闭的单线图形，曲线内部应有填充部分。

（4）若需要将图形放大或缩小，可在"几何变换"菜单中选取"放缩"功能，在屏幕的右下角的立即菜单中输入所需的比例值，即可实现图形的放缩。

任务5.2 应用CAXA线切割XP系统编制程序

任务描述

本任务介绍 CAXA 线切割 XP 系统自动编程基础知识，通过学习能够掌握 CAXA 线切割 XP 系统自动编程知识，并能够利用 CAXA 绘制如图 5 - 14 所示零件图形并对其进行编程。

任务分析

CAXA 线切割支持快走丝线切割机床，可输出 3B、4B 及 ISO 格式的线切割加工程序。其自动化编程的过程一般是：利用 CAXA 线切割的 CAD 功能绘制加工图形→生成加工轨迹及加工仿真→生成线切割加工程序→将线切割加工程序传输给线切割加工机床。

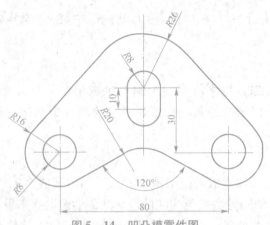

图 5 - 14　凹凸模零件图

要利用 CAXA 线切割 XP 系统自动生成程序，必须要知道轨迹生成原理及方法和程序的生成过程等。本任务先介绍轮廓、轨迹生成、轨迹跳步、代码的生成与校核等，再介绍运用 CAXA 自动编程的方法过程。

知识准备

一、轮廓尺寸

如图 5 - 15 所示，轮廓是一系列首尾相接曲线的集合。在进行数控编程、交互指定待加工图形时，常常需要用户指定图形的轮廓尺寸。如果尺寸无上下偏差，就按本尺寸本身绘图，若有上下偏差，则按中差尺寸绘图。例如加工长度为 $30^{+0.05}_{+0.01}$ mm 的线段，按中差 $= \dfrac{上偏差 + 下偏差}{2} = \dfrac{0.05 + 0.01}{2} = 0.03$ 即绘制线段的长度为 $30 + 0.03 = 30.03$ （mm）。

二、加工误差与步长

加工轨迹和实际加工模型的偏差就是加工误差。用户可以通过控制加工误差来控制加工的精度。用户给出的加工误差是加工轨迹同加工模型之间的最大允许偏差，系统保证加工轨迹与实际加工模型之间的偏差不大于加工误差。图 5 - 16 所示为误差与步长。

| 图 5 - 15　轮廓示意 | 图 5 - 16　误差与步长 |

（a）开轮廓；（b）闭轮廓；（c）有交点的轮廓

编程时，应根据实际工艺要求给定加工误差。如在进行粗加工时，加工误差可以较大，否则实际加工效率会受到不必要的影响；而进行精加工时，则需要根据表面要求给定加工误差。

在线切割加工中，对于直线和圆弧的加工不存在加工误差。加工误差是指对样条曲线进行加工时，用折线段逼近样条时的误差。

三、拐角处理

在线切割加工中，还会遇到拐角处如何进行过渡的问题。当在轮廓中相邻两直线或圆弧（取切点同向）呈大于150°的夹角时（凹的），需确定在期间进行"圆弧过渡"或"尖角过渡"，其含义如图5－17所示。系统默认取"圆弧过渡"方式。两者的加工效果是一样的，所不同的是加工轨迹，"尖角过渡"的切割路径长度较大于"圆弧过渡"的路径长度。

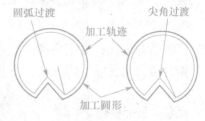

图5－17　拐角过渡方式

四、切入方式

切入位置是指在线切割加工中，零件的起始切割位置。零件的起始切割位置的确定对零件的加工质量有直接影响。

在线切割加工中，如果对起始切入位置有特殊要求时，可选择切入方式。切入方式有3种选择："直线方式""垂直方式"和"指定点方式"，如图5－18所示。

（a）　　　　　　　（b）　　　　　　　（c）

图5－18　切入方式

（a）直线切入；（b）垂直切入；（c）指定点切入

1. 直线切入方式

丝直接从穿丝点切入到加工起始段的起始点。

2. 垂直切入方式

丝从穿丝点直接切入到加工起始段，以起始段上的垂足点为加工起始点，当在起始段找不到垂足点时，丝就直接从穿丝点切入到要加工起始段的起始点，此时就等同于垂直切入方式。

3. 指定点切入方式

这种方式允许用户在轨迹上选择一个点作为加工起始点，丝从穿丝点沿直线走到选择的切入点，然后按事先选择的加工方向进行加工。

五、拟合方式

当要加工有非圆曲线边时，系统需要将该曲线拆分为多段曲线进行拟合。拟合方式有两种选择："直线方式"和"圆弧方式"。

1. 直线拟合方式

系统将非圆曲线分成多条直线段进行拟合。

2. 圆弧拟合方式

系统将非圆曲线分成多圆弧段进行拟合。

两种方式相比较，圆弧拟合方式具有精度高、代码数量少的优点。

六、轨迹生成

加工轨迹是加工过程中切割的实际路径。轨迹的生成是在已经构造好的轮廓的基础上，结合加工工艺，给出确定的加工方法和加工条件，由计算机自动计算出加工轨迹。

当用户将鼠标指针移动到屏幕左侧的菜单区的图标上，当鼠标停留在轨迹生成图标上一段时间时，就会在相应位置弹出一个亮黄底色的提示条："切割轨迹生成"。用命令键单击该图标后，系统在功能菜单区弹出一个子功能菜单，如图 5－19 所示。

1. 功能说明

生成沿轮廓线切割轨迹的线切割加工轨迹。

图 5－19　轨迹生成
子菜单

2. 参数确定

用鼠标左键单击"轨迹生成"菜单条，系统会弹出一个"线切割轨迹生成参数表"对话框，如图 5－20 所示。这个对话框是一个需要用户填写的参数框。切割方式、拟合方式和拐角过渡在前面介绍过，此处不再重复。各个参数的含义和填写方法如下。

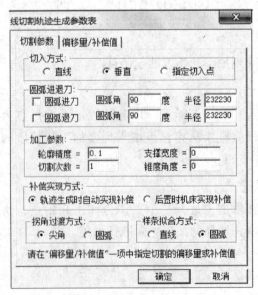

图 5－20　线切割轨迹参数生成框

1）切割次数

生成的加工轨迹的行数。

2）轮廓精度

对由样条曲线组成的轮廓，系统将会按给定的误差把样条离散成多条线条，用户可按照需要来控制加工的精度。

3）锥角角度

进行锥度加工时，电极丝倾斜的斜度就是锥角角度。系统规定，当输入的锥角角度为正值时，采用左锥角加工；当输入的锥角角度为负值时，采用右锥度加工。

4）支撑宽度

进行多次切割时，指定每行轨迹的始末点间保留的一段没切割部分的宽度。

5）补偿实现方式

系统提供两种实现补偿的方式供用户选择。

注意：本系统不支持带有锥度的多次切割。当加工次数大于 1 时，需在"偏移量/补偿值"选项卡里填写每次加工电极丝的偏移量。

3. 拾取轮廓线

在确定加工参数后，单击对话框中的"确定"按钮，系统提示拾取轮廓。按空格键，系统弹出如图 5－21 所示的轮廓曲线。

拾取轮廓线可以利用曲线拾取工具菜单。当系统提示拾取轮廓线时，按空格键可以弹出相应的工具菜单，如图 5－22 所示。

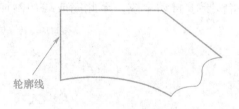

轮廓线

| S 单个拾取 |
| C 链拾取 |
| L 限制链拾取 |

图 5－21　加工轮廓的拾取　　　　图 5－22　拾取菜单

工具菜单提供单个拾取、链拾取和限制链拾取 3 种拾取方式。

1）单个拾取

需用户逐个拾取同时需处理的各条轮廓曲线。适合于曲线数量不多时并且不适合于使用"链拾取"功能的情形。

2）链拾取

需用户指定起始曲线及链接搜索方向，系统按起始曲线搜索方向自动寻找所有首尾相接的曲线。适合于需批量处理的曲线数目较多，同时无两根以上曲线连接在一起的情形。

3）限制链拾取

需用户指定起始曲线、搜索方向和限制曲线，系统按起始曲线及搜索方向自动寻找首尾相接的曲线至指定的限制曲线。适合于避开有两根或两根以上曲线连接在一起的情形，从而正确拾取所需的曲线。

4. 拾取加工方向

当拾取第一条轮廓线后，此轮廓线变为红色的虚线，如图 5-23 所示。系统提示选择链拾取方向，此方向表示加工方向，同时也是表示拾取轮廓线的方向。选择方向后，如果采用的是链拾取方式，则系统自动拾取首尾相接的轮廓线；如果采用单个拾取方式，则系统提示继续拾取轮廓线；如果采用的是限制链拾取，则系统自动拾取该曲线与限制曲线之间连接的曲线。

5. 选择偏移方向

当拾取完轮廓线后，系统要求选择偏移方向，即电极丝偏移的方向，如图 5-24 所示。生成加工轨迹时将按这一方向自动实现电极丝的补偿，补偿量即为电极丝半径加上放电间隙。

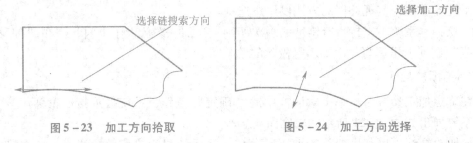

选择链搜索方向　　　　　　　　　　选择加工方向

图 5-23　加工方向拾取　　　　　　　图 5-24　加工方向选择

6. 指定穿丝点位置及电极丝最终切到的位置

穿丝点的位置必须指定，加工轨迹将按要求自动生成，至此完成线切割加工轨迹的生成过程。

七、轨迹跳步

1. 功能说明

通过跳步线将多个加工轨迹连接成为一个跳步轨迹。

2. 命令含义

当用鼠标单击"轨迹跳步"时，系统会提示拾取跳步轨迹。拾取轨迹可用轨迹拾取工具菜单，工具菜单提供多种拾取方式，如图 5-25 所示。另外，还可通过拾取取消功能改变轨迹拾取。

1）拾取所有

拾取所有生成轨迹。

2）拾取添加

需要用户逐个拾取需批量处理的各加工轨迹。

3）取消所有

即取消已经拾取的所有加工轨迹。

4）拾取取消

可改变轨迹的拾取状态，与拾取轮廓线功能中的"拾取取消"

| W 拾取所有 |
| A 拾取添加 |
| D 取消所有 |
| R 拾取取消 |
| L 取消尾项 |

图 5-25　拾取菜单

相比，轨迹的拾取取消不会自动取消掉最近的拾取记录，而是由用户指定需取消的轨迹。

5）取消尾项

取消最后拾取的一段加工轨迹。

拾取完轨迹并确认后，系统即将所选的加工轨迹按选择的顺序连接成一个跳步加工轨迹。因为将所有选择的轨迹用跳步轨迹连成一个加工轨迹时，所有新生成的跳步轨迹中只能保留第一个被拾取的加工轨迹的加工参数。此时，如果各轨迹采用的加工锥度不同，生成的加工代码中只有第一个加工轨迹的加工锥度。

例如，分别对一个圆和一个三角形生成加工轨迹，再用"轨迹跳步"将它们连接起来，如图 5 - 26 所示，请比较一下两者的区别。

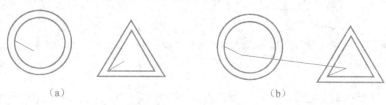

（a）　　　　　　　　　　　　　　　（b）

图 5 - 26　轨迹跳步实例
（a）跳步前轨迹；（b）跳步后轨迹

八、取消跳步

1. 功能说明

取消跳步的功能是将"轨迹跳步"功能中生成的跳步轨迹分解成各个独立的加工轨迹，相当于回到轨迹跳步前。

2. 命令含义

当选择"取消跳步"时，系统将提示拾取加工轨迹。拾取并确认后，系统即将所选的加工轨迹分解成多个独立的加工轨迹。用户也可以自行将上例中生成的轨迹跳步拆开。

九、轨迹仿真

1. 功能说明

对切割过程进行动态或静态仿真。以线框形式表达的电极丝沿着指定的加工轨迹加工一周，模拟实际加工过程中切割工件的情况。

2. 命令含义

当生成完加工轨迹后，单击"轨迹仿真"命令，此时会弹出"仿真方式"供用户选择，有"连续"和"静态"两种模式，如图 5 - 27 和图 5 - 28 所示。选择仿真模式后系统会提示"拾取加工轨迹"，拾取加工轨迹后就可以进行轨迹仿真了。

项目五　学习CAXA数控线切割自动编程软件

1: 连续 ▼ 2: 步长 0.01　　　　　　　　　　1: 静态 ▼

图 5 - 27　轨迹仿真连续模式　　　　　图 5 - 28　轨迹仿真静态模式

例 5 - 2　用 CAXA 线切割 XI 系统绘制一个 φ10 mm 的圆，并用连续和静态对这个圆进行轨迹仿真。

打开 CAXA 线切割 XP 系统绘制 φ10 mm 的圆。然后选择"轨迹生成"命令，生成加工轨迹。选择"轨迹仿真"命令，先采用"连续"模式，再用鼠标单击刚刚生成的加工轨迹，如图 5 - 29 所示；再采用"静态"模式，用鼠标单击刚刚生成的加工轨迹，如图 5 - 30 所示。

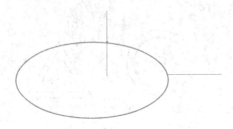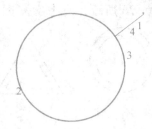

图 5 - 29　切割圆轨迹连续仿真　　　　图 5 - 30　切割圆轨迹静态仿真

十、计算切割面积

1. 功能说明

系统根据加工轨迹的长度和加工工件的厚度自动计算实际的切割面积。

2. 命令含义

单击"查询切割面积"按钮，依照系统提示拾取需要计算的加工轨迹并给出工件厚度，确认后系统会自动计算实际的切割面积，如图 5 - 31 所示。

图 5 - 31　切割面积计算

十一、代码生成

代码生成是 CAXA 线切割 XP 系统里一个十分重要的功能。代码生成就是结合特定的机床把系统生成的加工轨迹转化为机床指令，生成的指令可以直接输入到数控电火花线切割机床用于加工。考虑到生成程序的通用性，CAXA 线切割编程针对不同的机床，可以设置不同的机床参数和特定的数控代码程序格式，同时还可以对生成的机床代码的正确性进行校核，避免错误产生。

将鼠标指针移动到屏幕左侧菜单的图标上，当鼠标停留在 🔲 图标上一段时间后，就会在相应位置弹出一个亮黄底色的提示条："代码生成"。用命令键单击该图标后，系统在功能区将弹出其子功能菜单，如图 5－32 所示。

图 5－32　代码生成子菜单

1. 生成 3B 代码

（1）单击"生成 3B 代码"命令，系统弹出一个需要用户输入文件名的对话框，如图 5－33 所示，此对话框要求用户填写代码程序文件名。

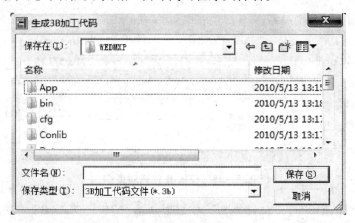

图 5－33　程序文件名输入对话框

（2）输入文件名后单击"保存"按钮，此时系统提示"拾取加工轨迹"，同时还可以设置程序使用停机码、暂停码和程序格式，如图 5－34 所示。当拾取到加工轨迹后，该轨迹变成红色线。用户可以一次拾取多个加工轨迹，单击鼠标左键后右击结束拾取，系统即生成 3B 代码数控程序。

图 5－34　生成 3B 代码参数设置

2. 生成 4B/R3B 代码

（1）单击"生成 4B/R3B 代码"命令，系统弹出一个需要用户输入文件名的对话框，此对话框要求用户填写代码程序文件名。

（2）输入文件名后单击确认按钮，此时系统提示"拾取加工轨迹"，同时还可以设置程序使用停机码、暂停码和程序格式。当拾取到加工轨迹后，该轨迹变成红色线。用户可以一次拾取多个加工轨迹，单击鼠标右键结束拾取，系统即生成 4B/R3B 代码数控程序。当拾取多个加工轨迹同时生成加工代码时，各轨迹之间按拾取的先后顺序自动实现跳步。与"轨迹生成"命令中的"轨迹跳步"相比，用这种方式实现跳步，各轨迹仍保持相互独立。

3. 校核 B 代码

校核 B 代码是把生成的 B 代码反读进来，恢复线切割加工轨迹，以检查代码程序的正确性。具体操作步骤如下。

（1）单击"校核 B 代码"命令，系统弹出一个需要用户选取数控程序的对话框，如图 5－35 所示。

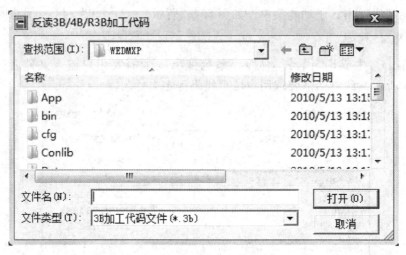

图 5－35　校核 B 代码对话框

（2）在此对话框中的"文件类型"中可以切换"3B"或"4B"格式代码。

（3）用户选择好需要校核的 B 代码程序，然后系统会自动根据程序 B 代码立即恢复生成线切割加工轨迹。

4. 生成 G 代码

按照当前机床类型的配置要求，把已生成的加工轨迹转化生成 G 代码数据文件，即 CNC 数控程序。具体操作过程如下。

（1）单击"生成 G 代码"命令，系统弹出一个需要用户输入文件名的对话框，此对话框要求用户填写代码程序文件名。此外，系统还会在信息提示区给出当前所生成的数控程序所适用的数控系统和机床系统信息，表明目前所调用的机床配置和后置设置情况。

（2）输入文件名后单击确认按钮，此时系统提示"拾取加工轨迹"，当拾取到加工轨迹后，该加工轨迹变为红色线。用户可以一次拾取多个加工轨迹，单击鼠标右键结束拾取，系统即生成 G 代码数控程序。当拾取多个加工轨迹同时生成加工代码时，各轨迹之间按拾取的先后顺序自动实现跳步。与"轨迹生成"命令中的"轨迹跳步"相比，用这种方式实现跳步，各轨迹仍保持相互独立，所以各个轨迹当中仍可以保存不同的加工参数，比如各个轨迹可以有不同的加工锥度、补偿值等。

5. 校核 G 代码

校核 G 代码是把生成的 G 代码反读进来，恢复线切割加工轨迹，以检查所生成 G 代码程序的正确性。如果反读的刀位文件中含圆弧插补，需用户指定相应的圆弧插补格式，否则可能得到错误的结果。

如后置文件中的坐标输出格式为整数，且机床分辨率不为 1 时，反读的结果是不对的。也就是说系统不能读取坐标格式为整数且分辨率为非 1 的情况。

校核 G 代码的操作步骤如下。

（1）选取"校核 G 代码"命令，系统提示用户选取程序。

（2）拾取到要校核的数控程序文件后，系统会根据程序 G 代码立即生成加工轨迹。

6. 查看/打印代码

查看/打印代码是查看并打印已生成的代码文件或其他文件内容，其操作步骤如下。

（1）单击"查看/打印代码"命令，系统弹出一个需要用户选取代码文件的对话框，要求用户指定需要查看的代码（在刚刚生成过代码的情况下，屏幕左下角会出现一个选择当前代码或代码文件的快捷菜单，如图 5 - 36 所示。若需要查看的程序不在默认的显示路径下，用户需自己改变路径）。

> 1: 当前代码文件 ▼
> 当前文件:C:\Users\Administrator\Desktop\qq.3b

图 5 - 36　选择当前代码快捷菜单

（2）选择文件确定后，系统会弹出一个显示了代码文件的窗口，用户若需要打印代码，可以单击此窗口下的文件菜单，选择打印命令即可。

十二、代码传输

代码传输就是将在电脑上生成的程序传到机床的控制器中，也就是机床的大脑里，以指挥机床动作。

生成 3B 代码后，点击"传输与后置"中的"应答传输"，此时提示栏会显示当前 3B 代码文件的路径，说明操作正确。

在控制器上，依次按"待命"，"上档"，"程序名"，"通讯"，"回车"两次，这时控制器的显示屏上出现走动的红色数字，说明程序已经传到了控制器中。

例 5 - 3　运用 CAXA 线切割 XP 软件，绘制一个"电"字，字体为仿宋体，字高为 3.5，如图 5 - 37 所示，并生成 3B 代码。

1）写汉字

（1）选择"高级曲线"里的"文字"命令，系统提示

图 5 - 37　汉字切割

项目五　学习CAXA数控线切割自动编程软件

"指定标注文字区域的第一角点"，选择完点后，系统提示"指定标注文字区域的第二角点"，确定完文字区域后立刻弹出一个如图5-38所示的对话框。

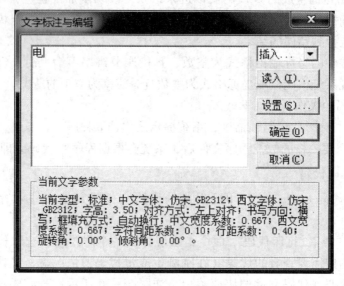

图5-38　"文字标注与编辑"对话框

（2）单击"设置"按钮，会弹出一个设定文字格式的对话框，在该对话框中可以确定文字的字体、字高、书写方式、倾斜角等，本例中设字高为3.5，字体为"仿宋体"。

（3）确定后，按Ctrl + Space组合键，可以激活系统汉字输入法（用Ctrl + Shift组合键可以切换不同的输入法）。

（4）输入汉语拼音"dian"，按所需汉字前的数字键可以选中该汉字（若所需汉字不在当前的页面内，用户可用"＋"或"－"键进行翻页），按回车键，文字将写到文字输入区域。

（5）文字输入完成后，按Ctrl + Space组合键推出中文输入状态，单击"确定"按钮关闭对话框。

2）生成加工轨迹

（1）选择"切割轨迹生成"中的"轨迹生成"命令，在弹出的对话框中按默认值确定各项加工参数，并单击"确定"按钮。

（2）依提示将"第一次偏移量"设为"0"，则加工轨迹完全与字形轮廓重合。

（3）系统提示"拾取轮廓"。

（4）单击"电"字外轮廓最左侧的竖线，此时该轮廓变为红色的虚线，同时在鼠标单击的位置上沿轮廓线出现一对双向的绿色箭头，系统提示"选择链搜索方向"（系统默认的是链搜索）。

（5）按照实际加工需要，选择一个方向后，在垂直轮廓线的方向上又会出现一对绿色箭头，系统提示"选择切割的侧边"。

（6）拾取指向轮廓外侧的箭头，系统提示"输入穿丝点的位置"。

（7）在"电"字外侧选一点作为穿丝点，系统提示"输入退出点"（按回车键则与穿丝孔重合）。

（8）按右键或回车键确定，系统计算出外轮廓的加工轨迹。

（9）此时系统提示继续"拾取轮廓"并重新输入新的加工偏移量。

（10）拾取"电"字内部左侧的"日"形轮廓。

（11）系统又会顺序提示"选择链拾取方向""选择切割的侧边""输入穿丝点位置"和"输入退出点"，其中，应选择加工内侧边，穿丝点为内部的一点。

（12）然后，系统会再次顺序提示"选择链拾取方向""选择切割的侧边""输入穿丝点位置"和"输入退出点"，生成"电"字内部右侧的"日"字形轮廓的加工轨迹，仍应选择加工内侧边，穿丝点为内部的一点。

（13）单击鼠标右键或 Esc 键结束轨迹生成功能，选择"轨迹跳步"功能按提示将以上 3 段轨迹连接起来。

3）生成加工代码

选择"生成 3B 代码"生成该轨迹的加工代码，假设字高为 3.5，3 个穿丝点分别为（0，7）、（2，5）、（4，5），则可得到以下形式的 3B 代码。

```
* * * * * * * * * * * * * * * * * * * * * * * * * * * * * * * * * * * * * *
CAXAWEDM - Version 2.0 , Name : DIAN. 3B
Conner R =    0.00000   , Offset F =     0.00000 , Length = 22.908 mm
* * * * * * * * * * * * * * * * * * * * * * * * * * * * * * * * * * * * * *
Start Point  =  -70.76726,   46.75221;                X ,        Y
N  1:B   239    B  50    B   239    GX   L1;    -70.528,    46.802
N  2:B   8      B  37    B   37     GY   L2;    -70.536,    46.839
N  3:B   37     B  0     B   37     GX   L1;    -70.499,    46.839
N  4:B   114    B  249   B   249    GY   L4;    -70.385,    46.590
N  5:B   451    B  76    B   451    GX   L1;    -69.934,    46.666
N  6:B   0      B  488   B   488    GY   L2;    -69.934,    47.154
N  7:B   0      B  95    B   95     GY   L2;    -69.934,    47.249
N  8:B   6      B  100   B   100    GY   L2;    -69.940,    47.349
N  9:B   17     B  105   B   105    GY   L2;    -69.957,    47.454
N 10:B   23     B  110   B   110    GY   L2;    -69.980,    47.564
N 11:B   37     B  14    B   37     GX   L1;    -69.943,    47.578
N 12:B   155    B  301   B   301    GY   L4;    -69.788,    47.277
N 13:B   14     B  28    B   28     GY   L3;    -69.802,    47.249
N 14:B   12     B  34    B   34     GY   L3;    -69.814,    47.215
N 15:B   11     B  48    B   48     GY   L3;    -69.825,    47.167
N 16:B   6      B  336   B   336    GY   L3;    -69.831,    46.831
N 17:B   1      B  148   B   148    GY   L3;    -69.832,    46.683
N 18:B   436    B  74    B   436    GX   L1;    -69.396,    46.757
N 19:B   23     B  0     B   23     GX   L1;    -69.373,    46.757
```

N	20:B	27	B	21	B	27	GX	L1;	−69.346,	46.778
N	21:B	37	B	61	B	61	GY	L1;	−69.309,	46.839
N	22:B	41	B	82	B	82	GY	L1;	−69.268,	46.921
N	23:B	118	B	164	B	164	GY	L4;	−69.150,	46.757
N	24:B	41	B	48	B	48	GY	L3;	−69.191,	46.709
N	25:B	31	B	44	B	44	GY	L3;	−69.222,	46.665
N	26:B	10	B	38	B	38	GY	L3;	−69.232,	46.627
N	27:B	7	B	159	B	159	GY	L3;	−69.239,	46.468
N	28:B	20	B	408	B	408	GY	L3;	−69.259,	46.060
N	29:B	24	B	456	B	456	GY	L3;	−69.283,	45.604
N	30:B	60	B	146	B	146	GY	L4;	−69.223,	45.458
N	31:B	611	B	91	B	611	GX	L3;	−69.834,	45.367
N	32:B	0	B	620	B	620	GY	L4;	−69.834,	44.747
N	33:B	0	B	88	B	88	GY	L4;	−69.834,	44.659
N	34:B	19	B	67	B	67	GY	L4;	−69.815,	44.592
N	35:B	54	B	22	B	54	GX	L4;	−69.761,	44.570
N	36:B	73	B	0	B	73	GX	L1;	−69.688,	44.570
N	37:B	292	B	0	B	292	GX	L1;	−69.396,	44.570
N	38:B	132	B	7	B	132	GX	L1;	−69.264,	44.577
N	39:B	115	B	10	B	115	GX	L1;	−69.149,	44.587
N	40:B	81	B	17	B	81	GX	L1;	−69.068,	44.604
N	41:B	64	B	20	B	64	GX	L1;	−69.004,	44.624
N	42:B	18	B	575	B	575	GY	L1;	−68.986,	45.199
N	43:B	46	B	0	B	46	GX	L1;	−68.940,	45.199
N	44:B	82	B	698	B	698	GY	L4;	−68.858,	44.501
N	45:B	137	B	27	B	137	GX	L3;	−68.995,	44.474
N	46:B	135	B	22	B	135	GX	L3;	−69.130,	44.452
N	47:B	134	B	12	B	134	GX	L3;	−69.264,	44.440
N	48:B	132	B	7	B	132	GX	L3;	−69.396,	44.433
N	49:B	328	B	0	B	328	GX	L3;	−69.724,	44.433
N	50:B	105	B	0	B	105	GX	L3;	−69.829,	44.433
N	51:B	79	B	36	B	79	GX	L2;	−69.908,	44.469
N	52:B	26	B	108	B	108	GY	L2;	−69.934,	44.577
N	53:B	0	B	143	B	143	GY	L2;	−69.934,	44.720
N	54:B	0	B	633	B	633	GY	L2;	−69.934,	45.353
N	55:B	433	B	65	B	433	GX	L3;	−70.367,	45.288
N	56:B	0	B	165	B	165	GY	L4;	−70.367,	45.123
N	57:B	5	B	143	B	143	GY	L3;	−70.372,	44.980
N	58:B	36	B	0	B	36	GX	L3;	−70.408,	44.980
N	59:B	82	B	287	B	287	GY	L2;	−70.490,	45.267
N	60:B	13	B	48	B	48	GY	L1;	−70.477,	45.315

```
N   61:B   9      B   41     B   41     GY   L1;    -70.468,    45.356
N   62:B   0      B   27     B   27     GY   L2;    -70.468,    45.383
N   63:B   4      B   154    B   154    GY   L2;    -70.472,    45.537
N   64:B   5      B   420    B   420    GY   L2;    -70.477,    45.957
N   65:B   4      B   429    B   429    GY   L2;    -70.481,    46.386
N   66:B   5      B   180    B   180    GY   L2;    -70.486,    46.566
N   67:B   9      B   68     B   68     GY   L2;    -70.495,    46.634
N   68:B   18     B   96     B   96     GY   L2;    -70.513,    46.730
N   69:B   15     B   72     B   72     GY   L2;    -70.528,    46.802
N   70:B   286    B   300    B   300    GY   L3;    -70.814,    46.502
N   71:D
N   72:B   554    B   149    B   554    GX   L4;    -70.260,    46.353
N   73:D
N   74:B   21     B   130    B   130    GY   L2;    -70.281,    46.483
N   75:B   347    B   55     B   347    GX   L1;    -69.934,    46.538
N   76:B   0      B   470    B   470    GY   L4;    -69.934,    46.068
N   77:B   46     B   8      B   46     GX   L3;    -69.980,    46.060
N   78:B   319    B   55     B   319    GX   L3;    -70.299,    46.005
N   79:B   128    B   123    B   128    GX   L4;    -70.171,    45.882
N   80:B   36     B   21     B   36     GX   L1;    -70.135,    45.903
N   81:B   32     B   15     B   32     GX   L1;    -70.103,    45.918
N   82:B   23     B   5      B   23     GX   L1;    -70.080,    45.923
N   83:B   18     B   0      B   18     GX   L1;    -70.062,    45.923
N   84:B   128    B   23     B   128    GX   L1;    -69.934,    45.946
N   85:B   0      B   461    B   461    GY   L4;    -69.934,    45.485
N   86:B   432    B   60     B   432    GX   L3;    -70.366,    45.425
N   87:B   6      B   498    B   498    GY   L2;    -70.372,    45.923
N   88:B   7      B   544    B   544    GY   L2;    -70.379,    46.467
N   89:B   98     B   16     B   98     GX   L1;    -70.281,    46.483
N   90:B   169    B   123    B   169    GX   L4;    -70.112,    46.360
N   91:D
N   92:B   426    B   67     B   426    GX   L1;    -69.686,    46.427
N   93:D
N   94:B   23     B   147    B   147    GY   L2;    -69.709,    46.574
N   95:B   377    B   60     B   377    GX   L1;    -69.332,    46.634
N   96:B   44     B   1060   B   1060   GY   L3;    -69.376,    45.574
N   97:B   13     B   10     B   13     GX   L3;    -69.389,    45.564
N   98:B   30     B   10     B   30     GX   L3;    -69.419,    45.554
N   99:B   23     B   0      B   23     GX   L3;    -69.442,    45.554
N   100:B  392    B   55     B   392    GX   L3;    -69.834,    45.499
N   101:B  0      B   431    B   431    GY   L2;    -69.834,    45.930
```

项目五 学习CAXA数控线切割自动编程软件

N	102:B	0	B	33	B	33	GY	L2;	−69.834,	45.963
N	103:B	392	B	70	B	392	GX	L1;	−69.442,	46.033
N	104:B	9	B	41	B	41	GY	L2;	−69.451,	46.074
N	105:B	109	B	109	B	109	GY	L2;	−69.560,	46.183
N	106:B	32	B	27	B	32	GX	L3;	−69.592,	46.156
N	107:B	29	B	23	B	29	GX	L3;	−69.621,	46.133
N	108:B	21	B	12	B	21	GX	L3;	−69.642,	46.121
N	109:B	94	B	18	B	94	GX	L3;	−69.736,	46.103
N	110:B	97	B	17	B	97	GX	L3;	−69.833,	46.086
N	111:B	1	B	468	B	468	GY	L1;	−69.832,	46.554
N	112:B	123	B	20	B	123	GX	L1;	−69.709,	46.574
N	113:B	199	B	133	B	199	GX	L4;	−69.510,	46.441
N	114:DD									

任务实施

1. 作圆

（1）选择"基本曲线"中的"圆"命令，用"圆心_半径"方式作圆。

（2）输入（0，0）以确定圆心位置，再输入半径值"8"作一圆。

（3）不要结束命令，在系统仍然提示"输入圆弧一点或半径"时输入"26"，作一较大的圆，单击调整键结束命令。

（4）继续使用以上的命令作圆，输入圆心点（−40，−30），分别输入半径值 8 和 16，作另一组同心圆。

2. 作直线

（1）选择"基本曲线"中的"直线"命令，选用"两点线"方式，系统提示"输入"第一点（切点、垂足点）位置。

（2）单击空格键激活特征点捕捉菜单，从中选择"切点"。

（3）在 $R16$ mm 的适当位置上单击，此时移动鼠标可看到光标拖画出一条假想线，此时系统提示输入"第二点（切点、垂足点）"。

（4）单击空格键，激活特征点捕捉菜单，从中选择"切点"。

（5）在 $R26$ mm 的圆的适当位置确定切点，便可方便地得到这两个圆的外公切线。

（6）选择"基本曲线"中的"直线"命令，单击"两点线"命令，换用"角度线"方式。

（7）单击第二个参数后的下拉标志，在弹出的菜单中选择"X 轴夹角"。

（8）单击"角度 =45"标志，输入新的角度值"30"。

（9）选择"切点"，在 $R16$ mm 圆的右下方适当的位置单击。

（10）拖假想线至适当位置后，单击命令键，完成操作。

3. 作对称图形

（1）选择"曲线生成"中的"直线"命令，选用"两点线"，切换为"正交"

方式。

（2）输入（0，0），拖动鼠标画一条铅垂的直线。

（3）在下拉菜单中选择"曲线编辑"中的"镜像"命令，用默认的"选择轴线""拷贝"方式，此时系统提示拾取元素，分别单击刚刚生成的两条直线与图形左下方的半径为 8 和 16 的同心圆后，单击调整键确认。

（4）此时系统又提示拾取轴线，拾取刚刚画的铅垂直线，确定后便可得到对称的图形。

4. 作长圆孔形

（1）选择"曲线编辑"中的"平移"命令，选用"给定偏移""拷贝"和"正交"方式。

（2）系统提示拾取元素，单击 $R8$ mm 的圆，单击调整键确认。

（3）系统提示"X 和 Y 方向偏移量或位置点"，输入（0，－10），表示 X 轴方向位移为 0，Y 轴方向位移为 －10。

（4）用刚刚使用过的作公切线的方法生成图中的两条竖直线。

5. 编辑图形

（1）选择橡皮头图标，系统提示"拾取几何元素"。

（2）单击铅垂线，确定后删除此线。

（3）选择"曲线编辑"中的"过渡"命令，选用"圆角"和"裁剪"方式，输入"半径"值为 20。

（4）依提示分别单击两条与 X 轴夹角为 300° 的斜线，得到所需的圆弧过渡。

（5）选择"曲线编辑"中的"裁剪"命令，选用"快速裁剪"方式，系统提示"拾取要裁剪的曲线"。

（6）分别用命令单击实例图中不存在的线段，并将其删除，完成所绘图形，如图 5-14 所示。

6. 生成加工轨迹

（1）选择"切割轨迹生成"中的"轨迹生成"命令，在弹出的对话框中按默认值确定各项加工参数，并按确定键。

（2）依提示将"第一次偏移量"设置为 0.1，则采用补偿，补偿值为 0.1 mm。

（3）系统提示"拾取轮廓"。

（4）单击图形最外侧左边的部分，此时该轮廓变为红色的虚线，同时在鼠标单击的位置上沿轮廓线出现一对双向的绿色箭头，系统提示"选择链搜索方向"（系统默认的是链搜索）。

（5）按照实际加工需要，选择一个方向后，在垂直轮廓线的方向上又会出现一对绿色箭头，系统提示"选择切割的侧边"。

（6）拾取指向轮廓外侧的箭头，系统提示"输入穿丝点的位置"。

（7）在图形外侧选一点作为穿丝点，系统提示"输入退出点"（按回车键则与穿丝孔重合）。

（8）按右键或回车键确定，系统计算出外轮廓的加工轨迹。

（9）此时系统提示继续"拾取轮廓"，并重新输入新的加工偏移量。

（10）拾取由两个 $R8$ mm 半圆轮廓。

（11）系统又会顺序提示"选择链拾取方向""选择切割的侧边""输入穿丝点位置"和"输入退出点"，其中，应选择加工内侧边，穿丝点为内部的一点。

（12）然后，系统会再次顺序提示"选择链拾取方向""选择切割的侧边""输入穿丝点位置"和"输入退出点"，生成左边 $R8$ mm 圆的加工轨迹，仍应选择加工内侧边，穿丝点为内部的一点。

（13）然后，系统会再次顺序提示"选择链拾取方向""选择切割的侧边""输入穿丝点位置"和"输入退出点"，生成右边 $R8$ mm 圆的加工轨迹，仍应选择加工内侧边，穿丝点为内部的一点。

（14）单击鼠标右键或按 Esc 键结束轨迹生成功能，选择"轨迹跳步"功能按提示将以上 4 段轨迹连接起来，如图 5-39 所示。

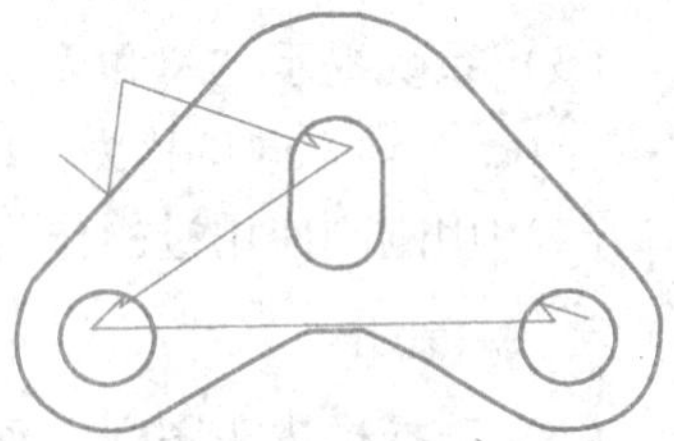

图 5-39　加工轨迹跳步

7. 生成加工代码

选择"生成 3B 代码"生成该轨迹的加工代码，假设 4 个穿丝点分别为 （-40，-10）、（0，6）、（-38，-28）和 （38，28）则可得到以下形式的 3B 代码。

```
*****************************************
CAXAWEDM - Version 2.0;Name:TUAOMU.3BConnerR =    0.00000    ,OffsetF =
0.10000,Length =    707.384mm
*****************************************
Start Point = -281.36703,  -13.80940 ;              X ,       Y
N   1:B 8505    B  7550    B 8505    GX  L4;-272.862,  -21.359
N   2:B 20192   B 22747    B 22747   GY  L1;-252.670,   1.388
N   3:B 19519   B 17327    B 17546   GY  SR2;-213.632,   1.388
N   4:B 32522   B 36637    B 36637   GY  L4;-181.110,  -35.249
N   5:B 12041   B 10688    B 28209   GX  SR1;-201.201,  -59.881
N   6:B 22000   B 12702    B 22000   GX  L2;-223.201,  -47.179
N   7:B 9950    B 17234    B 19900   GX  NR1;-243.101,  -47.179
N   8:B 22000   B 12702    B 22000   GX  L3;-265.101,  -59.881
N   9:B 8050    B 13943    B 28945   GY  SR4;-285.191,  -35.250
N  10:B 12330   B 13890    B 13890   GY  L1;-272.861,  -21.360
N  11:B 2506    B 20175    B 20175   GY  L1;-270.355,   -1.185
N  12:D
N  13:B 34485   B 11982    B 34485   GX  L4;-235.870,  -13.167
N  14:D
N  15:B 2813    B  2867    B 2867    GY  L2;-238.683,  -10.300
```

N	16:B 5532	B	5639	B	10161	GY	SR2;－225.252,－15.940
N	17:B 1	B	9999	B	9999	GY	L4;－225.251,－25.939
N	18:B 7900	B	0	B	15800	GY	SR4;－241.051,－25.939
N	19:B 0	B	10000	B	10000	GY	L2;－241.051,－15.939
N	20:B 7900	B	0	B	2368	GX	SR2;－238.683,－10.299
N	21:B 8467	B	2762	B	8467	GX	L4;－230.216,－13.061
N	22:D						
N	23:B 40500	B	27456	B	40500	GX	L3;－270.716,－40.517
N	24:D						
N	25:B 802	B	1786	B	1786	GY	L1;－269.914,－38.731
N	26:B 3237	B	7207	B	7207	GY	SR1;－265.250,－45.938
N	27:B 7900	B	0	B	26937	GX	SR4;－269.913,－38.732
N	28:B 6278	B	5404	B	6278	GX	L3;－276.191,－44.136
N	29:D						
N	30:B 80466	B	1137	B	80466	GX	L1;－195.725,－42.999
N	31:D						
N	32:B 2631	B	3003	B	3003	GY	L2;－198.356,－39.996
N	33:B 5206	B	5942	B	9858	GY	SR2;－185.250,－45.938
N	34:B 7900	B	0	B	18494	GX	SR4;－198.356,－39.996
N	35:B 8725	B	2796	B	8725	GX	L4;－189.631,－42.792
N	36:DD						

归纳总结

一、总结

本任务介绍了 CAXA 线切割自动编程基础、轨迹生成方法、代码生成方法、机床设置与后置设置方法，最后还列举了数控线切割自动编程实例。

通过本任务的学习，读者对数控线切割自动编程有了一个较全面的认识。对 CAXA 线切割 XP 系统软件要反复练习，多实践才能提高自动编程水平。

二、习题与思考

（1）CAXA 线切割切入方式有哪些？有什么区别？

（2）在 CAXA 线切割 XP 系统编程过程中，为什么要进行机床设置？如何进行机床设置？

（3）简述 CAXA 线切割 XP 系统编程的工作步骤。

拓展提高　CAXA 线切割加工软件使用中的几个问题

CAXA 线切割加工软件的使用极大地方便了操作者，它不仅使操作者可直观、方便地造型，同时也避免了编程中复杂的计算问题，同时，由人工很难完成的任务，如不规则曲线的编程等，也变得简单、方便，易于操作。

1. 偏置量的计算

轨迹偏置是在线切割加工中不可缺少的一个步骤。轨迹偏置分内偏置和外偏置，视加工工件类型而定。工件类型一般分孔类和轴类两种。大多数情况下加工孔类零件需要内偏置，即向孔内偏置，如不偏置，孔将变大，所以要内偏置；而对于轴类则相反。

$$偏置量 = \frac{电极丝直径}{2} + 放电间隙$$

2. 轨迹相连问题

在加工模具的过程中，常会遇到需加工多个位置精度要求较高的孔。做法是各个孔单独生成自己的轨迹，穿丝点和退出点一般放在该圆圆心，在生成加工程序时，顺序拾取各孔轨迹即可。这样做的好处：保证了各孔的位置精度；操作简单、方便。

3. 轨迹操作方面

线切割加工软件提供了对轨迹的多种操作，如旋转、镜像、比例缩放等。同时，提供了轨迹生成时会遇到的复杂的实际情况的处理方法，如切入方式、切割方向、离散精度、穿丝点及退出点的设置等，极大地方便了操作者。

4. 工件的安装问题

生成程序后，接下来是如何把工件正确地安放在机床上。工件的安放方向不能随意，要尽量与模型（或图纸）方向一致，以避免方向错位。接着要进行工件找正，一般用划针按工件上的划线来找正，精度要求较高的，以百分表来找正。工件找正完成后，夹紧工件。接下来要做的工作便是确定编程的穿丝点与工件上的起割点的重合问题，即对刀问题。对加工精度要求较低的工件，可直接目测来确定电极丝和工件的相互位置，也可借助于2~8倍的放大镜进行观测。也可采用火花法，即利用电极丝与工件在一定间隙下发生放电的火花来确定电极丝的坐标位置。对加工精度要求较高的零件，可采用电阻法，即利用电极丝与工件由绝缘到短路其瞬间电阻突变来确定电极丝相对工件的坐标位置。

数控电火花线切割机床一般具有电极丝自动找中心坐标位置的功能，但也不能绝对依赖，一是操作起来较费时间，二是也不一定准确，自动对中后应进行检测。

项目六　多孔板的激光加工和镀镍处理

　　本项目中如图 6-1 所示的零件，是有很多直径为 $\phi1.0$ mm，且有蚀刻标记的不锈钢板。该钢板加工后需进行镀镍处理。该零件的小孔数量多，适合自动化连续加工，选择激光加工比较合适，外形与型孔可一次性加工。同时蚀刻标记利用激光打标机加工很合适，可得到很好的表面质量。激光加工后送电镀厂镀镍处理。

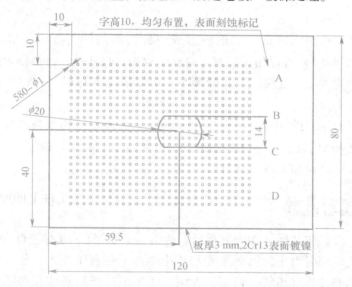

图 6-1　不锈钢孔板

预期目标

（1）理解激光加工的特性和原理。

（2）了解激光加工的特点。

（3）了解激光加工的应用。

（4）能够正确选择激光加工工艺进行零件加工。

（5）了解电化学处理的原理及分类。

（6）了解电化学处理的特点和应用。

（7）能够正确选择零件表面处理工艺。

任务6.1　选择激光加工工艺

任务描述

通过对激光加工原理、特点及应用的学习，能够正确选择激光加工工艺进行零件加工。

任务分析

激光加工属于特种加工，一般设备较昂贵，但其加工特点也很突出，很适合微细孔、自动化连续加工，同时其他应用也很多。能够正确选择激光加工工艺，可以使零件加工效率更高、质量更好。通过对激光加工知识的了解，可以对激光加工有总体的认识，从而实现正确选择其加工工艺的目的。

知识准备

激光技术在材料加工方面，已逐步形成一种崭新的加工方法。激光加工（Laser Beam Machining，LBM）可以用于切割、打孔、焊接、热处理、打标以及激光存储等各个领域。由于激光加工速度快，表面变形小，可以加工各种材料，在生产实践中体现出了很大的优势。

激光加工是利用光的能量，经过透镜聚焦，在焦点上达到很高的能量密度，靠光热效应来加工各种材料的。由于激光是可控的单色光，因此它强度高、能量密度大，可以在空气介质中高速加工各种材料。

一、激光的特性

激光具有一般光的共性（如光的反射、折射、干涉等），也有它自身的特性。激光的光发射是以受激辐射为主，因而发光物质中基本上是有组织地、相互关联地产生光发射的，发出的光波具有相同的频率、方向、偏振态和严格的位相关系。而普通光源的发光是以自发辐射为主，基本上是无秩序地、相互独立地产生光发射的，发出的光波无论方向、位相或者偏振状态都是不同的。正是这个区别才导致激光具有强度高、单色性好、相干性好和方向性好的特性。

二、激光加工的原理和特点

（1）激光加工聚焦后的功率密度可高达 10^8 W/cm² 以上，光能转化为热能，几乎可以熔化、气化任何材料，如陶瓷、石英、耐热合金、金刚石等硬脆材料都能加工。

（2）激光光斑大小可以聚焦到 μm 级，可以调节输出功率而进行精密微细加工。

（3）加工速度快，热影响区小，容易实现加工过程自动化。还能通过透明体进行加工，如对真空管内部进行焊接加工等，是激光束加工，属非接触加工，没有明显的机械力。

（4）在精微加工时，重复精度和表面粗糙度不易保证，因为激光加工是一种瞬时、局部熔化、气化的热加工，影响因素很多，因此必须进行多次试验，寻找合理的参数，才能达到一定的加工要求。由于光的反射作用，对于表面光泽或透明材料的加工，必须预先进行色化或打毛处理，使更多的光能被吸收后转化为热能用于加工。

三、激光加工工艺及应用

1. 激光打孔

由于激光几乎可以加工任何材料，因此激光打孔的使用范围很广，同时激光还可以打很微细的小孔，打孔的直径可以小到 0.01 mm 以下，深径比可达 50:1。目前已应用于燃料喷嘴加工、喷丝板打孔、金刚石拉丝模加工、钟表及仪表中的宝石轴承打孔等方面。激光打孔很适合于自动化连续打孔，如生产化学纤维用的喷丝板，在 $\phi 95$ mm 直径的不锈钢喷丝板上打一万多个直径为 0.08 mm 的小孔，采用数控激光加工，3~4 h 即可完成。又如加工钟表上的红宝石轴承上的 $\phi 0.15$ mm、深 1.0 mm 的小孔，采用自动传送，每小时可以连续加工几千个宝石轴承。

2. 激光切割

激光切割的工件与激光束要相对移动，在生产实践中，一般都是移动工件。激光切割大都采用重复频率较高的脉冲激光器或连续输出的激光器。脉冲激光器和连续输出的激光器相比，脉冲激光束的热传导小而使切割效率提高，同时热影响层也较浅。因此，在精密机械加工中，一般都采用高重复频率的脉冲激光器。YAG 激光器输出的激光已成功地应用于半导体划片，划片速度为 15~30 mm/s，成品率很高。同时，还用于化学纤维喷丝头的型孔加工、精密零件的窄缝切割与划线及雕刻等。

英国生产的附有氧气喷枪二氧化碳激光切割机，切割 5 mm 厚的钛板，速度达 2.5 m/min 以上。用激光代替等离子体切割，速度可提高 20%，费用降低 70%。大功率连续输出的二氧化碳激光器是未来发展的趋势，可提高切割范围和能力。大功率二氧化碳气体激光器所输出的连续激光，可以切割石英、陶瓷、钢板、钛板，以及塑料、木材、布匹、纸张等，其工艺效果都较好。

实践证明，激光既可以切割金属，也可以切割非金属；既可以切割无机物，也可以切割皮革之类的有机物。可用于切割各种各样的材料，还能切割无法进行机械接触的工件（如从电子管外部切断内部的灯丝）。激光亦适宜于切割玻璃、陶瓷和半导体等既硬又脆的材料，这是因为激光对被切割材料几乎不产生机械冲击和压力。同时由于激光光斑小、切缝窄，且便于自动控制，所以更适宜于对细小部件作各种精密切割。大量的生产实践表明，切割布匹、纸张、木材等易燃材料时，则采用同轴吹保护气体（二氧化碳、氮气等），能防止烧焦和缩小切缝。切割金属材料时，采用同轴吹氧工艺，可以大大提高切割速度，而且表面粗糙度也有明显改善。

3. 激光刻蚀打标记

工业生产中，激光刻蚀打标的应用也很广泛，利用小功率的激光束可对金属和非金属表面进行刻蚀加工。如金属工件上的铭牌、生产日期、加工信息等的激光打标，还有如纽扣一类非金属制品的花纹、图案的刻蚀，其外形清晰、美观。

另外，激光还有很多应用，如激光焊接、表面热处理和表面改性等。

任务实施

课堂讲解、现场参观。

（1）课堂讲解激光加工的原理、特点及应用。

（2）现场参观激光的切割加工、蚀刻加工及焊接等加工。

归纳总结

一、总结

激光几乎可以加工任何材料，尤其对陶瓷、石英、耐热合金、金刚石等硬脆材料相对其他加工方式有很大优势。在切割、刻蚀、焊接等很多方面都有广泛应用。激光加工作为一种特种加工，体现了其精密、快速、自动化等特点，将会在未来有更大的发展和应用。

二、习题与思考

（1）激光加工的特点是什么？

（2）激光加工的应用都有哪些？

任务6.2　正确选择电镀工艺

任务描述

通过对电化学加工的原理、分类、应用的学习，能够正确选择电镀工艺。

任务分析

电化学加工的应用很广泛，涉及电解加工、电镀加工、电化学复合加工等。能够合理地选择和应用电化学加工很有意义。通过对电化学加工基本知识的了解，达到根据具体情况选择不同电化学加工工艺的目的。

知识准备

一、电化学加工原理及分类

1. 电化学加工的基本原理

溶液中正、负离子的定向移动称为电荷迁移。在阳、阴电极表面发生得失电子的化学反应称为电化学反应，以这种电化学作用为基础对金属进行加工（图6-2中阳极上为电解腐蚀，学术上称"阳极溶解"；阴极上为电镀沉积，学术上称"阴极沉积"，常用以提炼纯铜）的方法称为电化学加工。其实，任何两种不同的金属放入任何导电的水溶液中，都会有类似情况发生，即使没有外加电场，而自身将成为"原电池"，与这一反应过程密切相关的概念有电解质溶液、电极电位、电极的极化、钝化和活化等。

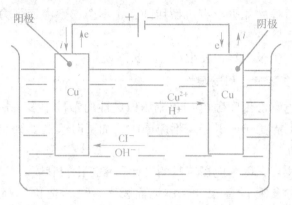

图 6-2　电解液中的电化学反应

2. 电化学加工的分类

电化学加工按其作用原理可分为 3 大类。第一类是利用电化学阳极溶解来进行加工，主要有电解加工、电解抛光等；第二类是利用电化学阴极沉积、涂覆进行加工，主要有电镀、涂镀、电铸等；第三类是利用电化学加工与其他加工方法相结合的电化学复合加工工艺，目前主要有电化学加工与机械加工相结合，如电解磨削、电化学阳极机械加工（还包含有火花放电作用）。

其具体应用情况如下：

电解加工，用于形状、尺寸加工；电解抛光，用于表面加工，去毛刺；电镀，用于表面加工、装饰；局部涂镀，用于表面加工，尺寸修复；复合电镀，用于表面加工，模具制造；电铸，用于制造复杂形状的电极，复制精密复杂的花纹模具；电解磨削，包括电解研磨、电解、珩磨，用于形状、尺寸加工、超精、光整加工、镜面加工；电解电火花复合加工，用于形状尺寸加工；电化学阳极机械加工，用于形状、尺寸加工，高速切断、下料。

二、电解加工

电解加工（ECM）是继电火花加工之后发展较快、应用较广泛的一项新工艺。在机械制造业中得到广泛应用。

1. 电解加工过程及其特点

电解加工是利用金属在电解液中的电化学阳极溶解，将工件加工成型的。

电解加工与其他加工方法相比较，具有下述特点：

（1）加工范围广，和线切割一样，可以加工高硬度、高强度的硬质合金、淬火钢、不锈钢、耐热合金等金属材料，并可加工叶片、锻模等各种复杂型面。

（2）电解加工的生产率较高，为电火花加工的 5~8 倍，和切削加工的生产率差不多，而其加工生产率却不直接受加工精度和表面粗糙度的限制。

（3）可达 $Ra1.0 \sim 0.2 \mu m$ 的表面粗糙度和 $\pm 0.11 mm$ 左右的平均加工精度。

（4）由于加工过程中几乎没有机械切削力，不会产生由切削力所引起的残余应力和变形，没有飞边毛刺。

（5）加工过程中阴极工具损耗很小，可长期使用。

2. 电解加工的主要缺点和局限性

（1）由于影响电解加工间隙电场和流场稳定性的参数很多，控制比较困难。因此不易达到较高的加工精度和加工稳定性。同时，加工时杂散腐蚀也比较严重，加工小孔和窄缝也比较困难。

（2）不宜单件生产，因为电极工具的设计和修正比较麻烦。

（3）电解加工的整套设备较大，占地面积多，机床造价较高，设备一次性投资较大。

（4）电解产物如果直接排放会造成环境污染，因此需投资进行废弃工作液的无害化处理。此外，工作液及其蒸汽还会对机床、电源、甚至厂房造成腐蚀，也需要注意防护。

电解加工优缺点共存，是否选择电解加工工艺需要依照一定的原则，一般批量大的，难加工材料的加工，相对复杂形状零件的加工比较适合。

3. 电解加工工艺及其应用

电解加工工艺的应用很广泛，在各种膛线、花键孔、深孔、内齿轮、链轮、叶片、异形零件及模具等方面的应用都很多。电解工艺一般有这样几种：深孔扩孔加工；型腔加工；套料加工；叶片加工；电解倒棱去毛刺；电解刻字；电解抛光；数控展成电解加工。

下面以型孔加工为例加以介绍。

图 6-3 所示为型孔电解加工示意图。在生产中往往会遇到一些形状复杂、尺寸较小的四方、六方、椭圆、半圆等形状的通孔和不通孔，机械加工很困难，如采用电解加工，则可以大大提高生产效率及加工质量。型孔加工一般采用端面进给法，为了避免锥度，阴极侧面必须绝缘。为了提高加工速度，可适当增加端面工作面积，使阴极内圆锥面的高度为 $1.5 \sim 3 mm$，工作端及侧成型环面的宽度一般取 $0.3 \sim 0.5 mm$，出水孔的截面积应大于加工间隙的截面积。

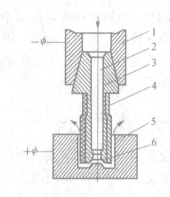

图 6-3 端面进给式型孔加工示意图

1—机床主轴套；2—进水孔；3—阴极主体；
4—绝缘层；5—工件；6—工件端面

三、电解磨削

1. 电解磨削的基本原理和特点

电解磨削是由电解作用和机械磨削作用相结合而进行加工的，属于电化学机械加工范畴。比电解加工的加工精度高，表面粗糙度小，比机械磨削的生产率高。

电解磨削与机械磨削比较，具有以下特点。

（1）加工效率高，加工范围广。在磨削硬质合金时，电解磨削的加工效率是普通金刚石砂轮磨削的3~5倍。又由于它主要是电解作用，因此可以加工高硬度与高韧性的金属材料。

（2）可以提高加工精度及表面质量。因为砂轮并不主要磨削金属，磨削力和磨削热都很小，不会产生磨削毛刺、裂纹、烧伤现象，一般表面粗糙度可优于$Ra0.2\ \mu m$。

（3）砂轮的磨损量小。

与机械磨削相比，电解磨削的不足之处是：加工刀具等的刃口不易磨得非常锋利；机床、夹具等需采取防蚀、防锈措施；还需增加吸气、排气装置，以及需要直流电源、电解液过滤、循环装置等附属设备。

2. 电解磨削的应用

电解磨削在生产中已用来磨削一些高硬度的零件，如各种硬质合金刀具、量具、挤压拉丝模具、轧辊等。同时亦可加工一些普通磨削很难加工的小孔、深孔、薄壁筒、细长杆等零件。对于复杂型面的零件，也可采用电解研磨和电解衍磨。

四、电铸、涂镀及复合镀加工

电铸、表面局部涂镀和复合镀加工在原理和本质上都属于电镀工艺的范畴，是利用电镀液中金属正离子在电场的作用下，镀覆沉积到阴极上去的过程。但它们之间有明显的不同之处。表6-1是电镀、电铸、涂镀和复合镀加工的一些介绍。

表6-1 电镀、电铸、涂镀和复合镀的主要区别

	电镀	电铸	涂镀	复合镀
工艺目的	表面装饰、防锈蚀	复制、成型加工	增大尺寸，改善表面性能	1. 电镀耐磨镀层 2. 制造超硬砂轮磨具，电镀带有硬质量磨料的特殊复合层表面
镀层厚度	0.01~0.05 mm	0.05~5 mm或以上	0.01~0.05 mm或以上	0.01~1 mm以上
精度要求	只要求表面光亮、光滑	有尺寸及开关精度要求	有尺寸及形状精度要求	有尺寸及形状精度要求
镀层半度	要求与工件牢固黏结	要求与原模能分离	要求与工件牢固黏结	要求与基体牢固黏结
阳极材料	用镀层金属同一材料	用镀层金属同一材料	用石墨、铂等钝性材料	用镀层金属同一材料

续表

	电镀	电铸	涂镀	复合镀
镀液	用自配的电镀液	用自配的电镀液	按被镀金属层选用现成供应的涂镀液	用自配的电镀液
工作方式	需用镀精，工件浸泡在镀液中，与阳极无相对运动	需用镀槽，工件与阳极可相对运动或静止不动	不需镀槽，镀液浇注或含吸在相对运动着的工件和阳极之间	需用镀精，被复合镀的硬质材料放置在工件表面

1. 电镀

电镀（Electroplating）就是利用电解原理在某些金属表面上镀上一薄层其他金属或合金的过程，是利用电解作用使金属或其他材料制件的表面附着一层金属膜的工艺，从而起到防止腐蚀、提高耐磨性、导电性、反光性及增进美观等作用。

1）电镀原理

在盛有电镀液的镀槽中，经过清理和特殊预处理的待镀件作为阴极，用镀覆金属制成阳极，两极分别与直流电源的负极和正极连接。电镀液由含有镀覆金属的化合物、导电的盐类、缓冲剂、pH调节剂和添加剂等的水溶液组成。通电后，电镀液中的金属离子，在电位差的作用下移动到阴极上形成镀层。阳极的金属形成金属离子进入电镀液，以保持被镀覆的金属离子的浓度。在有些情况下，如镀铬，是采用铅、铅锑合金制成的不溶性阳极，它只起传递电子、导通电流的作用。电解液中的铬离子浓度，需依靠定期地向镀液中加入铬化合物来维持。电镀时，阳极材料的质量、电镀液的成分、温度、电流密度、通电时间、搅拌强度、析出的杂质、电源波形等都会影响镀层的质量，需要适时进行控制。

2）电镀作用

利用电解作用在机械制品上沉积出附着良好的、但性能和基体材料不同的金属覆层的技术。电镀层比热浸层均匀，一般都较薄，从几个微米到几十微米不等。通过电镀，可以在机械制品上获得装饰保护性和各种功能性的表面层，还可以修复磨损和加工失误的工件。镀层大多是单一金属或合金，如钛靶、锌、镉、金或黄铜、青铜等；也有弥散层，如镍-碳化硅、镍-氟化石墨等；还有复合层，如钢上的铜-镍-铬层、钢上的银-铟层等。电镀的基体材料除铁基的铸铁、钢和不锈钢外，还有非铁金属，如ABS塑料、聚丙烯、聚砜和酚醛塑料，但塑料电镀前，必须经过特殊的活化和敏化处理。

3）电镀的主要用途

（1）提高金属制品或者零件的耐蚀性能，如钢铁制品或者零件表面镀锌。

（2）修复金属零件尺寸。例如，轴、齿轮等重要机械零件使用后磨损，可采用镀铁、镀铬等修复其尺寸。

（3）提高金属制品的防护–装饰性能，如钢铁制品表面镀铜、镀镍镀铬等。

（4）电镀还可赋予某种制品或零件某种特殊的功能，如镀硬铬可提高其耐磨性能等。

4）电镀方式

电镀分为挂镀、滚镀、连续镀和刷镀等方式，主要与待镀件的尺寸和批量有关。挂镀适用于一般尺寸的制品，如汽车的保险杠、自行车的车把等。滚镀适用于小件，如紧固件、垫圈、销子等。连续镀适用于成批生产的线材和带材。刷镀适用于局部镀或修复。电镀液有酸性的、碱性的和加有铬合剂的酸性及中性溶液，无论采用何种镀覆方式，与待镀制品和镀液接触的镀槽、吊挂具等应具有一定程度的通用性。

5）常用表面处理工艺流程

（1）钢铁件电镀锌工艺流程：

除油→除锈→酸性镀锌/碱性镀锌→纯化→干燥。

（2）钢铁件常温发黑工艺流程：

除油→除锈→常温发黑→浸封闭剂→浸肥皂液→浸锭子油或机油。

（3）钢铁件磷化工艺流程：

除油→除锈→表调→磷化→涂装。

（4）钢铁件多层电镀工艺流程：

除油→除锈→镀氰化铜→镀酸铜→镀半亮镍→镀高硫镍→镀亮镍→镍封→镀铬。

（5）钢铁件前处理（打磨件）工艺流程：

打磨件→除蜡→热浸除油→电解除油→酸蚀→非它电镀。

（6）铝及其合金镀前处理工艺流程：

除蜡→热浸除油→电解除油→酸蚀除垢→化学沉锌→浸酸→二次沉锌→镀碱铜或镍→其他电镀。

（7）铁件镀铬工艺流程：

除蜡→热浸除油→阴极→阳极→电解除油→弱酸浸蚀→预镀碱铜→酸性光亮铜（选择）→光亮镍→镀铬。

（8）不锈钢镀光亮镍工艺流程：

有机溶剂除油→化学除油→水洗→阴极电解活化→闪镀镍→水洗→活化→水洗→镀光亮镍→水洗→钝化→水洗→水洗→热水洗→甩干→烘干→验收。

不锈钢上的光亮镍层是微带黄光的银白色金属，它的硬度比铜、锌、锡、镉、金、银等要高，但低于铬和铑金属。光亮镍在空气中具有很高的化学稳定性，对碱有较好的稳定性。不锈钢上通过运用光亮剂，可不经抛光直接镀取光亮镍，以提高表面的硬度、耐磨性和平整性，在外观上使不锈钢与其他镀镍件外观一致，并且避免不锈钢与其他光亮镍之间产生接触电位差的腐蚀。

2. 电铸

1）电铸加工的原理

电铸加工的原理是用可导电的原模作阴极,用电铸材料(如纯铜)作阳极,用电铸材料的金属盐(如硫酸铜)溶液作电铸液。在直流电源的作用下,阳极上的金属原子交出电子成为正金属离子进入电铸液,并进一步在阴极上获得电子成为金属原子而沉积镀覆在阴极原模表面,阳极金属源源不断成为金属离子补充溶解进入电铸液,保持质量分数基本不变,阴极原模上电铸层逐渐加厚,当达到预定厚度时即可取出,设法与原模分离,即可获得与原模型面凹凸相反的电铸件。

2)电铸加工的特点

(1)能获得尺寸精度高、表面粗糙度小于 $Ra0.1\ \mu m$ 的复制品,同一原模生产的电铸件一致性很好。

(2)能准确、精密地复制复杂型面和细微纹路。

(3)借助石膏、石蜡、环氧树脂等作为原模材料,可把复杂零件的内表面复制为外表面,外表面复制为内表面,然后再电铸复制,适应性广泛。

3)电铸加工的主要应用

(1)制造复杂、高精度的空心零件和薄壁零件等。

(2)制造表盘、异形孔喷嘴、表面粗糙度标准样块、反光镜等特殊零件。

(3)复制精细的表面轮廓花纹,如 DVD 光盘的压模,工艺美术品模,纸币、证券、邮票的印制版。

(4)复制电火花电极工具、注塑用的模具等。

3. 涂镀加工

1)涂镀加工的原理

涂镀又称刷镀或无槽电镀,是在金属工件表面局部快速电化学沉积金属的技术,图6-4所示为其原理。直流电源 3 的负极接在转动的工件 1 上,正极接在镀笔上,用外包尼龙布的脱脂棉套 5 包住镀笔端部的不溶性石墨电极,镀液 2 饱蘸在脱脂棉中或另再浇注,多余的镀液流回容器 6。阴极表面的涂镀层可达到自 0.001 mm 直至 0.5 mm 的厚度,是镀液中的金属正离子在电场力作用下在阴极表面获得电子而沉积涂镀在阴极表面的。

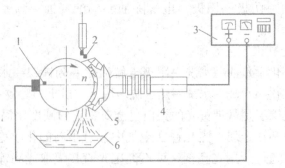

图 6-4 涂镀加工原理

1—工件;2—镀液;3—电源;4—镀笔;5—棉套;6—容器

2)涂镀加工的特点

(1)涂镀种类多,易于实现复合镀层,一套设备可涂镀金、银、铜、铁、锡、镍、钨、铟等多种金属。

（2）设备操作简单，机动灵活性强，不需要镀槽，可以对局部表面涂镀，可在现场就地施工，不受工件大小、形状的限制，甚至不必拆下零件即可对其局部刷镀。

（3）一般需人工操作，适合小批量生产。

（4）镀层与基体金属的结合力比槽镀的牢固，涂镀速度比槽镀快，镀层厚薄可控性强。

3）涂镀技术主要的应用范围

（1）工件的表面局部镀钨、金、银、镍、铜、锌等涂层，用于防腐、装饰、改善表面性能等。

（2）恢复尺寸和几何形状，零件表面磨损的修复，实施超差品补救。例如，各种轴、轴瓦、套类零件磨损后，以及加工中尺寸超差报废时，可用表面涂镀以恢复尺寸。

（3）填补零件表面上的斑蚀、孔洞、划伤、凹坑等缺陷，如机床导轨、活塞液压缸等的修补。

涂镀加工技术是修旧利废、设备器材再利用的绿色表面工程，有很大的实用意义和经济效益。

4）涂镀加工应用实例

机床导轨划伤的修复工艺如下。

（1）用整形锉、刮刀、磨石等工具把导轨划伤扩大整形，使划痕侧面底部露出金属本体，保证镀笔、镀液能和其充分接触。

（2）对镀液能流淌到的不需涂镀的表面，需涂上绝缘清漆，作为保护，防止产生不必要的电化学反应。

（3）用丙酮或汽油对待镀表面及相邻部位清洗脱脂。

（4）用涤纶透明绝缘胶纸贴在划伤沟痕的两侧，作为对待镀表面两侧的保护。

（5）对待镀表面净化和活化处理。电净时电压 12 V 约 30 s，工件接负极；活化时用 2 号活化液，工件接正极，电压 12 V，约 5 s，清水冲洗后表面呈黑灰色，再用 3 号活化液活化，表面呈银灰色，清水冲洗后立即起镀。

（6）用非酸性的快速镍镀底层，电压 10 V，清水冲洗。

（7）镀高速碱铜作尺寸层。电压为 8 V，沟痕较深的则需用砂布或细磨石打磨掉高出的镀层，再经电净、清水冲洗，再继续镀碱铜，这样反复多次。较浅的可一次镀成。

（8）当划痕镀满后，用磨石等机械方法修平。

4. 复合镀加工

1）复合镀的原理与分类

复合镀是在金属工件表面将磨料作为镀层的一部分和金属镍或钴一起镀到工件表面上。依据镀层内磨料尺寸的不同，复合镀层的功用也不同，一般可分为以下两类。

（1）作为耐磨层的复合镀。

磨料为微粉级，电镀时，镀液中带有极性的磨料与金属离子络合成离子团和金属离子一起镀到金属工件表面。整个镀层内存在均匀分布的许多微粉级的硬点，使整个镀层的耐磨性大大加强，一般用于高耐磨零件的表面处理。

（2）制造切削工具的复合镀或镶嵌镀。

磨料为粒度在 $80^{\#}$ ~ $150^{\#}$ 的人造金刚石（或立方氮化硼），电镀时，控制镀层的厚度稍大于磨料尺寸的一半左右，使紧挨工件表面的一层磨料被镀层包覆、镶嵌。形成一层切削刃，用以对其他材料进行加工。

2）电镀金刚石（立方氮化硼）工具的工艺与应用

（1）套料刀具及小孔加工刀具。

制造电镀金刚石套料刀具时，先把已加工好的管状套料刀具毛坯不需复合镀的刀柄部分绝缘，然后将其插入人造金刚石磨料中，再后将含镍离子的镀液倒入磨料中，并在欲镀刀具毛坯外再加一环形镍阳极，而刀具毛坯接阴极。通电后，刀具毛坯内、外圆、端面将镀上一层镍，而紧挨刀具毛坯表面的磨料也被镀层包覆，成为一把管状的电镀金刚石套料刀具。

（2）平面加工刀具。

将刀具毛坯接电源负极并置于镀液中，然后通过镀液在刀具毛坯平面上均匀撒布一层人造金刚石磨料，并镀上一层镍，使磨料被包覆在刀具毛坯表面形成切削刃。此法可用于制造金刚石小锯片，只需将锯片不需镀层的地方绝缘，而在最外圆和两侧面上用镍镶嵌镀上一薄层聚晶金刚石或立方氮化硼磨料。同时，此法也可制造锥角较大近似平面的刀具。例如，用此法制造电镀金刚石气门铰刀，用以修配汽车发动机缸体上的气门座锥面，比用高速钢气门铰刀加工的生产率提高3倍。

任务实施

课堂讲解、现场参观。

（1）课堂讲解电化学加工的原理、特点、分类及应用。

（2）现场参观电镀车间。

归纳总结

一、总结

一般批量大的，难加工材料的加工，相对复杂形状零件的加工比较适合。

二、习题与思考

（1）简述电化学加工的分类。

（2）电解加工的特点是什么？

（3）电解磨削的应用有哪些？

（4）电镀加工不锈钢镀光亮镍的流程如何？

（5）电铸加工的特点和应用如何？

（6）涂镀加工有哪些应用？

（7）复合镀加工如何分类？都有哪些应用？

参 考 文 献

［1］伍端阳．数控电火花加工实用技术［M］．北京：机械工业出版社，2007.

［2］曹凤国．电火花加工技术［M］．北京：化学工业出版社，2005.

［3］白基成．特种加工技术［M］．哈尔滨：哈尔滨工业大学出版社，2006.

［4］李云程．模具制造工艺学［M］．北京：机械工业出版社，2005.

［5］单岩．数控电火花加工［M］．北京：机械工业出版社，2009.

［6］陈子银．模具数控加工技术［M］．北京：人民邮电出版社，2006.

［7］张学仁．数控电火花线切割加工技术［M］．哈尔滨：哈尔滨工业大学出版社，1999.

［8］周燕清．数控电加工操作入门［M］．北京：化学工业出版社，2009.

［9］浦学西．模具结构［M］．北京：中国劳动社会保障出版社，2008.

［10］李立．数控线切割加工实用技术［M］．北京：机械工业出版社，2007.